2024年版

全国一级造价工程师职业资格考试

应试指南

建设工程计价

JIANSHE GONGCHENG JIJIA

柯　洪　主编

中国计划出版社

·北　京·

图书在版编目（CIP）数据

建设工程计价 / 柯洪主编. -- 6版. -- 北京 : 中国计划出版社, 2024.5
2024年版全国一级造价工程师职业资格考试应试指南
ISBN 978-7-5182-1638-3

Ⅰ. ①建… Ⅱ. ①柯… Ⅲ. ①建筑工程－工程造价－资格考试－自学参考资料 Ⅳ. ①TU723.3

中国国家版本馆CIP数据核字(2024)第026251号

责任编辑：高　明　　　　　封面设计：韩可斌

中国计划出版社出版发行
网址：www.jhpress.com
地址：北京市西城区木樨地北里甲 11 号国宏大厦 C 座 4 层
邮政编码：100038　电话：(010) 63906433（发行部）
北京市科星印刷有限责任公司印刷

787mm×1092mm　1/16　18.25 印张　441 千字
2024 年 5 月第 6 版　2024 年 5 月第 1 次印刷

定价：60.00 元

前　言

自2001年首次出版以来，《全国造价工程师执业资格考试应试指南》（以下简称《指南》）已经伴随参加全国造价工程师执业资格考试的业界同仁走过了23个考季。在此期间，教材经过了九次改版，《指南》也经历了从五科合订（2001—2004年版）到五个分册（2005年版至今）的演变。从体例的革新到内容的充实，23年来《指南》的参编教师始终本着精益求精、服务考生和对读者负责的原则，每年投入大量时间到编写工作中。

随着2023年版《全国一级造价工程师职业资格考试培训教材》的改版，《指南》参编教师第一时间结合教材变动内容对《指南》进行了改编，在保留了全面、系统贯彻考点体例逻辑框架基础上，既反映了2023年版教材的变化，又满足了帮助考生复习的需求。

回顾过往，《指南》在与广大读者、业界同仁交流互动中不断地完善、充实。2004年，全国造价工程师执业资格考试教材第三次改版后，具有多年造价工程师执业资格考试培训与研究经验的教师团队对《指南》从编写思路、体例设计、题目选排等方面进行了全面改版升级。2005年，我们在以前各版《指南》的基础上将各考试科目的合订本拆分为五个分册，并补充了新出台的有关文件，方便考生根据所报考的科目自主选择图书，2006年，根据新教材的内容对《指南》进行了充实和修改，得到了广大考生的认可和大力支持。2007、2008年，组织编者对考试涉及《建设项目经济评价方法与参数》（第三版）的内容进行研讨，征求资深的考前培训教师的意见，将《建设项目经济评价方法与参数》（第三版）的相关内容补充到《指南》中，为方便考生备考《建设项目经济评价方法与参数》（第三版）的相关内容提供了便利，满足了考生的迫切需求。

2009年，《全国造价工程师执业资格考试培训教材》第五次改版后，《指南》参编教师针对教材内容和结构上的变动进行了多次研讨，并将学习与研讨的收获和体会充分落实到2009年版《指南》的编写与修订中。2010年，对《指南》进行了体例和内容的全面升级，充分适应了考试综合性强、考核重点突出的变化趋势。此后，2011年版和2012年版《指南》又在2010年版《指南》的基础上进行了内容的更新和形式的调整。

2013年，住房和城乡建设部组织编写了新版《全国造价工程师执业资格考试大纲》，并经人力资源和社会保障部审定。新大纲改变了考试科目名称，对科目内容和结构也做了重要调整。全国造价工程师执业资格考试培训教材编审委员会根据新大纲的要求，对2009年版《全国造价工程师执业资格考试培训教材》进行了全面修订，形成了2013年版《全国造价工程师执业资格考试培训教材》。新教材的主要修订内容包括：一是对教材名称做了更改并调整了相关内容；二是增加了考核实际能力的知识点，删除了部分基本概念的内容；三是增加了最新出台涉及工程造价管理的法律、法规和相关规定的内容，补充了新的工程计价业务的内容；四是将《建设工程技术与计量（安装工程）》选考部分由原来的三个专业合并为管道和设备工程、电气和自动化控制工程两个专业。

2014、2015年，全国造价工程师执业资格考试仍沿用2013年版考试大纲，对《建设工程计价》和《建设工程造价案例分析》两本教材进行了修订，主要根据《关于印发〈建筑安装工程费用项目组成〉的通知》（建标〔2013〕44号）、《建筑工程施工发包与承包计价管理办法》（住建部令2013年第16号）和《建设工程工程量清单计价规范》GB 50500—2013对相关内容进行了调整与修订。2016年，《指南》的编写教师就《关于做好建筑业营改增建设工程计价依据调整准备工作的通知》（建办标〔2016〕4号）、《关于全面推开营业税改征增值税试点的通知》（财税〔2016〕36号）两个重要文件进行了学习研讨，为适应2017年版教材改版做了充分的准备工作。

2017年，《全国造价工程师执业资格考试培训教材》再次改版，《指南》参编教师在深入研习教材的基础上，对2017年版《指南》进行了全面修订与编写。2018年，《指南》参编教师根据读者反馈信息及意见、建议，对2017年版《指南》进行了认真修订和增补，并与出版社的编辑同志进行了多次交流，组织了若干专题研讨会，使各科目之间实现了较为深入的横向沟通，为2018年版《指南》的编写做了大量基础性工作。

2018年，住房城乡建设部、交通运输部、水利部、人力资源社会保障部联合印发了《造价工程师职业资格制度规定》和《造价工程师职业资格考试实施办法》（建人〔2018〕67号），将造价工程师分为一级造价工程师和二级造价工程师。随后住房和城乡建设部、交通运输部、水利部组织有关专家，在总结以往全国造价工程师执业资格考试大纲实施经验的基础上，制定了《全国一级造价工程师职业资格考试大纲》（2019年版）和《全国二级造价工程师职业资格考试大纲》（2019年版），并经人力资源社会保障部审定。

2019年，《指南》全体参编教师深入研讨新政策、新考纲，对各科目的变化趋势进行了分析与预测，在此基础上针对一级造价工程师职业资格考试的要求，对2019年版《指南》进行了全面修订与改编。

2020年，参编老师克服新冠疫情的影响，充分利用线上资源查阅资料、讨论沟通，重点对标《住房和城乡建设部关于修改〈工程造价咨询企业管理办法〉〈注册造价工程师管理办法〉的决定》（住建部第 50 号令）的相关内容，以最快的速度完成了《指南》的修订工作。

2021 年，国家有关部门先后颁布了一系列工程建设法律法规及规定，主要包括《中华人民共和国民法典》（以下简称《民法典》）、《最高人民法院关于审理建设工程施工合同纠纷案件适用法律问题的解释（一）》（法释〔2020〕25 号）、《建设项目工程总承包合同（示范文本）》（GF-2020-0216）、《关于取消工程造价咨询企业资质审批　加强事中事后监管的通知》（建办标〔2021〕26 号）等，进一步完善了工程建设法律法规体系。在上述背景下，2021 年版《全国一级造价工程师职业资格考试培训教材》以新增文件为依据进行了修订。2021 年版《指南》全体参编教师根据教材修订内容，与各科编辑进行深入交流沟通，积极采纳读者反馈意见和建议，对《指南》进行了修订与改编。

2022 年，《指南》全体参编教师针对城乡建设绿色发展的新要求、新趋势，开展多次专题研讨会，分析近年来各科试题的变化和走向，并结合读者和编辑的建议，完成了《指南》的修订工作。

2023 年，中国计划出版社《指南》编辑团队专程赴天津理工大学调研，就创新融合出版模式、满足《指南》读者新需求展开了深入、建设性交流。全体参编教师针对 2023 年版教材修订内容，重点就《关于完善建设工程价款结算有关办法》（财建〔2022〕183 号）、《企业安全生产费用提取和使用管理办法》（财资〔2022〕136 号）、《关于严格执行招标投标法规制度进一步规范招标投标行为的若干意见》（发改法规规〔2022〕1117 号）、《建设项目工程总承包计价规范》T/CCEAS 001—2022（中价协〔2022〕53 号）等内容组织专门研讨，为 2023 年版《指南》修订做了充分的前期工作准备。

2024 年版《指南》主要特点如下：

- 反映新版教材变化，捕捉新增考点动态。
- 每科目复习导言点明该课程总体变化趋势及命题走向。
- 知识架构勾勒出整章清晰轮廓，使考生明确各知识点在整个章节体系中的地位和作用，形成脉络分明的复习主线。
- 经典考题剖析以考点为核心，将各章节知识点重新组合，以近年考题为切入点，重点阐释各知识点的潜在联系，明示各种题型组合。
- 难题解析部分选取具有代表性的多考点难题进行详细解析，向考生传授正确的解题思路和规范的解题步骤。
- 案例分析部分增加了历年考试真题结构分析，将每章历年试题情况细化为若干知识点的形式，使每章各年的考查内容一目了然；增加对题型模块组合思路的图形演示，帮助考生理解各知识模块的关联性，形成清晰、完整的解题逻辑链条；在此基础上对各章的案例题重新进行了整合，为考生充分展现案例分析科目特有的多模块组合题型，满足考生备考要求。

● 每科目后附模拟自测题，囊括了全部考核要点，便于考生临考练兵，查缺补漏。

在各位参编教师数月辛勤工作的努力下，《指南》将以崭新的风格、合理的编排与广大考生见面，各部分具体参编人员如下：

建设工程造价管理：夏立明；

建设工程计价：柯洪；

建设工程技术与计量（土木建筑工程）：吴静、李毅佳；

建设工程技术与计量（安装工程）：赵斌、郭迺琦；

建设工程造价案例分析：王亦虹、李丽红、胡秀芳。

在与中国计划出版社合作的 20 多年中，我们深深地被他们严谨的工作态度和孜孜以求的专业精神所感动，在此向所有为《指南》得以顺利、迅捷出版而付出辛勤劳动的有关同志表示衷心的谢意。另外，《指南》部分内容参考了业内同仁出版的著作和教材，一并表示感谢。

《指南》编写人员虽然对稿件几度推敲和校阅，但由于水平和能力所限，终归会有不遂人愿之处，恳请长期以来给予我们支持和关注的广大业界读者一如既往地对我们的疏漏之处进行批评和指正。

《指南》编者

2024 年 5 月

兑换增值服务说明

为了提供更优质、更高效的知识服务，我社为购买正版造价工程师考试用书的读者提供网上视频增值服务，由专业老师对考试的相关内容进行讲解，帮助读者掌握理解，提高应试水平。网上增值服务使用方法如下：

1. 计算机用户

访问 weike.jhpress.com → 注册用户并登录 → 进入个人中心点击“兑换增值服务” → 输入封面二维码涂层下的 20 位数字，验证兑换 → 在个人中心“我的增值服务包”享受增值服务

2. 移动端用户

扫描上面微课程二维码 → 关注“计划社微课程”服务号 → 点击菜单“我的服务”—“兑换增值服务” → 扫描或输入封面二维码涂层下的 20 位数字，验证兑换 → 在个人中心“我的增值服务包”享受增值服务

注：增值服务从兑换之日起 12 个月内有效，提供形式为在线观看。如果输入卡号或扫码后无法通过验证，请及时与我社联系。

3. 联系我们

客服微信：

客服电话：400 670 6390（工作日 9：00—17：00）

网上增值服务如有不完善之处，敬请广大读者提出宝贵意见和建议！

目　　录

复习导言

一、2024年版《应试指南》的体例说明

2024年全国一级造价工程师考试依然沿用2023年版教材，全书共分六章，大致上可分为两大部分，即工程计价基本原理（包括第一章“建设工程造价构成”和第二章“建设工程计价原理、方法及依据”）和工程造价的计价过程（包括第三章“建设项目决策和设计阶段工程造价的预测”、第四章“建设项目发承包阶段合同价款的约定”、第五章“建设项目施工阶段合同价款的调整和结算”和第六章“建设项目竣工决算和新增资产价值的确定”）。

2024年版《应试指南》沿用了2023年版的编写体例，考生可按照以下的顺序进行复习应考。

1. 首先应掌握“本章知识架构”，对于该章的主要内容和彼此的逻辑关系有充分的掌握。

2.“考点与题型详解”为主要考点与常见题型的详细解析，该部分将每一章的内容用图表形式分解为若干相对独立的考点，针对每一考点分析一些常见的考试题型，配置近年的考题予以说明。通过这一部分，考生可以比较深刻地把握各考点的内容，同时对于常考的题型也可以有所了解。

3.“难题解析”部分是在“考点与题型详解”的基础上选择各章中比较有代表性的难题进行解析，分析其解题要点和易错部分。经过这一部分的巩固学习，考生对于每一章的内容能够有比较全面的掌握。

4. 最后，在学习各章内容详细解析后，考生可通过模拟自测题部分（共3套）对全书内容的掌握程度进行自测，以达到融会贯通的目的。

二、2021—2023年各章节考试分值分析

为了对今年的考试走向进行更好的预测，可以分析2021—2023年“建设工程计价”课程各章节在考试中的题量和分值情况，如下表所示。

2021—2023年各章节考点和分值分布表

章节内容	2023年考点及分值分布			2022年考点及分值分布			2021年考点及分值分布		
	单项选择题	多项选择题	分值	单项选择题	多项选择题	分值	单项选择题	多项选择题	分值
第一章　建设工程造价构成	**10**	**3**	**16**	**9**	**3**	**15**	**9**	**3**	**15**
第一节　概述	2		2	1		1	1		1

续表

章节内容	2023年考点及分值分布			2022年考点及分值分布			2021年考点及分值分布		
	单项选择题	多项选择题	分值	单项选择题	多项选择题	分值	单项选择题	多项选择题	分值
第二节 设备及工器具购置费用的构成和计算	2	1	4	2	1	4	2	1	4
第三节 建筑安装工程费用的构成和计算	3	1	5	2	1	4	2	1	4
第四节 工程建设其他费用的构成和计算	1	1	3	2	1	4	2	1	4
第五节 预备费和建设期利息的计算	2		2	2		2	2		2
第二章 建设工程计价原理、方法及依据	**14**	**5**	**24**	**13**	**5**	**23**	**13**	**6**	**25**
第一节 工程计价原理	2	1	4	2	1	4	2	1	4
第二节 工程量清单计价方法	3	1	5	3	1	5	3	1	5
第三节 建筑安装工程人工、材料和施工机具台班消耗量的确定	3	1	5	3	1	5	3	1	5
第四节 建筑安装工程人工、材料和施工机具台班单价的确定	2	1	4	2	1	4	2	1	4
第五节 工程计价定额的编制	1		1	1	1	3	1	1	3
第六节 工程计价信息及其应用	3	1	5	2		2	2	1	4
第三章 建设项目决策和设计阶段工程造价的预测	**8**	**2**	**12**	**10**	**3**	**16**	**10**	**2**	**14**
第一节 投资估算的编制	3	1	5	4	2	8	4	1	6
第二节 设计概算的编制	3	1	5	4	1	6	4	1	6
第三节 施工图预算的编制	2		2	2		2	2		2
第四章 建设项目发承包阶段合同价款的约定	**11**	**4**	**19**	**12**	**3**	**18**	**12**	**3**	**18**
第一节 招标工程量清单与最高投标限价的编制	3	1	5	4	1	6	4	1	6
第二节 投标报价的编制	3	1	5	3	1	5	3	1	5
第三节 中标价及合同价款的约定	2	1	4	2	1	4	2	1	4
第四节 工程总承包及国际工程合同价款的约定	3	1	5	3	0	3	3	0	3
第五章 建设项目施工阶段合同价款的调整和结算	**14**	**5**	**24**	**14**	**5**	**24**	**14**	**5**	**24**
第一节 合同价款调整	7	2	11	6	2	10	6	2	10
第二节 工程合同价款支付与结算	6	2	10	6	2	10	6	2	10
第三节 工程总承包和国际工程合同价款结算	1	1	3	2	1	4	2	1	4

续表

章节内容	2023年考点及分值分布			2022年考点及分值分布			2021年考点及分值分布		
	单项选择题	多项选择题	分值	单项选择题	多项选择题	分值	单项选择题	多项选择题	分值
第六章　建设项目竣工决算和新增资产价值的确定	**3**	**1**	**5**	**2**	**1**	**4**	**2**	**1**	**4**
第一节　竣工决算	2	1	4	1		1	1		1
第二节　新增资产价值的确定	1		1	1	1	3	1	1	3
合计	**60**	**20**	**100**	**60**	**20**	**100**	**60**	**20**	**100**

通过2021—2023年的考题分析，大致可以发现考试命题有以下发展趋势：

1. 由于对造价工程师"工程价款管理"能力要求的提高，第四章和第五章的分值保持相当高的比例，除此之外，第二章作为造价工程师职业能力的基础要求依然保留着比较高的分值比例，考生可根据这一分值分布的规律调整自己的考试复习方向。

从考试的发展趋势来看，在教材各章中都会有考试频次相对较高的知识点：

（1）第一章"建设工程造价构成"。本章的主要知识点集中在第二～四节，即"设备及工器具购置费用的构成和计算""建筑安装工程费用构成和计算""工程建设其他费用的构成和计算"在本章中所占分值最高。

（2）第二章"建设工程计价原理、方法及依据"。除第五节外，本章的知识点相对分布比较平均，相对来说，第二节"工程量清单计价方法"和第三节"建筑安装工程人工、材料和施工机具台班消耗量的确定"所占分值相对偏高，同时由于工程造价市场化改革的需要，第六节"工程计价信息及其应用"也占有比较高的分值。

（3）第三章"建设项目决策和设计阶段工程造价的预测"。本章的总体分值有所下降，主要知识点集中在第一节"投资估算的编制"和第二节"设计概算的编制"。这也是与"工程造价改革工作方案"中加强建设项目前期投资控制的要求相一致。

（4）第四章"建设项目发承包阶段合同价款的约定"。本章的分值分布相对比较平均，主要是以施工合同价的签订为主要对象，介绍其"招""投""评"三个环节的内容。由于本章知识点主要是各种法律法规的规定，因此考核题型较常用的方式是"关于××的规定，下列表述中正确的是……"，这种题型通常各选项的相似度很高，给考生带来比较大的干扰，同时由于近年来工程总承包模式的推广，以及对国际工程管理的愈加重视，第四节的分值也在逐渐增加。

（5）第五章"建设项目施工阶段合同价款的调整和结算"。本章的主要知识点集中在第一节"合同价款调整"和第二节"工程合同价款支付与结算"，并且第一节在工程变更、物价波动以及工程索赔部分出现的计算题相对较难。

（6）第六章"建设项目竣工决算和新增资产价值的确定"。本章的整体分值较小，但与往年不同的是，2023年本章的主要分值集中在第一节"竣工决算"，而在第二节中出现计算题的概率相对较大。

2. 计算题数量的变化会直接决定考试的难度，2023 年“建设工程计价”的计算题为 18 道题，属于近年来的正常水平，并且大多数计算题都比较常规，难度不大，所以整体考题难度比较适中。本科目正常的计算题量在 16～18 道。

3. 2024 年虽仍沿用了 2023 年版教材，但在 2023 年改版时出现的一些新增或新修订的知识点上出题的概率仍然会比较大，考生应对此充分重视。

三、2024 年度考试命题走势的分析

分析 2021—2023 年的考试情况，以及全国一级造价工程师考试的走势，大致可预测出 2024 年“建设工程计价”的命题走势。

1. 考核的重点知识点基本保持不变，但由于工程造价改革工作的不断深入推进，以及工程总承包、国际工程的发展趋势，因此关于工程造价指标指数体系、工程总承包合同价款管理、国际工程报价及 FIDIC 合同条件内容的考核比重会有所增加。

2. 计算题的数量仍将保持在 16～18 道题的水平，将主要集中在前三章，不过在第四章“建设项目发承包阶段合同价款的约定”和第五章“建设项目施工阶段合同价款的调整和结算”中也会有一定数量的计算题出现，且难度较大。

3. 第四章和第五章依然会占有很高的分值。从目前来看，以合同价款的约定、调整、支付和结算为核心的“工程价款管理”问题已经成为对造价工程师职业能力延展的重要方向，且这两章知识点较多，便于设计各种不同的选择题型，考生应详尽掌握这两章的具体知识点。

四、本书的撰写说明

《建设工程计价》由天津理工大学柯洪教授担任主编，柯洪教授自 2006 年以来一直担任《建设工程计价》的主编工作，对教材内容和考试走向非常清楚。在撰写过程中的具体分工如下：刘佳编写第一章，邸文睿编写第二章，贺毅博编写第三章，韩亚芝编写第四章，李容编写第五章，丁鹏艳编写第六章。

第一章　建设工程造价构成

考 纲 要 求

1. 建设项目总投资与工程造价的构成；
2. 建筑安装工程费用的构成和计算；
3. 设备及工器具购置费的构成和计算；
4. 工程建设其他费用的构成和计算；
5. 预备费、建设期利息的计算；
6. 国外工程造价的构成。

本章知识架构

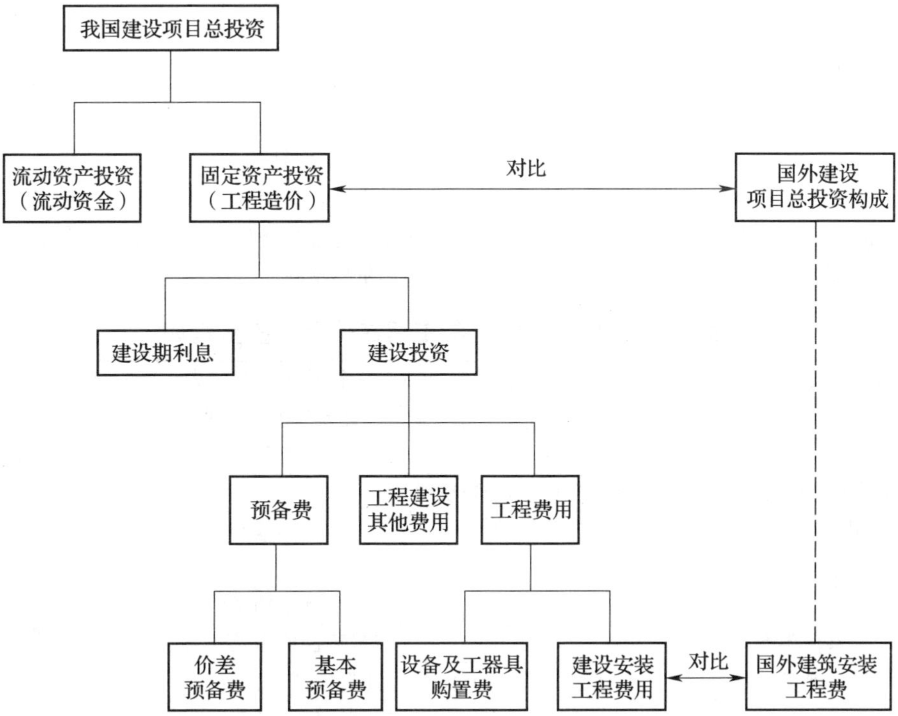

图 1-1　建设工程造价构成知识架构

考点与题型详解

考点一：我国现行建设项目投资的构成和计算

点评：此考点在历年考试中基本都会出现，但题量不大，多数以单项选择题的形式出现，主要以概念考核为主，考点集中在建设投资的总体构成。总投资构成在2023年版教材中进行了修订。

知识要点集成

- 建设项目总投资
  - 固定资产投资——工程造价
    - 建设投资
      - 工程费用
        - 设备及工器具购置费
        - 建筑安装工程费用
      - 工程建设其他费用
        - 项目建设管理费
        - 用地与工程准备费
        - 配套设施费
        - 工程咨询服务费
        - 建设期计列的生产经营费
        - 工程保险费
        - 税费
      - 预备费
        - 基本预备费
        - 价差预备费
    - 建设期利息
  - 流动资产投资——流动资金

图1-2 我国现行建设项目总投资构成

注：在世界银行工程项目总建设成本中，未明确项目准备金是用来支付那些几乎可以肯定要发生的费用，是估算不可缺少的一个组成部分；不可预见准备金只是一种储备，可能不动用；建设成本上升费是为了补偿直至工程结束时的未知价格增长。

表1-1 其他专业类别的工程造价及总投资构成

<table>
<tr><th colspan="2">水利工程总投资</th><th>公路工程总投资</th><th>铁路工程总投资</th><th>水运工程总投资</th></tr>
<tr><td rowspan="5">静态投资</td><td rowspan="2">工程部分投资</td><td rowspan="2">建筑安装工程费用</td><td>建筑安装工程费用</td><td rowspan="2">工程费用</td></tr>
<tr><td>设备购置费</td></tr>
<tr><td>建设征地移民补偿投资</td><td>土地使用及拆迁补偿费</td><td rowspan="3">其他费</td><td rowspan="3">工程建设其他费用</td></tr>
<tr><td>环境保护工程投资</td><td>工程建设其他费用</td></tr>
<tr><td>水土保持工程投资</td><td></td></tr>
<tr><td colspan="2"></td><td rowspan="2">预备费</td><td>基本预备费</td><td rowspan="2">预留费用</td></tr>
<tr><td colspan="2">价差预备费</td><td>工程造价增长预留费</td></tr>
<tr><td colspan="2">建设期融资利息</td><td>建设期贷款利息</td><td>建设期债务性资金利息</td><td>建设期贷款利息</td></tr>
<tr><td colspan="2"></td><td></td><td>机车车辆（动车）购置费</td><td>专项估算</td></tr>
<tr><td colspan="2"></td><td></td><td>铺底流动资金</td><td></td></tr>
</table>

表 1-2 国外建设项目总投资构成

项目基本建设成本（成本集）	项目相关建设成本	场地购置费和业主其他费用
拆除和场地平整	场外设施费用	场地购置费
下部结构	工器具及生产家具购置费	行政、财务、法律和经营费用
结构	与项目建设有关的咨询费和监理费	
非承重结构和装饰工程/非结构工程	风险准备金	
服务和设备		
地表和地下排水系统		
附属工程		
施工准备/承包方现场管理费用/一般要求		
风险准备金		
税金		

注：此表来源为 2017 年发布的国际建设项目计量标准（即 International Construction Measurement Standards，ICMS）。

经典考题剖析

一、2023 年考题

1. 某建筑工程项目建设投资为 12 000 万元，工程建设其他费用为 2 000 万元，预备费为 500 万元，建设期利息为 900 万元，流动资金为 300 万元，则该项目的固定资产投资额为（　　）万元。

A. 12 900　　B. 13 400

C. 15 400　　D. 15 700

答案：A

[解析] 由于建设投资中已经包括了工程建设其他费和预备费，因此不能再重复计算，固定资产投资额=12 000+900=12 900（万元）。

2. 根据国际建设项目计量标准（ICMS），下列费用中，应计入项目相关建设成本的是（　　）。

A. 场外设施费　　B. 附属工程费

C. 拆除和场地平整费　　D. 场地购置费

答案：A

[解析] 项目相关建设成本包括场外设施费用，工器具及生产家具购置费，与

项目建设有关的咨询费和监理费，不包括场地购置费和业主为实现项目发生的其他费用。

二、2021 年考题

生产性建设项目工程费用为 15 000 万元，设备费用为 5 000 万元，工程建设其他费用为 3 000 万元，预备费为 1 000 万元，建设期利息为 1 000 万元，铺底流动资金为 500 万元，则该项目的工程造价为（　　）万元。

A. 19 000　　　　B. 20 000

C. 20 500　　　　D. 25 500

答案：B

［解析］工程造价＝15 000＋3 000＋1 000＋1 000＝20 000（万元）。

三、其他年份考题

1. 根据我国现行建设工程总投资及工程造价的构成，下列资金在数额上和工程造价相等的是（　　）。

A. 固定资产投资＋流动资金

B. 固定资产投资＋铺底流动资金

C. 固定资产投资

D. 建设投资

答案：C

［解析］固定资产投资与建设项目的工程造价在量上相等。

2. 关于我国建设项目投资，下列说法中正确的是（　　）。

A. 非生产性建设项目总投资由固定资产投资和铺底流动资金组成

B. 生产性建设项目总投资由工程费用、工程建设其他费用和预备费三部分组成

C. 建设投资是为了完成工程项目建设，在建设期内投入且形成现金流出的全部费用

D. 建设投资由固定资产投资和建设期利息组成

答案：C

［解析］非生产性建设项目总投资没有流动资金，故选项 A 错误；生产性建设项目总投资包括建设投资、建设期利息和流动资金三部分，故选项 B 错误；建设投资包括工程费用、工程建设其他费用和预备费三部分，故选项 D 错误。

3. 根据我国现行建设项目总投资构成规定，固定资产投资的计算公式为（　　）。

A. 工程费用＋工程建设其他费用＋建设期利息

B. 建设投资＋预备费＋建设期利息

C. 工程费用＋工程建设其他费用＋预备费

D. 工程费用＋工程建设其他费用＋预备费＋建设期利息

答案：D

［解析］固定资产投资即为工程造价，由建设投资和建设期利息组成，其中建设投资由工程费用、工程建设其他费用和预备费三部分组成。

考点二：设备及工器具购置费的构成和计算

点评：本章中的重要考点之一，概念题主要考核费用构成，计算题主要集中在国产非标准设备原价、进口设备原价及其各项费用的计算上。

知识要点集成

表 1-3　设备及工器具购置费的构成及计算

费用构成		费用内容	计算式
设备购置费	设备原价	指国产设备或进口设备的原价	见表 1-4、表 1-5
	设备运杂费	运费和装卸费；包装费；设备供销部门手续费；采购与仓库保管费	设备原价×设备运杂费率
工器具及生产家具购置费		未达到固定资产标准的设备、仪器、工卡模具、器具、生产家具和备品备件	设备购置费×定额费率

注：1. 设备购置费是指为工程建设项目购置或自制的达到固定资产标准的设备、工器具及生产家具等所需的费用。
2. 对于进口设备而言，设备运杂费中的运费和装卸费的含义是由我国到岸港口或边境车站起至工地仓库（或施工组织设计指定的需安装设备的堆放地点）止所发生的运费和装卸费。
3. 设备原价一般采用带有备件的原价。

表 1-4　国产设备原价的构成及计算

设备类型	费用构成	计算公式	应注意的事项
国产标准设备	国产标准设备一般有完善的设备交易市场，因此可通过查询相关交易市场价格或向设备生产厂家询价得到国产标准设备原价		—
国产非标准设备	按成本计算估价法计算时，包括材料费、加工费、辅助材料费、专用工具费、废品损失费、外购配套件费、包装费、利润、税金和非标准设备设计费	{[(材料费＋加工费＋辅助材料费)×(1＋专用工具费率)×(1＋废品损失费率)＋外购配套件费]×(1＋包装费率)－外购配套件费}×(1＋利润率)＋销项税额＋非标准设备设计费＋外购配套件费	非标准设备原价有多种计算方法，如成本计算估价法、系列设备插入估价法、分部组合估价法、定额估价法等。成本计算估价法是一种比较常用的估算非标准设备原价的方法

注：1. 国产设备原价一般指的是设备制造厂的交货价或订货合同价，一般根据生产厂或供应商的询价、报价、合同价确定。
2. 用成本计算估价法计算国产非标准设备原价时，外购配套件费计取包装费，但不计取利润。
3. 销项税额＝销售额×增值税税率。

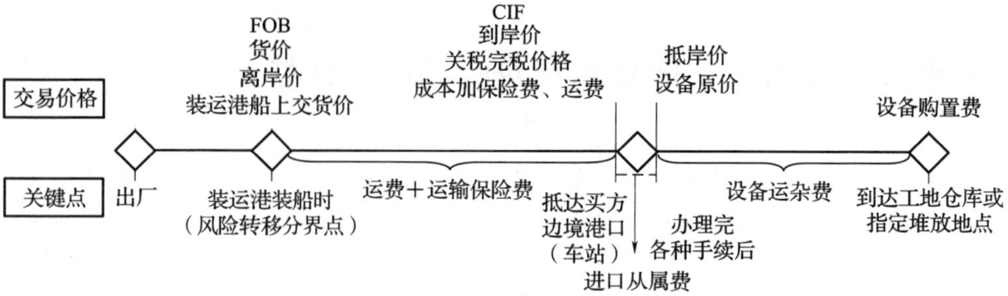

图 1-3　设备抵岸价、FOB、CFR 和 CIF 的关系

注：FOB 的费用划分与风险转移的分界点一致，为在指定的某运港货物被装上指定船时；
CFR 和 CIF 的费用划分与风险转移的分界点不一致；
CIF＝CFR＋运输保险费＝FOB＋运费＋运输保险费；
原价＝抵岸价＝CIF＋进口从属费；
设备购置费＝设备原价＋设备运杂费。

表 1-5　进口设备原价的构成及计算

费用构成	具体内容	计算公式	备注
到岸价	货价	—	指装运港船上交货价即离岸价格（FOB）； 设备货价分为原币货价和人民币货价
	国际运费（海、陆、空）	离岸价×运费率 或　单位运价×运量	—
	运输保险费	$\frac{\text{离岸价}+\text{国际运费}}{1-\text{保险费率}}\times\text{保险费率}$	运输保险费的计费基数中包括运输保险费本身
进口从属费	银行财务费	离岸价×人民币外汇汇率×银行财务费率	银行财务费与外贸手续费的取费基数不同
	外贸手续费	到岸价×人民币外汇汇率×外贸手续费率	
	关税	到岸价×人民币外汇汇率×进口关税税率	到岸价作为关税的计征基数时，通常又可称为关税完税价格
	消费税	$\frac{\text{到岸价}\times\text{人民币外汇汇率}+\text{关税}}{1-\text{消费税税率}}\times\text{消费税税率}$	消费税是价内税
	进口环节增值税	组成计税价格×增值税税率	组成计税价格＝到岸价＋关税＋消费税
	车辆购置税	组成计税价格×车辆购置税税率	

经典考题剖析

一、2023 年考题

1. 某项目采购一台国产非标准设备，制造厂生产该设备的材料、加工具等费用为30 万元，外购配套件费为 8 万元，利润率为 7%，增值税税率为 13%。不计其他费用，则用成本计算估价法计算的该台设备原价为（　　）万元。

A. 44.27　　B. 44.91

C. 45.31　　D. 45.95

答案：C

[解析] 设备原价=［30×（1+7%）+8］×（1+13%）=45.31（万元）。

2. 下列选项中，属于进口设备运杂费的是（　　）。

A. 国际运费　　B. 国际运输保险费

C. 过境费　　D. 采购及保管费

答案：D

[解析] 设备运杂费是指国内采购设备自来源地、国外采购设备自到岸港运至工地仓库或指定堆放地点发生的采购、运输、运输保险、保管、装卸等费用。对于进口设备而言，国际运费、国际运输保险费和过境费都是再入境之前发生的费用，应计入设备原价。

3. 关于设备及工器具购置费的构成，下列说法中正确的有（　　）。

A. 国产设备原价中包含未达到固定资产标准的备品备件费

B. 国产设备运杂费包括从设备出厂到运至工地仓库发生的所有合理费用

C. 进口设备抵岸价是指设备抵达买方边境、港口或车站时的价格

D. 工器具及生产家具购置费包含生产、办公、生活家具购置费

E. 设备运杂费中包括设备供销部门的手续费

答案：BE

[解析] 设备运杂费中包括运费和装卸费、包装费、设备供销部门手续费以及采购与仓库保管费组成。国产设备的运费和装卸费是指由设备制造厂交货地点起至工地仓库（或施工组织设计指定的需要安装设备的堆放地点）止所发生的运费和装卸费。

二、2022 年考题

1. 生产非标准设备所用的材料、辅助材料和加工费合计为 6 万元，专用工具和废品损失费为 0.5 万元，外购配套件费为 1.5 万元。若利润率为 10%，增值税税率为13%，设备原价按成本计算估价法确定，在不发生其他费用的情况下，该设备的增值税销项税额为（　　）万元。

A. 0.930　　B. 1.040

C. 1.125　　D. 1.144

答案：C

[解析] 增值税销项税额＝[（6＋0.5）×（1＋10%）＋1.5]×13%＝1.125（万元）。

2. 关于进口设备原价消费税的计算，下列计算公式正确的是（　　）。

A. 到岸价×消费税税率

B.（到岸价＋关税）×消费税税率

C.（到岸价＋关税＋消费税）×消费税税率

D.（到岸价＋关税＋增值税）×消费税税率

答案：C

[解析] 应纳消费税税额＝$\frac{\text{到岸价×人民币外汇汇率＋关税}}{\text{1－消费税税率}}$×消费税税率，消费税属于价内税，$\frac{\text{到岸价×人民币外汇汇率＋关税}}{\text{1－消费税税率}}$本质上就是到岸价＋关税＋消费税。

3. 关于进口设备原价的构成内容，下列说法正确的有（　　）。

A. 设备在出口国国内发生的运杂费

B. 设备的国际运输费用

C. 设备供销部门手续费

D. 设备验收、保管和收发发生的费用

E. 未达到固定资产标准的设备购置费

答案：AB

[解析] 国产设备原价一般指的是设备制造厂的交货价或订货合同价，即出厂（场）价格。进口设备的原价是指进口设备的抵岸价，即设备抵达买方边境、港口或车站，交纳完各种手续费、税费后形成的价格。设备运杂费是指国内采购设备自来源地、国外采购设备自到岸港运至工地仓库或指定堆放地点发生的采购、运输、运输保险、保管、装卸等费用。设备供销部门手续费、设备验收、保管和收发发生的费用属于设备运杂费的内容。未达到固定资产标准的设备购置费属于工器具及生产家具购置费。

三、2021 年考题

1. 国内生产某台非标准设备，材料费、加工费、辅助材料费、专用工具费合计 50 万元，废品损失费 5 万元，外购配套件费 15 万元，包装费率 5%。假设利润率为 10%，则用成本计算估价法计算的该设备的利润是（　　）万元。

A. 7.350　　　　B. 6.825

C. 5.850　　　　D. 5.775

答案：C

[解析] 利润＝[（50＋5＋15）×（1＋5%）－15]×10%＝5.850（万元）。

2. 对进口设备计算进口环节增值税时，作为计税基数组成计税价格是（　　）。

A. 到岸价＋消费税　　　　B. 到岸价＋关税

C. 关税完税价格＋消费税　　　　D. 关税完税价格＋关税＋消费税

答案：D

[解析] 这是一道基本概念题，进口环节增值税的组成计税价格＝关税完税价格＋关税＋消费税。

3. 关于设备原价，下列说法正确的有（　　）。

A. 进口设备原价是指采购设备的到岸价

B. 国产设备原价一般指设备制造厂交货价或订货合同价

C. 进口设备原件通常包含备品备件费

D. 国产非标准设备原价中的增值税是指销项税与进项税的差额

E. 国产非标准设备原价中包含该设备设计费

答案：BCE

［**解析**］进口设备原件是指采购设备的抵岸价，而非到岸价，因此选项 A 错误；国产非标准设备原价中的增值税是指销项税额，因此选项 D 错误。

四、其他年份考题

1. 国际贸易双方的约定费用划分与风险转移均以货物在装运港被装上指定船只时为分界点。该种交易价格被称为（　　）。

A. 离岸价　　B. 运费在内价

C. 到岸价　　D. 抵岸价

答案：A

［**解析**］装运港船上交货时的价格亦称为离岸价格。

2. 某国内设备制造厂生产某台非标准设备的生产制造成本及包装费用为 20 万元，外购配套件费为 3 万元，利润率为 10%，增值税税率为 13%，则生产该台设备的利润为（　　）万元。

A. 2.00　　B. 2.26

C. 2.30　　D. 2.60

答案：A

［**解析**］当计算利润时，外购配套件费不应作为计算基数，因此利润＝20×10%＝2.00（万元）。

3. 某应纳消费税的进口设备到岸价为 1 800 万元，关税税率为 20%，消费税税率为 10%，增值税税率为 16%，则该台设备进口环节增值税税额为（　　）万元。

A. 316.80　　B. 345.60

C. 380.16　　D. 384.00

答案：D

［**解析**］组成计税价格＝（1 800＋1 800×20%）/（1－10%）＝2 400（万元）；增值税＝2 400×16%＝384.00（万元）。

考点三：建筑安装工程费用的构成和计算

点评：本章最重要的考点之一，概念题主要考核建筑安装工程费用的基本构成，计算题主要考核企业管理费或规费的取费基数、税金计算等。考生还应关注增值税税务筹划的内容。

知识要点集成

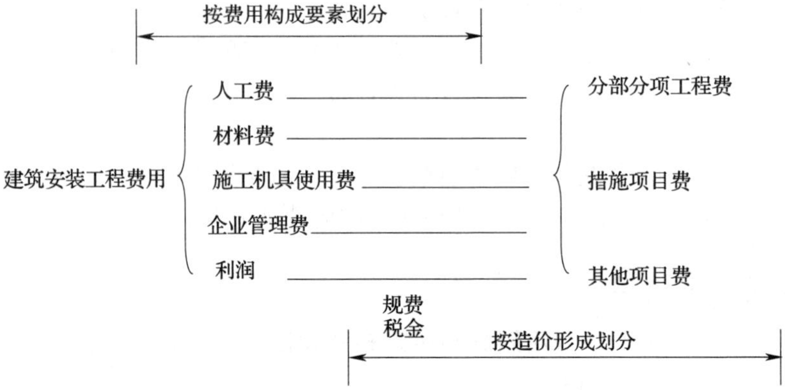

图 1-4　建筑安装工程费用的构成

注：1. 直接费包括人工费、材料费、施工机具使用费，间接费包括企业管理费和规费。

2. 应注意区分建筑工程与安装工程的区别。建筑工程中包括了构成建筑物或构筑物所有功能单元的专业工程；安装工程费中包括对单台设备进行单机试运转、对系统设备进行系统联动无负荷试运转工作的调试费。

表 1-6　人材机费的构成和计算

费用名称	内容	计算	备注
人工费	支付给直接从事建筑安装工程施工作业的生产工人的各项费用	人工费＝Σ（工日消耗量×日工资单价）	—
材料费	工程施工过程中耗费的各种原材料、辅助材料、构配件、零件、半成品或成品、工程设备的费用	材料费＝Σ（材料消耗量×材料单价）	工业、交通等项目中的建筑设备购置有关费用应列入建筑工程费，单一的房屋建筑工程项目的建筑设备购置有关费用宜列入建筑工程费
施工机具使用费	施工作业所发生的施工机械、仪器仪表使用或其租赁费	施工机械使用费＝Σ（施工机械台班消耗量×机械台班单价） 仪器仪表使用费＝Σ（仪器仪表台班消耗量×仪器仪表台班单价）	—

注：1. 当一般纳税人采用一般计税方法时，材料单价中的材料原价、运杂费，施工机械台班单价和仪器仪表使用费中的相关子项均需扣除增值税进项税额。

2. 为了完善建设工程人工单价市场形成机制，《住房城乡建设部关于加强和改善工程造价监管意见》（建标〔2017〕209 号）文件中提出改革计价依据中人工单价的计算方法，使其更加贴近市场，满足市场实际需要，扩大人工单价计算口径，将单价构成调整为工资、津贴、职工福利费、劳动保护费、社会保险费、住房公积金、工会经费、职工教育经费以及特殊情况下工资性费用。

表 1-7 企业管理费、利润、规费的构成与计算

<table>
<tr><th>费用项目</th><th colspan="2">费用内容</th><th>取费基数</th><th>费率计算公式</th></tr>
<tr><td rowspan="3">企业管理费</td><td colspan="2" rowspan="3">管理人员工资、办公费、差旅交通费、固定资产使用费、工具用具使用费、劳动保险和职工福利费、劳动保护费、检验试验费、工会经费、职工教育经费、财产保险费、财务费、税金、其他管理费</td><td>直接费</td><td>$\frac{\text{生产工人年平均管理费}}{\text{年有效施工天数}\times\text{人工单价}}\times$人工费占直接费比例（%）
$\frac{\text{生产工人年均管理费}}{\text{年有效施工天数}\times\text{人工单位}}\times$人工费占分部分项工程费比例（%）</td></tr>
<tr><td>人工费＋机械费</td><td>$\frac{\text{生产工人年平均管理费}}{\text{年有效施工天数}\times(\text{人工单价}+\text{每一工日施工机具使用费})}\times100\%$</td></tr>
<tr><td>人工费</td><td>$\frac{\text{生产工人年平均管理费}}{\text{年有效施工天数}\times\text{人工单价}}\times100\%$</td></tr>
<tr><td rowspan="2">利润</td><td colspan="3" rowspan="2">施工企业完成所承包工程获得的盈利</td><td>施工企业根据企业自身需求并结合建筑市场实际自主确定</td></tr>
<tr><td>工程造价管理机构在确定计价定额中利润时，应以定额人工费或定额人工费与机械费之和作为计算基数，其费率根据历年积累的工程造价资料，并结合建筑市场实际确定</td></tr>
<tr><td rowspan="6">规费</td><td rowspan="5">社会保险费</td><td colspan="2">养老保险费</td><td rowspan="5">社会保险费＝Σ（工程定额人工费×社会保险费费率）</td></tr>
<tr><td colspan="2">失业保险费</td></tr>
<tr><td colspan="2">工伤保险费</td></tr>
<tr><td>医疗保险费</td><td rowspan="2">12 个试点城市已合并</td></tr>
<tr><td>生育保险费</td></tr>
<tr><td colspan="2">住房公积金</td><td colspan="2">住房公积金＝Σ（工程定额人工费×住房公积金费率）</td></tr>
</table>

注：1. 当一般纳税人采用一般计税方法时，企业管理费中的办公费、固定资产使用费、工具用具使用费、检验试验费等均应按照相应税率扣减增值税进项税额。

2. 城市维护建设税、教育费附加、地方教育附加等均在管理费中核算。

表 1-8 税金的计算

计税方法	计税基数	计税公式	适用条件
一般计税方法	以不包含增值税可抵扣进项税额的价格计算的税前造价	税前造价×9% 或$\frac{\text{含税造价}}{1+9\%}\times9\%$	—

续表 1-8

计税方法	计税基数	计税公式	适用条件	
简易计税方法	以包含增值税进项税额的含税价格计算的税前造价	税前造价×3% 或$\frac{含税造价}{1+3\%}\times3\%$	适用简易计税	小规模纳税人
			可以选择适用简易计税	1. 一般纳税人以清包工方式提供的建筑服务； 2. 一般纳税人为甲供工程提供的建筑服务； 3. 一般纳税人为建筑工程老项目提供的建筑服务

注：1. 建筑安装工程费用按照不含税价格计算更能直观体现承包人的生产成果；按照含税价格计算更能准确反映发包人的投资支出总额。

2. 应注意掌握清包工、甲供工程和建筑工程老项目的界定标准。

3. 建筑工程总承包单位为房屋建筑的地基与基础、主体结构提供工程服务，建设单位自行采购全部或部分钢材、混凝土、砌体材料、预制构件的，适用简易计税方法计税。

表 1-9　建筑业的增值税税务筹划

筹划内容	具体要点	筹划方式
选择计税方法	计税方法的选择主体	计税方法的选择权应归属于承包人，计税方法一经选择，36 个月内不得变更
	计税平衡点的选择	承包人需要根据项目类型、是否甲供、未来可能的采购渠道、供应商的纳税方式等预判可抵扣的进项税额
		含税合同总额$\times\frac{9\%}{1+9\%}$－无差别平衡点可抵扣进项税额＝（含税合同总额－分包合同金额）$\times\frac{3\%}{1+3\%}$
获取有效抵扣凭证	增值税抵扣凭证	增值税专用发票、海关进口增值税缴款书以及农产品收购发票
	增加可抵扣进项税额	人工费采用劳务分包
		不能仅为了价格低廉采购而不取得增值税专用发票的材料
		施工机具使用费应注意比较，选择自购或租赁的方案
		企业管理费必须从源头上对发票的收取做统一要求
纳税义务发生时间		预收工程款不产生增值税纳税义务，但有预缴税的纳税义务。当采用一般计税方法时，预征率为 2%；采用简易计税方法时，预征率为 3%，多预缴的增值税是不能退回的

注：1. 36 个月内不得变更主要是针对单个项目而言的，而不是一般纳税人选择了简易计税以后，全部建筑项目均要适用简易计税；同时，发包人可以通过设定招标条件事实上享有增值税计税方法的选择权。

2. 当预判的可抵扣进项税额高于无差别平衡点可抵扣进项税额时，此承包项目应选择一般计税方法，反之应选择简易计税方法。

3. 承包人选择简易计税后，不仅仅可能影响发包人的实际税负，还可能造成建设项目整体税负增加。

4. 纳税人发生应税行为并收讫销售款项或者取得索取销售款项凭据的当天。

表 1-10　措施项目费的构成

序号	措施项目	费用内容	备注
1	安全文明施工费	环境保护费、文明施工费、安全施工费、临时设施费	四项费用的具体内容。实施建筑工人实名制管理所需费用可列入安全文明施工费和管理费
2	夜间施工增加费	夜间固定照明灯具和临时可移动照明灯具的设置、拆除的费用	是指因夜间施工所发生的夜班补助费、夜间施工降效、夜间施工照明设备摊销及照明用电等措施费用
		夜间施工时施工现场交通标志、安全标牌、警示灯的设置、移动、拆除的费用	
		夜间照明设备摊销及照明用电、施工人员夜班补助、夜间施工劳动效率降低等费用	
3	非夜间施工照明费	为保证工程施工正常进行，在如地下室等特殊施工部位施工时所采用的照明设备的安拆、维护、摊销及照明用电等费用	注意与夜间施工增加费的区别
4	二次搬运费	包括由于施工场地条件限制而发生的材料、成品、半成品等一次运输不能达到堆放地点，必须进行二次或多次搬运的费用	—
5	冬雨（风）季施工增加费	冬雨（风）季施工时增加的临时设施（防寒保温、防雨、防风设施）的搭设、拆除的费用	是指因冬雨（风）季天气原因导致施工效率降低加大投入而增加的费用，以及为确保冬雨（风）季施工质量和安全而采取的保温、防雨等措施所需的费用
		冬雨（风）季施工时，对砌体、混凝土等采用的特殊加温、保温和养护措施的费用	
		冬雨（风）季施工时，施工现场的防滑处理、对影响施工的雨雪的清除费用	
		冬雨（风）季施工时增加的临时设施的摊销、施工人员的劳动保护用品、冬雨（风）季施工劳动效率降低等费用	
6	地上、地下设施、建筑物的临时保护设施费	包括在工程施工过程中，对已建成的地上、地下设施和建筑物进行的遮盖、封闭、隔离等必要保护措施所发生的费用	对已有设施和建筑物的保护
7	已完工程及设备保护费	对已完工程及设备采取的覆盖、包裹、封闭、隔离等必要保护措施所发生的费用	对已完工程及设备的保护
8	脚手架费	场内、场外材料搬运费	是指施工需要的各种脚手架搭、拆、运输费用以及脚手架购置费的摊销（或租赁）费用
		搭、拆脚手架、斜道、上料平台的费用	
		安全网的铺设费用	
		拆除脚手架后材料的堆放费用	

续表 1-10

序号	措施项目	费用内容		备注
9	混凝土、钢筋混凝土模板及支架（撑）费	模板制作费		是指混凝土施工过程中需要的各种钢（木）模板、支架等的支、拆、运输费用及模板、支架的摊销（或租赁）费用
		模板安装、拆除、整理堆放及场内外运输费		
		清理模板黏结物及模内杂物、刷隔离剂等费用		
10	垂直运输费	垂直运输机械的固定装置、基础制作、安装费		—
		行走式垂直运输机械轨道的铺设、拆除、摊销费		
11	超高施工增加费	建筑物超高引起的人工工效降低以及由于人工工效降低引起的机械降效费		单层建筑物檐口高度超过 20m，多层建筑物超过 6 层时，可计算超高施工增加费
		高层施工用水加压水泵的安装、拆除及工作台班费		
		通信联络设备的使用及摊销费		
12	大型机械设备进出场及安拆费	安拆费	包括施工机械、设备在现场进行安装拆卸所需人工、材料、机械和试运转费用以及机械辅助设施的折旧、搭设、拆除等费用	—
		进出场费	包括施工机械、设备整体或分体自停放地点运至施工现场或由一施工地点运至另一施工地点所发生的运输、装卸、辅助材料等费用	
13	施工排水、降水费	成井	包括：①准备钻孔机械、埋设互通、钻机就位，泥浆制作、固壁，成孔、出渣、清孔等费用；②对接上、下井管（滤管），焊接，安防，下滤料，洗井，连接试抽等费用	包括将影响施工作业的水排到施工现场以外和防止地下水位较高出现基坑浸水等两方面的费用
		排水、降水	包括：①管道安装、拆除，场内搬运等费用；②抽水、值班、降水设备维修等	
14	其他	工程定位复测费和特殊地区施工增加费等		—

注：若以建筑安装工程费用为计算依据，不同建设行业安全施工费的计取标准为：矿山工程 3.5%；铁路工程、房屋建筑工程、城市轨道交通工程 3%；水利水电工程、电力工程 2.5%；冶炼工程、机电安装工程、化工石油工程、通信工程 2%；市政公用工程、港口与航道工程、公路工程 1.5%。

表 1-11　措施项目费的计算

<table>
<tr><th colspan="2">应予计量的措施项目</th><th colspan="2">不宜计量的措施项目</th></tr>
<tr><th>措施项目名称</th><th>计量单位</th><th>措施项目名称</th><th>计算基数</th></tr>
<tr><td>脚手架费</td><td>按建筑面积或垂直投影面积以“m^2”计算</td><td>安全文明施工费</td><td>定额基价、定额人工费或定额人工费与机械费之和</td></tr>
<tr><td>混凝土、钢筋混凝土模板及支架（撑）费</td><td>模板与现浇混凝土构件的接触面积以“m^2”计算</td><td>夜间施工增加费</td><td rowspan="7">定额人工费或定额人工费与定额机械费之和</td></tr>
<tr><td>垂直运输费</td><td>按照建筑面积以“m^2”为单位计算；或按照施工工期日历天数以“天”为单位计算</td><td>非夜间施工照明费</td></tr>
<tr><td>超高施工增加费</td><td>按照建筑物超高部分的建筑面积以“m^2”为单位计算</td><td>二次搬运费</td></tr>
<tr><td>大型机械设备进出场及安拆费</td><td>按照机械设备的使用数量以“台次”为单位计算</td><td>冬雨季施工增加费</td></tr>
<tr><td rowspan="2">施工排水、降水费</td><td>成井费用通常按照设计图示尺寸以钻孔深度按米计算</td><td>地上、地下设施、建筑物的临时保护设施费</td></tr>
<tr><td>排水、降水费用通常按照排、降水日历天数按昼夜计算</td><td>已完工程及设备保护费</td></tr>
</table>

注：定额基价为定额分部分项工程费＋定额中可以计量的措施项目费。

经典考题剖析

一、2023 年考题

1. 关于一般计税方法和简易计税方法的选择，下列说法正确的是（　　）。

A. 允许采用简易计税方法时，选择何种方法主要取决于可抵扣的进项税额

B. 计税方法一经选择，48 个月内不得变更

C. 同一时期承包人的不同项目只能选择相同的计税方法

D. 不允许发包人在招标合同条款中要求选择特定的计税方法

答案：A

[解析] 由于在简易计税方法下，所有的进项税额都不能抵扣，无论在采购环节发生了多少进项税额，都会直接进入承包人的施工成本，因此可能会对承包人的利润产生明显的影响，选择何种计税方法实际上关键取决于可抵扣的进项税额。当预判的可抵扣进项税额小于无差别平衡点可抵扣进项税额时，应选择简易计税，否则应选择一般计税。

2. 关于措施项目工程量的计算单位，下列说法正确的是（　　）。

A. 脚手架费按建筑面积或垂直投影面积以"m^2"为单位计算

B. 超高施工增加费按建筑物超高高度以"m"为单位计算

C. 垂直运输费按运输距离以"m"为单位计算

D. 降水费用按降水深度以"m"为单位计算

答案：A

[解析] 不同的措施项目工程量的计算单位是不同的，分列如下：

(1) 脚手架费通常按建筑面积或垂直投影面积按"m^2"计算；

(2) 超高施工增加费通常按照建筑物超高部分的建筑面积以"m^2"为单位计算；

(3) 垂直运输费可根据不同情况用两种方法进行计算：①按照建筑面积以"m^2"为单位计算；②按照施工工期日历天数以"天"为单位计算。

(4) 施工排水、降水费分两个不同的独立部分计算：①成井费用通常按照设计图示尺寸以钻孔深度按"m"计算；②排水、降水费用通常按照排、降水日历天数按"昼夜"计算。

3. 在不增加施工成本的前提下，下列关于承包人增加增值税可抵扣进项税额的方法，正确的有（　　）。

A. 可采用劳务分包方式获取抵扣进项税额

B. 材料的采购应在价格低廉和能取得增值税专用发票之间选择后者

C. 自购施工机具取得的可抵扣进项税额需一次性抵扣

D. 检验试验费中的增值税进项税额按6%的适用税率扣减

E. 办公费中的增值税进项税额按9%的适用税率扣减

答案：ACD

[解析] 在不增加施工成本前提下，对于建筑安装工程费用中的不同部分可以选择不同的增加可抵扣增值税进项税额的方法：①劳务费。劳务分包合同额中的增值税可以成为可抵扣增值税进项税额；②材料费。需要判断为了价格低廉采购不取得增值税专用发票的材料与为了取得增值税专用发票而支付较高的采购价格中哪种方案对承包人最为有利；③施工机具使用费。自购的施工机具企业计提的设备折旧无法抵扣进项税，只能在购买时一次性抵扣；④企业管理费。必须从源头上对发票的收取做统一要求，提高员工增值税专用发票应抵尽抵原则的意识。

二、2022年考题

1. 下列费用中，属于施工企业管理费中财务费的是（　　）。

A. 财务专用工具购置费　　B. 预付款担保

C. 审计费　　D. 财产保险费

答案：B

［**解析**］财务费，是指企业为施工生产筹集资金或提供预付款担保、履约担保、职工工资支付担保等所发生的各种费用。

2. 关于超高施工增加费计取的条件，下列说法正确的是（　　）。

A. 单层建筑物檐口高超过 18m，多层建筑物超过 6 层

B. 单层建筑物檐口高超过 18m，多层建筑物超过 8 层

C. 单层建筑物檐口高超过 20m，多层建筑物超过 6 层

D. 单层建筑物檐口高超过 20m，多层建筑物超过 8 层

答案：C

［**解析**］当单层建筑物檐口高度超过 20m，多层建筑物超过 6 层时，可计算超高施工增加费。

3. 下列保险、担保费用中，属于建筑安装工程费用中企业管理费的有（　　）。

A. 工伤保险费

B. 施工管理用车辆保险

C. 劳动保险

D. 履约担保费用

E. 国内运输保险费

答案：BCD

［**解析**］工伤保险费属于规费。施工管理用车辆保险、劳动保险、履约担保费用属于企业管理费。国内运输保险费属于设备运杂费。

三、2021 年考题

1. 根据我国现行建筑安装工程费用项目构成规定，在施工合同签订时尚未确定的服务采购费用，应计入（　　）。

A. 暂列金额　　B. 暂估价

C. 措施项目费　　D. 总承包服务费

答案：A

［**解析**］暂列金额是指建设单位在工程量清单中暂定并包括在工程合同价款中的一笔款项。用于施工合同签订时尚未确定或者不可预见的所需材料、工程设备、服务的采购，施工中可能发生的工程变更、合同约定调整因素出现时的工程价款调整以及发生的索赔、现场签证确认等的费用。

2. 根据我国现行建筑安装工程费用项目构成规定，包含在企业管理费中的费用项目有（　　）。

A. 工地转移费　　B. 工具用具使用费

C. 仪器仪表使用费　　D. 检验试验费

E. 材料采购与保管费

答案：ABD

［**解析**］工地转移费属于企业管理费中的差旅交通费；仪器仪表使用费属于施工机具使用费，材料采购及保管费属于材料单价，均不属于企业管理费。

四、其他年份考题

1. 下列费用中，属于安全文明施工费中临时设施费的是（　　）。

A. 现场配备的医疗保健器材费

B. 塔吊及外用电梯安全防护措施费

C. 临时文化福利用房费

D. 新建项目的场地准备费

答案：C

［**解析**］临时设施费包括施工现场临时建筑物、构筑物如临时宿舍、办公室、食堂、厨房、厕所、诊疗所、临时文化福利用房、临时仓库、加工场、搅拌台、临时简易水塔、水池等的搭设、维修、拆除费用。

2. 下列费用中，属于建筑安装工程费用中企业管理费的有（　　）。

A. 施工机械年保险费

B. 劳动保险费

C. 工伤保险费

D. 财产保险费

E. 工程保险费

答案：BD

［**解析**］施工机械年保险费属于施工机械台班单价，工伤保险费属于规费，工程保险费属于工程建设其他费用。

3. 按照费用构成要素划分的建筑安装工程费用项目组成规定，下列费用项目应列入材料费的有（　　）。

A. 周转材料的摊销、租赁费用

B. 材料运输损耗费用

C. 施工企业对材料进行一般鉴定、检查发生的费用

D. 材料运杂费中的增值税进项税额

E. 材料采购及保管费用

答案：ABE

［**解析**］建筑安装工程费中的材料费，是指工程施工过程中耗费的各种原材料、半成品、构配件、工程设备等的费用，以及周转材料等的摊销、租赁费用。材料单价由材料原价、运杂费、运输损耗费、采购及保管费组成，故选 A、B、E。

考点四：国外建筑安装工程费的构成

点评：该考点每年考核会有考题出现，但数量较少，主要考核点集中在国外建筑安装工程费构成与我国建筑安装工程费用构成的区别。

知识要点集成

- 工程施工发包承包价格
  - 各单项工程费用
    - 各分部分项工程费
      - 人工费——工资、加班费、津贴、招雇解雇费
      - 材料费——原价、运杂费、税金、运输损耗及采购保管费、预涨费
      - 施工机械费——租用机械费用、自有机械费用
      - 管理费——现场管理费 20%～30%，公司管理费 70%～75%
      - 利润及税金——利润一般为成本的 10%～15%
      - 其他摊销费
    - 单项工程开办费——施工用电、用水、机具费，清理费，周转材料摊销费，临时设施摊销费，驻工地工程师办公费，现场实验费，其他开办费
  - 分包工程费用
    - 各分包工程费
      - 直接工程费
      - 管理费
      - 利润
    - 总包利润
      - 总包管理费
      - 其他服务费
      - 利润
  - 暂定金额
    - 货物费
    - 材料费
    - 服务费
    - 不可预见费

图 1-5　国外建筑安装工程费构成

注：1. 材料采购价格中的税金不考虑可抵扣的增值税或消费税。

2. 单项工程建筑安装工程费越大，开办费在工程价格中的比例就越小；反之，开办费就越大。一般开办费占工程价格的 10%～20%。

经典考题剖析

一、2023 年考题

下列国外建筑安装工程费的构成项目中，应计入管理费的是（　　）。

A. 现场保卫设施费　　B. 现场试验费

C. 工人现场福利费　　D. 保函手续费

答案：D

[**解析**] 国外建筑安装工程费用构成的管理费中包含业务所含手续费，主要内容是：施工企业参加投标时，必须由银行开具投标保函；在中标后必须由银行开具履约保函；在收到业主的工程预付款以前必须由银行开具预付款保函；在工程竣工后，必须由银行开具质量或维修保函。在开具以上保函时，银行要收取一定的担保费。

二、2021 年考题

在国外建筑安装工程费构成中，现场材料试验及所需设备的费用包含在（　　）中。

A. 直接工程费　　B. 管理费
C. 开办费　　D. 其他摊销费

答案：C

[**解析**] 开办费是国外建筑安装工程费构成中考核频率较高的一个知识点，包括施工用电、用水、机具费、清理费，周转材料摊销费，临时设施摊销费，驻工地工程师办公费，现场试验费，其他开办费等。

三、其他年份考题

1. 根据国外建筑安装工程费的构成，施工工人的招雇解雇费用一般计入(　　)。

A. 直接工程费　　B. 现场管理费
C. 公司管理费　　D. 开办费

答案：A

[**解析**] 施工工人的招雇解雇费属于人工费，计入直接工程费。

2. 根据国外建筑安装工程费的构成规定，工程施工中的周转材料费应包含在(　　) 中。

A. 材料费　　B. 暂定金额
C. 开办费　　D. 其他摊销费

答案：C

[**解析**] 开办费的内容包括施工用电、用水、机具费，周转材料摊销费，临时设施摊销费，驻工地工程师办公费，现场实验费，其他开办费。

考点五：工程建设其他费用的构成

点评：该考点与考点二、考点三为本章最主要的考核点。主要考核点集中在工程建设其他费用的构成及分类。

知识要点集成

表 1-12　重要的工程建设其他费用

费用类型	费用构成	费用内容	备注
项目建设管理费		从项目筹建之日起至办理竣工财务决算之日止发生的管理性质的支出	项目建设管理费按照工程费用乘以项目建设管理费费率计算。 建设项目一般不得同时列支代建管理费和项目建设管理费，确需同时发生的，两项费用之和不得高于项目建设管理费限额。 施工项目管理费从项目建设管理费中列支

续表 1-12

费用类型	费用构成	费用内容	备注
用地与工程准备费	征地补偿费	土地补偿费；青苗补偿费和地上附着物补偿费；安置补助费；耕地开垦费和森林植被恢复费；生态补偿与压覆矿产资源补偿费；其他补偿费	建设用地如通过行政划拨方式取得，则须承担征地补偿费用或对原用地单位或个人的拆迁补偿费用；若通过市场机制取得，则不但承担以上费用，还须向土地所有者支付有偿使用费，即土地出让金
	拆迁补偿费	拆迁补偿金，拆迁补偿可以实行货币补偿，也可以实行房屋产权调换；迁移补偿费	
	出让金、土地转让金	出让金标准参考城市基准地价制定。基准地价是指对不同级别的土地或者土地条件相当的均质地域，按照商业、居住、工业等用途分别评估的，并由市、县以上人民政府公布的国有土地使用权的平均价格	
	场地准备及临时设施费	建设项目场地准备费、建设单位临时设施费	建设场地的大型土石方工程应进入工程费用中的总图运输费用中。改扩建项目一般只计拆除清理费
配套设施费		城市基础设施配套费	用于城市基础设施和城市公用设施建设的专项费用
		人防易地建设费	无法修建防空地下室，向人民防空主管部门缴纳的人防工程易地建设费
工程咨询服务费	研究试验费	提供和验证设计参数、数据、资料进行的必要试验费用以及设计规定在建设过程中必须进行试验、验证的费用	不包括应由科技三项费用开支的项目；不包括已在建筑安装费用中列支鉴定检查及研究试验费；不包括应由勘察设计费或工程费用中开支的项目
	专项评价费	包括环境影响评价费、安全预评价费、职业病危害预评价费、地质灾害危险性评价费、水土保持评价费、压覆矿产资源评价费、节能评估费、危险与可操作分析及安全完整性评价费以及其他专项评价费	—

续表 1-12

<table>
<tr><th>费用类型</th><th>费用构成</th><th>费用内容</th><th>备注</th></tr>
<tr><td rowspan="3">工程咨询服务费</td><td>监理费</td><td>建设单位委托监理机构开展工程建设监理工作或设备监造服务所需的费用</td><td>—</td></tr>
<tr><td>竣工图编制费</td><td>建设单位委托相关机构编制竣工图所需的费用</td><td>—</td></tr>
<tr><td colspan="3">除以上各项外，工程咨询服务费中还包括可行性研究费、勘察设计费、特殊设备安全监督检验费、招标代理费、设计评审费、技术经济标准使用费、工程造价咨询费</td></tr>
<tr><td rowspan="3">建设期计列的生产经营费</td><td>联合试运转费</td><td>在交付生产前按照设计文件规定的工程质量标准和技术要求，对整个生产线或装置进行负荷联合试运转所发生的费用净支出</td><td>不包括应由设备安装工程费开支的调试及试车费用，以及在试运转中暴露出来的因施工原因或设备缺陷等发生的处理费用</td></tr>
<tr><td>专利及专有技术使用费</td><td>1. 工艺包费、设计及技术资料费、有效专利、专有技术使用费、技术保密费和技术服务费等；
2. 商标权、商誉和特许经营权费；
3. 软件费等</td><td>为项目配套的专用设施投资，包括专用铁路线、专用公路、专用通信设施、送变电站、地下管道、专用码头等，如由项目建设单位负责投资但产权不归属本单位的，应作无形资产处理</td></tr>
<tr><td>生产准备及开办费</td><td>人员培训费及提前进厂费；投产使用必备的办公、生活家具用具及工器具等的购置费用</td><td>—</td></tr>
<tr><td colspan="2">工程保险费</td><td>包括建筑安装工程一切险、进口设备财产险和工程质量潜在缺陷险等</td><td>—</td></tr>
<tr><td colspan="2">税金</td><td>耕地占用税、城镇土地使用税、契税、印花税、车船使用税</td><td>不包括增值税</td></tr>
</table>

注：1. 获取国有土地使用权的基本方法有两种：一是出让方式，二是划拨方式。建设用地的取得基本方式还可能包括转让和租赁方式。经营性房地产开发用地不实行租赁。

2. 土地补偿费和安置补助费的标准至少每三年调整或者重新公布一次。

3. 按照《国家发展改革委关于进一步放开建设项目专业服务价格的通知》（发改价格〔2015〕299 号）的规定，工程咨询服务费均实行市场调节价。

经典考题剖析

一、2023年考题

1. 下列关于项目建设管理费的说法中，正确的是（　　）。

A. 是指建设单位从项目筹建之日起至通过竣工验收之日止发生的管理性支出

B. 按照工程费用和用地与工程准备费之和乘以项目建设管理费率计算

C. 代建管理费和项目建设管理费之和不得高于项目建设管理费限额

D. 不得用于委托咨询机构进行施工项目管理发生的施工项目管理费支出

答案：C

［**解析**］实行代建制管理的项目，建设单位委托代建机构开展工程代建工作会发生代建管理费。建设项目一般不得同时列支代建管理费和项目建设管理费，确需同时发生的，两项费用之和不得高于项目建设管理费限额。

2. 关于工程建设其他费的内容，下列说法正确的有（　　）。

A. 研究试验费中包含施工企业技术革新的研究试验费

B. 配套设施费包括城市基础设施配套费和人防易地建设费

C. 工程咨询服务费中包含专有技术使用费

D. 联合试运转费不包含应由设备安装工程费开支的调试及试车费用

E. 生产准备费包含保证初期正常生产必需的办公、生活家具用具购置费

答案：BDE

［**解析**］配套设施费由城市基础设施配套费和人防易地建设费两部分组成；联合试运转费不包括应由设备安装工程费开支的调试及试车费用，以及在试运转中暴露出来的因施工原因或设备缺陷等发生的处理费用；生产准备费是指在建设期内，建设单位为保证项目正常生产所做的提前准备工作发生的费用，包括人员培训、提前进厂费，以及投产使用必备的办公、生活家具用具及工器具等的购置费用。

二、2022年考题

1. 关于建设单位以出让或转让方式取得国有土地使用权涉及的相关税费，下列说法正确的是（　　）。

A. 地上附着物补偿费应支付给农村集体经济组织

B. 转让土地使用权应向土地受让者征收契税

C. 转让土地如有增值，要向受让者征收土地增值税

D. 土地使用者应按规定的标准一次性缴纳土地使用费

答案：B

［**解析**］如附着物产权属个人，则该项补助费付给个人。有偿出让和转让使用权，要向土地受让者征收契税。转让土地如有增值，要向转让者征收土地增值税。土地使用者每年应按规定的标准缴纳土地使用费。

2. 下列建设工程的实施过程中发生的工程咨询服务费，属于专项评价费的是（　　）。

A. 可行性研究费

B. 节能评估费

C. 设计评审费

D. 技术经济标准使用费

答案：B

［**解析**］专项评价费包括环境影响评价费、安全预评价费、职业病危害预评价费、地质灾害危险性评价费、水土保持评价费、压覆矿产资源评价费、节能评估费、危险与可操作性分析及安全完整性评价费以及其他专项评价费。

3. 下列费用中，属于工程建设其他费用中研究试验费的有（　　）。

A. 对构件建筑物进行一般鉴定检查的费用

B. 设计规定在项目建设过程中必须进行试验、验证的费用

C. 科技三项费用

D. 新产品试验费

E. 为验证设计数据而进行必要的研究试验费用

答案：BE

［**解析**］研究试验费是指为建设项目提供或验证设计参数、数据、资料等进行必要的研究试验，以及设计规定在建设过程中必须进行试验、验证所需的费用。包括自行或委托其他部门的专题研究、试验所需的人工费、材料费、试验设备及仪器使用费等。这项费用按照设计单位根据本工程项目的需要提出的研究试验内容和要求计算。

三、2021 年考题

1. 关于土地出让或转让中涉及的税、费，下列说法正确的是（　　）。

A. 转让土地所有权，要向转让者征收契税

B. 转让土地如有增值，要向受让者征收土地增值税

C. 土地使用者每年应缴纳土地使用费

D. 土地使用权年限届满，需重新签订使用权出让合同，但不必再支付土地出让金

答案：C

［**解析**］有偿出让和转让使用权，要向土地受让者征收契税；转让土地如有增值，要向转让者征收土地增值税；土地使用者每年应按规定的标准缴纳土地使用费。土地使用权出让合同约定的使用年限届满，经批准准予续期的，应当重新签订土地使用权出让合同，依照规定支付土地使用权出让金。

2. 下列费用，属于工程建设其他费用中研究试验费的是（　　）。

A. 新产品试制费

B. 设计规定在建设过程中必须进行的试验验证所需费用

C. 施工单位技术革新的研究试验费

D. 施工单位对建筑物进行一般鉴定的费用

答案：B

［解析］在计算研究试验费时要注意不应包括以下项目：

（1）应由科技三项费用（即新产品试制费、中间试验费和重要科学研究补助费）开支的项目。

（2）应在建筑安装费用中列支的施工企业对建筑材料、构件和建筑物进行一般鉴定、检查所发生的费用及技术革新的研究试验费。

（3）应由勘察设计费或工程费用中开支的项目。

3. 下列工程建设其他费用，属于技术服务费的有（　　）。

A. 勘察设计费

B. 职业病危害预评价费

C. 监理费

D. 技术经济标准使用费

E. 专有技术使用费

答案：ABCD

［解析］专有技术使用费属于建设期计列的生产经营费。

四、其他年份考题

1. 根据我国现行建设项目总投资及工程造价的构成，联合试运转费应包括（　　）。

A. 施工单位参加联合试运转人员的工资

B. 设备安装中的试车费用

C. 试运转中暴露的设备缺陷的处理费

D. 生产人员的提前进厂费

答案：A

［解析］联合试运转费不包括应由设备安装工程费开支的调试及试车费用，以及在试运转中暴露出来的因施工原因或设备缺陷等发生的处理费用。生产人员的提前进场费属于生产准备费。

2. 关于生产准备费，下列说法中正确的有（　　）。

A. 包括自行组织培训和委托其他单位培训的相关费用

B. 包括正常生产所需的生产办公家具用具的购置费用

C. 包括正常生活所需的生活家具用具的购置费用

D. 包括含备品备件在内的第一套不够固定资产标准的生产工具购置费用

E. 可按设计定员乘以人均生产准备费指标计算

答案：AE

［解析］在建设期内，建设单位为保证项目正常生产而发生的人员培训费、提前进厂费以及投产使用必备的办公、生活家具用具及工器具等的购置费用，包括：

（1）人员培训费及提前进厂费，包括自行组织培训或委托其他单位培训的人员工资、工资性补贴、职工福利费、差旅交通费、劳动保护费、学习资料费等。

(2) 为保证初期正常生产（或营业、使用）所必需的生产办公、生活家具用具购置费。

(3) 生产准备费=设计定员×生产准备费指标（元/人）。

因此选项 A、E 正确。

3. 关于工程建设其他费用中的市政公用配套设施费及其构成，下列说法正确的是（　　）。

A. 包含在用地与工程准备费中

B. 包括界区内水、电、路、电信等设施建设费

C. 包括界区外绿化、人防等配套设施建设费

D. 包括项目配套建设的产权不归本单位的专用铁路、公路建设费

答案：C

[解析] 市政公用配套设施可以是界区外配套的水、电、路、电信等，包括绿化、人防等配套设施。界区内相关设施的费用应属于临时设施费。

4. 下列费用中，计入技术服务费中勘察设计费的是（　　）。

A. 设计评审费

B. 技术经济标准使用费

C. 技术革新研究试验费

D. 非标准设备设计文件编制费

答案：D

[解析] 设计费是指设计人根据发包人的委托，提供编制建设项目初步设计文件、施工图设计文件、非标准设备设计文件、竣工图文件等服务所收取的费用。选项 A、B 均为在技术服务费中单列的费用项目。

5. 下列费用中，应计入工程建设其他费用中用地与工程准备费的有（　　）。

A. 建设场地大型土石方工程费

B. 土地使用费和补偿费

C. 场地准备费

D. 建设单位临时设施费

E. 施工单位平整场地费

答案：BCD

[解析] 用地与工程准备费是指取得土地与工程建设施工准备所发生的费用。包括土地使用费和补偿费、场地准备费、临时设施费等。此处的临时设施费指建设单位临时设施费。

考点六：预备费和建设期利息

点评：该考点虽所占比例不大，但每年考核都会有计算题出现，主要考点是价差预备费和建设期利息的计算。

知识要点集成

表 1-13　预备费和建设期利息

费用构成		费用内容	计算公式
预备费	基本预备费	1. 在批准的初步设计范围内，技术设计、施工图设计及施工过程中所增加的工程费用；设计变更、工程变更、材料代用、局部地基处理等增加的费用。 2. 一般自然灾害造成的损失和预防自然灾害所采取的措施费用。实行工程保险的工程项目，该费用应适当降低。 3. 不可预见的地下障碍物处理的费用。 4. 超规超限设备运输增加的费用	(工程费用＋工程建设其他费用)×基本预备费率
	价差预备费	人工、设备、材料、施工机具的价差费，利率、汇率调整等增加的费用	$PF=\sum_{t=1}^{n}I_t[(1+f)^m(1+f)^{0.5}(1+f)^{t-1}-1]$ 式中：I_t——建设期第 t 年的静态投资计划额
建设期利息		1. 在建设期内发生的为工程项目筹措资金的融资费用及债务资金利息； 2. 国外贷款利息的计算中，还应包括以年利率的方式收取的手续费、管理费、承诺费；以及转贷费、担保费、管理费等	$q_j=\left(P_{j-1}+\frac{1}{2}A_j\right)\cdot i$

注：1. 计算价差预备费时，年涨价率，政府部门有规定的按规定执行，没有规定的由可行性研究人员预测。

2. 计算建设期利息的假设前提是当总贷款是分年均衡发放时，建设期利息的计算可按当年借款在年中支用考虑，即当年贷款按半年计息，上年贷款按全年计息。

经典考题剖析

一、2023 年考题

1. 某建设项目静态投资计划额为 10 000 万元，建设前期年限为 1 年，建设期为 2 年，分别完成投资的 40%、60%。若年均投资价格上涨率为 4%，则该项目建设期间价差预备费为（　　）万元。

A. 442.79　　　　B. 649.60

C. 860.50　　　　D. 1 075.58

答案：C

[解析] $PF_1=10\ 000\times40\%\times[(1+4\%)^{1.5}-1]=242.384$（万元）；

$PF_2=10\ 000\times60\%\times[(1+4\%)^{2.5}-1]=618.119$（万元）；

$PF=242.384+618.119=860.50$（万元）。

2. 关于建设期贷款利息计算公式 $q_j=\left(P_{j-1}+\frac{1}{2}A_j\right)\cdot i$ 的应用，下列说法正确的是（　　）。

A. 仅适用于贷款在年中一次性发放的情况

B. P_{j-1}为建设期第（$j-1$）年末累计贷款本金

C. A_j为建设期第j年贷款金额和利息之和

D. 利用国外贷款的年利率应综合考虑贷款手续费、承诺费等

答案：D

[解析] 根据建设期资金用款计划，建设期利息的计算在总贷款分年均衡发放的前提下，可按当年借款在年中支用考虑，即当年借款按半年计息，上年借款按全年计息。利用国外贷款的利息计算中，年利率应综合考虑贷款协议中向贷款方加收的手续费、管理费、承诺费，以及国内代理机构向贷款方收取的转贷费、担保费和管理费等。

二、2022 年考题

1. 某建设工程的静态投资为 8 000 万元，其中基本预备费率为 5%，项目建设前期年限为 0.5 年，建设期为 2 年，计划每年完成投资的 50%。若平均投资价格上涨率为 5%，则该项目建设期价差预备费为（　　）万元。

A. 610　　　　B. 640.50

C. 822.63　　　　D. 863.76

答案：A

[解析] 第一年价差预备费$=8\ 000\times50\%\times[(1+5\%)^{0.5}(1+5\%)^{0.5}-1]=200$（万元）。

第二年价差预备费$=8\ 000\times50\%\times[(1+5\%)^{0.5}(1+5\%)^{1}(1+5\%)^{0.5}-1]=410$（万元）。

建设期价差预备费$=200+410=610$（万元）。

2. 某建设项目贷款总额为 3 000 万元，贷款年利率为 10%。项目建设前期年限为 1 年。建设期为两年，其中第一、二年的贷款比例分别为 60%和 40%。贷款在年内均衡发放，建设期内只计息不付息，则该项目建设期利息为（　　）万元。

A. 498　　　　B. 339

C. 249　　　　D. 438

答案：B

[解析] 第一年利息$=(3\ 000\times60\%/2)\times10\%=90$（万元）。

第二年利息$=(3\ 000\times60\%+90+3\ 000\times40\%/2)\times10\%=249$（万元）。

建设期利息$=90+249=339$（万元）。

三、2021 年考题

1. 某建设项目投资估算中的建安工程费、设备及工器具购置费、工程建设其他费用分别为 30 000 万元、20 000 万元、10 000 万元。若基本预备费费率为 5%，则该项目的基本预备费为（　　）万元。

A. 1 500　　B. 2 000

C. 2 500　　D. 3 000

答案：D

［**解析**］基本预备费＝（30 000＋20 000＋10 000）×5%＝3 000（万元）。

2. 某新建项目建设期为 2 年，第一年贷款 1 200 万元，第二年贷款 1 800 万元。假设贷款在年内均衡发放，年利率为 10%，建设期内贷款只计息不支付。该项目建设期第二年应计贷款利息为（　　）万元。

A. 210　　B. 216

C. 300　　D. 312

答案：B

［**解析**］q_1＝1 200/2×10%＝60(万元)。q_2＝(1 200＋60＋1 800/2)×10%＝216(万元)。

四、其他年份考题

下列费用中，属于基本预备费支出范围的是（　　）。

A. 超规超限设备运输增加费　　B. 人工、材料、施工机具的价差费

C. 建设期内利率调整增加费　　D. 未明确项目的准备金

答案：A

［**解析**］基本预备费一般由以下四部分构成：

（1）工程变更及洽商；

（2）一般自然灾害处理；

（3）不可预见的地下障碍物处理的费用；

（4）超规超限设备运输增加的费用。

难 题 解 析

一、单项选择题

1. 关于我国建设项目投资，下列说法中正确的是（　　）。

A. 非生产性建设项目总投资由固定资产投资和铺底流动资金组成

B. 生产性建设项目总投资由工程费用、工程建设其他费用和预备费三部分组成

C. 建设投资是为了完成工程项目建设，在建设期内投入且形成现金流出的全部费用

D. 建设投资由固定资产投资和建设期利息组成

答案：C

[**解题要点**] 非生产性建设项目总投资没有流动资金，故选项A错误；生产性建设项目总投资包括建设投资、建设期利息和流动资金三部分，故选项B错误；建设投资包括工程费用、工程建设其他费用和预备费三部分，故选项D错误。

2. 根据国际建设项目计量标准（ICMS）的规定，下列各项中属于项目相关建设成本的是（　　）。

A. 场地购置费　　B. 业主其他费用

C. 场外设施费用　　D. 税金

答案：C

[**解题要点**] ICMS规定的工程项目总建设成本包括基本建设成本、相关建设成本、场地购置费和业主其他费用三部分。其中，项目相关建设成本包括场外设施费用、工器具及生产家具购置费、与项目建设有关的咨询费和监理费以及风险准备金。

3. 国内生产某台非标准设备需材料费18万元，加工费2万元，专用工具费率5%，废品损失费率10%，包装费0.4万元，利润率为10%，用成本计算估价法计得该设备的利润是（　　）万元。

A. 2.00　　B. 2.10

C. 2.31　　D. 2.35

答案：D

[**解题要点**] 利润＝（20×1.05×1.1＋0.4）×0.1＝2.35（万元）。

4. 进口一台生产用车床，下列各项中属于进口从属费的是（　　）。

A. 运输保险费　　B. 增值税

C. 消费税　　D. 进口车辆购置税

答案：B

[**解题要点**] 运输保险费属于到岸价构成，不属于从属费；消费税只在进口轿车、摩托车时才会征收；进口车辆购置税只在进口车辆时才会征收。

5. 已知某进口工程设备FOB为50万美元，美元与人民币汇率为1∶7，银行财务费率为0.2%，外贸手续费率为1.5%，关税税率为10%，增值税税率为13%。若该进口设备抵岸价为566.8万元人民币，则该进口工程设备到岸价为（　　）万元人民币。

A. 406.8　　B. 450.0

C. 456.0　　D. 566.8

答案：B

[**解题要点**] 此题主要考查进口设备原价的构成和计算，进口设备原价即抵岸价，是由到岸价和进口从属费用两部分组成。本题计算过程如下：

设到岸价为X，

则由$X+50\times7\times0.2\%+X\times1.5\%+X\times10\%+(X+X\times10\%)\times13\%=566.8$（万元）。

解得：$X=450.0$（万元）。

6. 关于应予计量措施费的计算，下列说法中正确的是（　　）。

A. 混凝土模板及支架（撑）费通常是按照模板面积以“m^2”计算

B. 排水、降水费用通常按照排、降水日历天数按天计算

C. 超高施工增加费通常按照建筑面积以“m^2”计算

D. 脚手架费可按照建筑面积以“m^2”计算

答案：D

[**解题要点**] 脚手架属于应予计量的措施项目，有两种计算方式，可以按照建筑面积以“m^2”计算，也可以按照垂直投影面积以“m^2”计算。

7. 某建设项目静态投资为10 000万元，项目建设前期年限为1年，建设期为2年。第一年完成投资40%，第二年完成投资60%。在年平均价格上涨率为6%的情况下，该项目价差预备费应为

（　　）万元。

A. 666.3　　B. 981.6

C. 1 306.2　　D. 1 640.5

答案：C

［解题要点］ $PF=10\ 000\times40\%\times[(1+6\%)\times(1+6\%)^{0.5}-1]+10\ 000\times60\%\times[(1+6\%)\times(1+6\%)^{0.5}\times(1+6\%)-1]=1\ 306.2$（万元）。

8. 根据各专业类别的工程造价及总投资构成，下列选项中属于水运工程总投资独有构成的是（　　）。

A. 机车车辆购置费　　B. 专项估算

C. 预备费　　D. 水土保持工程投资

答案：B

［解题要点］ 水运工程总投资由工程费用、工程建设其他费用、预留费用、建设期贷款利息和专项估算组成。其中专项估算是在其他专业工程总投资中均不包括的。

9. 在国外建筑安装工程费中，下列关于开办费的表述正确的是（　　）。

A. 单项工程建筑安装工程量越大，开办费在工程施工承发包价格中的比例就越小

B. 单项工程建筑安装工程量越小，开办费在工程施工承发包价格中的比例就越小

C. 开办费项目通常采用分摊进单价的方式体现在承包商投标报价中

D. 一般开办费约占工程施工承发包价格的 20%～30%

答案：A

［解题要点］ 在许多国家，开办费一般是在各分部分项工程造价的前面按单项工程分别单独列出。单项工程建筑安装工程量越大，开办费在工程价格中的比例就越小；反之开办费比例就越大。一般开办费约占工程价格的 10%～20%。开办费项目在单独列项和分摊进单价这两种方式中采用哪一种，要根据招标文件和计算规则的要求而定。

10. 在用地与工程准备费中，下列关于新建项目场地准备及临时设施费计算的说法中，正确的是（　　）。

A. 根据预计工程量估算，或按工程费用的比例计算

B. 根据实际工程量估算，或按建筑安装工程费用的比例计算

C. 根据实际工程量估算，或按工程费用的比例计算

D. 根据预计工程量估算，或按建筑安装工程费用的比例计算

答案：C

［解题要点］ 场地准备及临时设施应尽量与永久性工程统一考虑。建设场地的大型土石方工程应进入工程费用中的总图运输费用中；新建项目的场地准备和临时设施费应根据实际工程量估算，或按工程费用的比例计算。改扩建项目一般只计拆除清理费。

11. 关于专利及专有技术使用费的计算，下列说法中正确的是（　　）。

A. 专有技术的界定应以国家鉴定标准为依据

B. 项目投资中应计算需在项目寿命期内支付的专利及专有技术使用费

C. 协议或合同规定在生产期支付的商标权和特许经营权费应在建设投资中核算

D. 包括技术保密费和技术服务费等

答案：D

［解题要点］ 专利及专有技术使用费是指在建设期内为取得专利、专有技术、商标权、商誉、特许经营权等发生的费用，主要内容包括：

（1）工艺包费、设计及技术资料费、有效专利、专有技术使用费、技术保密费和技术服务费等。

（2）商标权、商誉和特许经营费。

(3) 软件费等。

12. 下列关于项目建设管理费的表述，正确的是（　　）。

A. 项目建设管理费是指项目建设单位从项目筹建之日起至办理竣工财务决算之日止发生的管理性质的支出

B. 项目建设管理费是指项目建设单位从项目立项之日起至办理竣工财务决算之日止发生的管理性质的支出

C. 项目建设管理费是指项目建设单位从项目筹建之日起至办理竣工结算之日止发生的管理性质的支出

D. 项目建设管理费是指项目建设单位从项目立项之日起至办理竣工结算之日止发生的管理性质的支出

答案：A

[解题要点] 项目建设管理费是指项目建设单位从项目筹建之日起至办理竣工财务决算之日止发生的管理性质的支出。因为建设单位是在筹建时已经成立，而不是在立项后才成立的。直至办理了竣工财务决算后，建设单位的工作任务才全部完成。

13. 某项目建设期为 2 年，第一年贷款 3 000 万元，第二年贷款 2 000 万元，贷款年内均衡发放，年利率为 8%，建设期内只计息不付息。该项目建设期利息为（　　）万元。

A. 366.4　　B. 449.6

C. 572.8　　D. 659.2

答案：B

[解题要点] 第一年建设期利息：3 000/2×8%=120（万元）。

第二年建设期利息：(3 000+120+2 000/2) ×8%=329.6（万元）。

汇总得：120+329.6=449.6（万元）。

14. 根据《企业安全生产费用提取和使用管理办法》(财资〔2022〕136 号）的规定，不同建设行业有不同的计取标准，其计算依据通常是（　　）。

A. 直接费　　B. 工程费用

C. 分部分项工程费　　D. 建筑安装工程费用

答案：D

[解题要点] 根据《企业安全生产费用提取和使用管理办法》(财资〔2022〕136 号）的规定，若以建筑安装工程费用为计算依据，不同建设行业的计取标准为：矿山工程 3.5%；铁路工程、房屋建筑工程、城市轨道交通工程 3%；水利水电工程、电力工程 2.5%；冶炼工程、机电安装工程、化工石油工程、通信工程 2%；市政公用工程、港口与航道工程、公路工程 1.5%。

15. 在国产非标准设备原价的计算中，废品损失费的计算基数是（　　）。

A. 材料费+辅助材料费

B. 材料费+加工费+辅助材料费

C. 材料费+加工费+辅助材料费+专用工具费

D. 材料费+加工费+辅助材料费+专用工具费+包装费

答案：C

[解题要点] 在国产非标准设备原价的组成和计算中，有关计算公式如下：

材料费=材料净用量×（1+加工损耗系数）×单位材料综合价

加工费=材料总用量×材料加工单价

辅助材料费=材料费×辅助材料费指标

专用工具费按上述三项之和乘以一定百分比计算。

废品损失费按上述四项之和乘以一定百分比计算。

16. 预备费包括基本预备费和价差预备费，其中价差预备费的计算应是（　　）。

A. 以编制年份的静态投资额为基数，采用单利方法

B. 以编制年份的静态投资额为基数，采用复利方法

C. 以估算年份价格水平的投资额为基数，采用单利方法

D. 以估算年份价格水平的投资额为基数，采用复利方法

答案：D

[解题要点] 价差预备费一般根据国家规定的投资综合价格指数，按估算年份价格水平的投资额为基数，采用复利方法计算。

17. 工器具及生产家具购置费的计算基数通常是（　　）。

A. 设备购置费　　B. 设备原价

C. 工程费用　　D. 建设投资

答案：A

[解题要点] 工器具及生产家具购置费是指新建或扩建项目初步设计规定的，保证初期正常生产必须购置的没有达到固定资产标准的设备、仪器、工卡模具、器具、生产家具和备品备件等的购置费用。一般以设备购置费为计算基数，按照部门或行业规定的工器具及生产家具费率计算。

18. 假设某项目一般纳税人含税的合同总额为 5 000 万元，工程分包的合同金额为 1 500 万元（含税），在不考虑各项附加税的条件下，此项业务的无差别平衡点可抵扣进项税额为（　　）万元。

A. 165.3　　B. 310.9

C. 267.2　　D. 123.8

答案：B

[解题要点] 设预判的可抵扣进项税额为 X，则：

$$5\,000\times\frac{9\%}{1+9\%}-X=(5\,000-1\,500)\times\frac{3\%}{1+3\%}$$

$$X=310.9\text{（万元）}$$

19. 根据现行建筑安装工程费用项目组成的规定，下列费用项目中，属于施工机具使用费的是（　　）。

A. 仪器仪表使用费　　B. 施工机械财产保险费

C. 大型机械进出场费　　D. 大型机械安拆费

答案：A

[解题要点] 施工机具使用费是指施工作业所发生的施工机械、仪器仪表使用费或租赁费。

20. 在征地补偿费中，土地补偿费和安置补助费的补偿标准的调整周期是（　　）。

A. 至少每年调整一次　　B. 至少每两年调整一次

C. 至少每三年调整一次　　D. 至少每五年调整一次

答案：C

[解题要点] 土地补偿费归农村集体经济组织所有。征收农用地的土地补偿费标准由省、自治区、直辖市通过制定公布区片综合地价确定，并至少每三年调整或者重新公布一次；征收农用地的安置补助费标准由省、自治区、直辖市通过制定公布区片综合地价确定，并至少每三年调整或者重新公布一次。

21. 根据《国家发展改革委关于进一步放开建设项目专业服务价格的通知》（发改价格〔2015〕299 号）的规定，下列各项费用中应采用市场调节价的是（　　）。

A. 市政公用配套设施费　　B. 专项评价费

C. 场地准备及临时设施费　　D. 工程保险费

答案：B

[解题要点] 按照《国家发展改革委关于进一步放开建设项目专业服务价格的通知》（发改价格

〔2015〕299 号）规定，工程咨询服务费应实行市场调节价。工程咨询服务费是指建设单位在项目建设全过程中委托咨询机构提供经济、技术、法律等服务所需的费用。工程咨询服务费包括可行性研究费、专项评价费、勘察设计费、监理费、研究试验费、特殊设备安全监督检验费、招标代理费、设计评审费、技术经济标准使用费、工程造价咨询费、竣工图编制费、BIM 技术服务费及其他咨询费。

22. 基本预备费的计取基础通常是（　　）。

A. 工程费用　　B. 建设投资

C. 静态投资　　D. 工程费用＋工程建设其他费用

答案：D

［解题要点］ 基本预备费以工程费用和工程建设其他费用二者之和为计取基础，乘以基本预备费费率进行计算。基本预备费费率的取值应执行国家及部门的有关规定。

23. 下列各项中属于建筑安装工程费中企业管理费的是（　　）。

A. 现场钢筋绑扎人员工资　　B. 现场脚手架搭拆人员工资

C. 现场管理人员工资　　D. 现场施工机械操作人员工资

答案：C

［解题要点］ 企业管理费是指施工企业组织施工生产和经营管理所发生的费用。管理人员工资既包括企业管理人员工资，也包括现场管理人员工资。

24. 根据《房屋建筑与装饰工程工程量计算规范》GB 50854—2013 的规定，垂直运输费中包括行走式垂直运输机械的（　　）。

A. 固定装置费　　B. 基础制作费

C. 轨道铺设费　　D. 安装费

答案：C

［解题要点］ 垂直运输机械费是指现场所用材料、机具从地面运至相应高度以及职工人员上下工作面等所发生的运输费用。内容由以下各项组成：

（1）垂直运输机械的固定装置、基础制作、安装费；

（2）行走式垂直运输机械轨道的铺设、拆除、摊销费。

25. 下列关于征地补偿费的表述，正确的是（　　）。

A. 土地补偿费归农民个人所有

B. 凡在协商征地方案后抢种的农作物、树木等，一律不予补偿

C. 安置补助费的标准应每年调整或重新公布一次

D. 征地补偿费可以实行货币补偿，也可以实行房屋产权置换

答案：B

［解题要点］ 青苗补偿费是因征地时对其正在生长的农作物受到损害而做出的一种赔偿。在农村实行承包责任制后，农民自行承包土地的青苗补偿费应付给本人，属于集体种植的青苗补偿费可纳入当年集体收益。凡在协商征地方案后抢种的农作物、树木等，一律不予补偿。

26. 预收工程款会产生预缴税的纳税义务，下列关于预缴税的表述正确的是（　　）。

A. 采用简易计税方法时，预征率为 2%

B. 多预缴的增值税可以申请退回

C. 当采用一般计税方法时，预征率为 2%

D. 计算基数均为全部预收工程款

答案：C

［解题要点］ 根据有关办法的规定，纳税义务发生的时间为纳税人发生应税行为并收讫销售款项或者取得索取销售款项凭据的当天；先开具发票的，为开具发票当天。自 2017 年 7 月 1 日起，承包人的预收工程款不产生纳税义务。但是应注意，预收工程款虽然不产生增值税纳税义务，但却有预缴

税的纳税义务。采用一般计税方法时，预征率为 2%；采用简易计税方法时，预征率为 3%，计算基数均为（全部价款和价外费用一支付的分包款），并且多预缴的增值税是不能退回的，只能用于冲抵下一期的应缴税款。

27. 根据我国现行建筑安装工程费用项目构成的规定，下列费用中属于安全文明施工费的是（　　）。

A. 夜间施工时，临时可移动照明灯具的设置、拆除费用

B. 工人的安全防护用品的购置费用

C. 地下室施工时所采用的照明设施拆除费

D. 建筑物的临时保护设施费

答案：B

[解题要点] 夜间施工时，临时可移动照明灯具的设置、拆除费用属于夜间施工增加费，故选项 A 错误；工人的安全防护用品的购置费用属于安全文明施工费里面安全施工的内容，故选项 B 正确；地下室施工时采用的照明设施拆除费属于非夜间施工照明费，故选项 C 错误；建筑物的临时保护设施费属于地上、地下设施、建筑物的临时保护设施费，故选项 D 错误。

28. 建设单位因地质、地形、施工等客观条件限制，无法修建防空地下室的，按照规定标准向人民防空主管部门缴纳的人民防空工程易地建设费属于工程建设其他费用中的（　　）。

A. 项目建设管理费　　B. 用地与工程准备费

C. 城市基础设施配套费　　D. 配套设施费

答案：D

[解题要点] 工程建设其他费用中的配套设施费包括城市基础设施配套费和人防易地建设费。

二、多项选择题

1. 下列费用中应计入设备运杂费的有（　　）。

A. 设备保管人员的工资

B. 设备采购人员的工资

C. 设备自生产厂家运至工地仓库的运费、装卸费

D. 运输中的设备包装支出

E. 设备仓库所占用的固定资产使用费

答案：ABDE

[解题要点] 设备运杂费中包括的运费和装卸费是指国产设备由设备制造厂交货地点起至工地仓库（或施工组织设计指定的需要安装设备的堆放地点）止所发生的运费和装卸费；进口设备则由我国到岸港口或边境车站起至工地仓库（或施工组织设计指定的需安装设备的堆放地点）止所发生的运费和装卸费，故选项 C 错误。

2. 下列各项中属于施工排水、降水费中成井费用的是（　　）。

A. 管道安装、拆除费　　B. 泥浆制作费用

C. 出渣费用　　D. 降水设备维修

E. 连接试抽费用

答案：BCE

[解题要点] 施工排水、降水费由成井和排水、降水两个独立的费用项目组成：

（1）成井。成井的费用主要包括：①准备钻孔机械、埋设护筒、钻机就位，泥浆制作、固壁，成孔、出渣、清孔等费用；②对接上、下井管（滤管），焊接，安防，下滤料，洗井，连接试抽等费用。

（2）排水、降水。排水、降水的费用主要包括：①管道安装、拆除，场内搬运等费用；②抽水、值班、降水设备维修等费用。

3. 关于建筑安装工程费用中的税金，下列说法正确的是（　　）。

A. 建筑安装工程费用中的税金就是增值税，按税前造价乘以增值税税率确定

B. 对于承包人来说，建筑安装工程费用按照含税价格计算更能直观体现承包人的生产成果

C. 对于承包人来说，建筑安装工程费用按照不含税价格计算更能直观体现承包人的生产成果

D. 对于发包人来说，建筑安装工程费用按照不含税价格计算更能准确反映发包人的投资支出总额

E. 对于发包人来说，建筑安装工程费用按照含税价格计算更能准确反映发包人的投资支出总额

答案：ACE

[解题要点] 建筑安装工程费用中的税金就是增值税，按税前造价乘以增值税税率确定。在增值税计税方法中，采用销项税额与进项税额抵扣计算应纳税额的方法（简易计税方法可以视为可抵扣进项税额为0），增值税是可以向下游企业进行转嫁的流转税。因此对于承包人来说，增值税的高低并不影响其真实的收入，建筑安装工程费用按照不含税价格计算更能直观体现承包人的生产成果。而对于发包人来说，建筑安装工程费用中包含的增值税是其必须进行支付的一笔金额（虽然这笔金额最终可能成为发包人的进项税额予以抵扣），发包人必须为这项支出进行资金储备，因此按照含税价格计算更能准确反映发包人的投资支出总额。

4. 下列各项中属于建筑安装工程费里的企业管理费中税金的有（　　）。

A. 增值税　　B. 城市维护建设税

C. 教育费附加　　D. 地方教育附加

E. 消费税

答案：BCDE

[解题要点] 企业管理费中的税金是指除增值税之外的企业按规定缴纳的房产税、非生产性车船使用税、土地使用税、印花税、消费税、资源税、环境保护税、城市维护建设税、教育费附加、地方教育附加等各项税费。

5. 当建设用地通过行政划拨方式取得时，需承担征地补偿费用，以下各项中属于征地补偿费的是（　　）。

A. 青苗补偿费　　B. 生态补偿费

C. 耕地开垦费　　D. 土地管理费

E. 新菜地开发建设基金

答案：ABE

[解题要点] 征地补偿费包括土地补偿费、青苗补偿费和地上附着物补偿费、安置补助费、耕地开垦费和森林植被恢复费、生态补偿与压覆矿产资源补偿费、其他补偿费等。

6. 下列关于工具、器具及生产家具购置费的说法中，正确的有（　　）。

A. 包括保证正常生产必须购置的没有达到固定资产标准的工卡模具的购置费用

B. 一般以设备购置费为计费基数

C. 按照部门或行业规定的工具、器具及生产家具费率计算

D. 包括保证正常生产必须购置的没有达到固定资产标准的生活家具的购置费用

E. 包括保证正常生产必须购置的没有达到固定资产标准的仪器的购置费用

答案：BC

[解题要点] 工器具及生产家具购置费，是指新建或扩建项目初步设计规定的，保证初期正常生产必须购置的没有达到固定资产标准的设备、仪器、工卡模具、器具、生产家具和备品备件等的购置费用。一般以设备购置费为计算基数，按照部门或行业规定的工器具及生产家具购置费费率计算。选项A、D、E中均缺乏“初期”的表述。

7. 关于安全文明施工费，下列说法正确的有（　　）。

A. 安全文明施工费包括建设单位临时设施费

B. 现场生活用洁净燃料费属于文明施工费

C. “三宝”“四口”“五临边”等防护费用属于临时设施费

D. 消防设施与消防器材的配置费用属于安全施工费

E. 施工现场搭设的临时文化福利用房的费用属于文明施工费

答案：BD

[解题要点] 安全文明施工费包括环境保护、文明施工、安全施工和临时设施四项。现场生活用洁净燃料费属于文明施工费，“三宝”“四口”“五临边”等防护费用属于安全施工费，消防设施与消防器材的配置费用属于安全施工费，施工现场搭设的临时文化福利用房的费用属于临时设施费。建设单位临时设施费属于工程建设其他费用。

8. 下列各项中属于工程建设其他费用中工程保险费的有（　　）。

A. 建筑工程一切险

B. 安装工程一切险

C. 工伤保险

D. 进口设备财产险

E. 工程质量潜在缺陷险

答案：ABDE

[解题要点] 工程保险费是指在建设期内对建筑工程、安装工程和设备，以及工程质量潜在缺陷等进行投保所需的费用。包括建筑工程一切险、安装工程一切险、进口设备财产险和工程质量潜在缺陷险等。工程保险费是为转移工程项目建设的意外风险而发生费用，不同的建设项目可根据工程特点选择投保险种。

9. 关于生产准备费，下列说法中正确的有（　　）。

A. 包括自行组织培训和委托其他单位培训的相关费用

B. 包括正常生产所需的生产办公家具用具的购置费用

C. 包括正常生活所需的生活家具用具的购置费用

D. 包括含备品备件在内的第一套不够固定资产标准的生产工具购置费用

E. 可按设计定员乘以人均生产准备费指标计算

答案：AE

[解题要点] 在建设期内，建设单位为保证项目正常生产而发生的人员培训费、提前进厂费以及投产使用必备的办公、生活家具用具及工器具等的购置费用，包括：

(1) 人员培训费及提前进厂费。包括自行组织培训或委托其他单位培训的人员工资、工资性补贴、职工福利费、差旅交通费、劳动保护费、学习资料费等。

(2) 为保证初期正常生产（或营业、使用）所必需的生产办公、生活家具用具购置费。

(3) 生产准备费＝设计定员×生产准备费指标（元/人）。

因此选项 A、E 正确。

10. 应予计量的措施项目费包括（　　）。

A. 垂直运输费

B. 排水、降水费

C. 冬雨季施工增加费

D. 临时设施费

E. 超高施工增加费

答案：ABE

[解题要点] 应予计量的措施项目包括脚手架费、混凝土模板及支架费、垂直运输费、超高施工增加费、大型机械设备进出场及安拆费、施工排水降水费，故答案是选项 A、B、E。

11. 下列关于土地出让金的说法中，正确的是（　　）。

A. 转让土地如有增值，要向受让者征收土地增值税

B. 在有偿出让和转让土地时，政府对地价不作统一规定

C. 有偿出让和转让所有权，要向土地受让者征收契税

D. 土地出让金的参考基准地价由省、自治区、直辖市人民政府公布

E. 申请土地使用权续期，应依照规定再次支付土地使用权出让金

答案：BCE

［**解题要点**］在有偿出让和转让土地时，政府对地价不作统一规定，有偿出让和转让使用权，要向土地受让者征收契税；转让土地如有增值，要向转让者征收土地增值税；土地使用者每年应按规定的标准缴纳土地使用费。土地使用权出让合同约定的使用年限届满，土地使用者需要继续使用土地的，应当至迟于届满前一年申请续期，除根据社会公共利益需要收回该土地的，应当予以批准。经批准准予续期的，应当重新签订土地使用权出让合同，依照规定支付土地使用权出让金。

第二章　建设工程计价原理、方法及依据

考 纲 要 求

1. 工程计价方法及计价依据的分类；
2. 工程量清单计价方法；
3. 建筑安装工程人工、材料和施工机具台班消耗量的确定；
4. 建筑安装工程人工、材料和施工机具台班单价的确定；
5. 工程计价定额的编制；
6. 工程计价信息及其应用。

本章知识架构

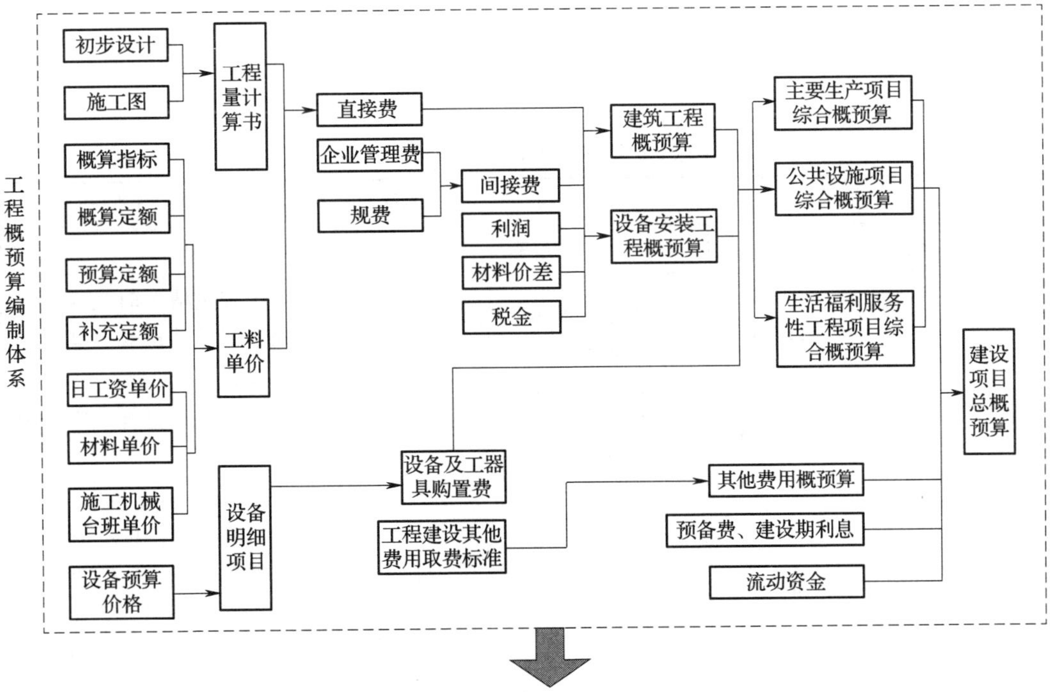

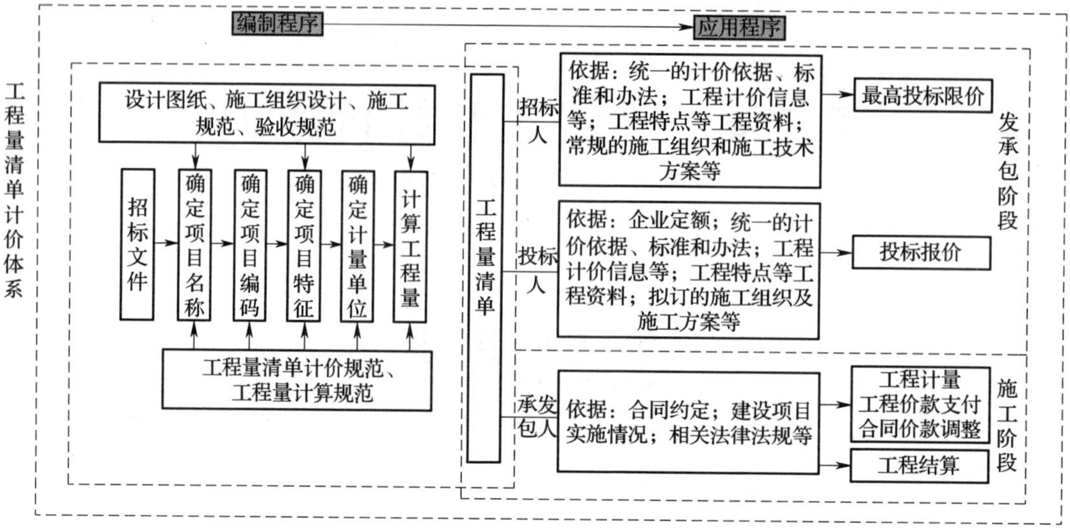

图 2-1 工程概预算编制体系和工程量清单计价体系

考点与题型详解

考点一：工程计价基本标准及依据

点评：本知识点介绍最基本的计价原理，虽然统领整章，但重要性并不高。考生应注意掌握定额计价与清单计价的比较分析。

知识要点集成

表 2-1 工程计价基本原理

内容	具体内容		不同计价体系	
	一级	二级	定额	清单
分部组合计价原理	工程计量	工程项目的划分	编制工程概算预算时主要是按工程定额进行项目的划分	编制工程量清单时主要是按照工程量清单计量规范规定的清单项目进行划分
		工程量的计算	各类工程定额规定的计算规则	各专业工程计量规范附录中规定的计算规则
	工程组价	工程单价的确定	工料单价——人工、材料、施工机具使用费	清单综合单价中除包括人工、材料、机具使用费用外，还包括企业管理费、利润和一定范围内的风险因素；全费用综合单价中除包括清单综合单价中的各项费用外，还包括规费和税金

续表 2-1

内容	具体内容			不同计价体系	
	一级	二级		定额	清单
分部组合计价原理	工程组价	总价的计算	实物量法	先计算出分部分项工程量，然后套用消耗量定额计算人材机等要素的消耗量，再根据各要素的实际价格及各项费率汇总形成相应工程造价的方法	—
			单价法	依据相应计价定额的工程量计算规则计算工程量；用工程量乘以工料单价，汇总可得分部分项工程人材机费合计；再按照相应的取费程序计算其他各项费用，汇总后形成相应工程造价	分为全费用综合单价（完全综合单价）法和不完全综合单价法。我国现行的《建设工程工程量清单计价规范》GB 50500 中规定的清单综合单价属于不完全综合单价，当把规费和税金计入不完全综合单价后即形成完全综合单价

注：1. 当一个建设项目还没有具体的图样和工程量清单时，需要利用产出函数对建设项目投资进行匡算，投资匡算常基于某个表明设计能力或者形体尺寸的变量，比如建筑面积、公路的长度、工厂的生产能力等。

2. 工程计价的基本原理就在于项目的分解与价格的组合。

3. 工程量清单计价活动涵盖施工招标、合同管理以及竣工交付全过程，主要包括编制招标工程量清单、最高投标限价、投标报价，确定合同价，进行工程计量与价款支付、合同价款的调整、工程结算和工程计价纠纷处理等活动。

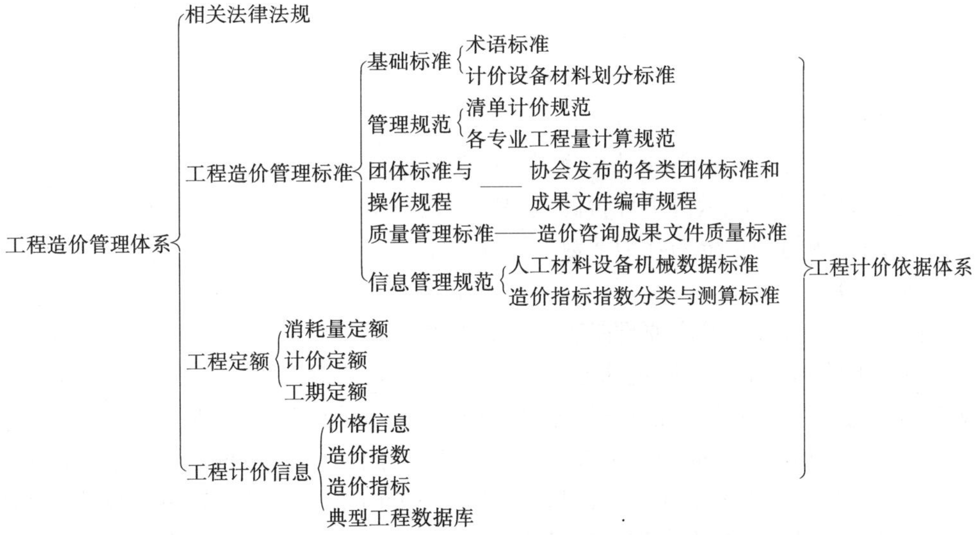

图 2-2　工程造价管理体系和工程计价依据体系

注：团体标准包括《建设项目工程总承包计价规范》T/CCEAS 001—2022、《房屋工程总承包工程量计算规范》T/CCEAS 002—2022、《市政工程总承包工程量计算规范》T/CCEAS 003—2022、《城市轨道交通工程总承包工程量计算规范》T/CCEAS 004—2022。

表 2-2 定额计价与清单计价的主要区别

区别	定额计价	清单计价
造价形成机制不同	生产决定价格的成本法计价机制	交易决定价格的市场法计价机制
风险分担方式不同	发承包双方有重复性工作，易导致履约过程中出现风险双方分担方式不明确	计价风险按合同约定由发承包双方分担
计价目的不同	建设项目前期合理设定投资控制目标	在建设项目交易阶段进行合理定价

注：造价形成机制不同是定额计价与工程量清单计价的最根本区别。

经典考题剖析

一、2023 年考题

1.《建设工程工程量清单计价规范》GB 50500—2013 中的清单综合单价是（　　）。

A. 工料单价　　B. 成本单价

C. 完全费用综合单价　　D. 不完全费用综合单价

答案：D

［**解析**］根据我国现行有关规定，综合单价又可以分成清单综合单价（不完全综合单价）与全费用综合单价（完全综合单价）两种。我国现行国家标准《建设工程工程量清单计价规范》GB 50500—2013 中规定的清单综合单价属于不完全综合单价，当把规费和税金计入不完全综合单价后即形成完全综合单价。

2. 关于工程计价原理与依据，下列说法正确的有（　　）。

A. 项目的造价与建设规模大小呈线性关系

B. 工程计价的基本原理是项目的分解和价格的组合

C. 工程计价可分为工程计量和套用单价两个环节

D. 定额计价与工程量清单计价的主要区别之一是风险分担方式不同

E. 时间定额与产量定额互为倒数

答案：BDE

［**解析**］工程计价的基本原理是项目的分解和价格的组合。即将建设项目自上而下细分至最基本的构造单元（假定的建筑安装产品），采用适当的计量单位计算其工程量，以及当时当地的工程单价，首先计算各基本构造单元的价格，再对费用按照类别进行组合汇总，计算出相应工程造价；定额计价与工程量清单计价的区别主要包括：造价形成机制不同；风险分担方式不同；计价目的不同；时间定额以单位工作量需要的工作时间表示，产量定额以单位工作时间能完成的工作量表示，两者互为倒数。

二、2022 年考题

根据现行工程量清单计价规范，将工程量乘以综合单价，汇总得出分部分项工程和单价措施项目费，再计算总价措施项目费和其他项目费，合计得出单位工程建筑安装工程费用的方法称为（　　）。

A. 实物量法　　B. 定额基价法

C. 全费用综合单价法　　D. 工程单价法

答案：C

［解析］因为汇总分部分项工程费、总价措施费和其他项目费直接可以得到单位工程建筑安装工程费用，并没有单独取定规费和税金的过程，说明所用单价为全费用综合单价。

三、2021 年考题

1.《工程造价术语标准》GB/T 50875 属于工程造价管理标准中的（　　）。

A. 基础标准　　B. 管理规范

C. 操作规程　　D. 质量管理标准

答案：A

［解析］工程造价管理标准中的基础标准包括《工程造价术语标准》GB/T 50875、《建设工程计价设备材料划分标准》GB/T 50531 等。

2. 我国工程造价管理体系可划分为若干子体系，具体包括（　　）。

A. 相关法律法规体系　　B. 工程造价管理标准体系

C. 工程定额体系　　D. 工程计价依据体系

E. 工程计价信息体系

答案：ABCE

［解析］工程计价依据体系包括工程造价管理标准体系、工程定额体系和工程计价信息体系，因此选项 A、B、C、E 为正确答案，而选项 D 错误。

四、其他年份考题

1. 在工程量清单编制中，施工组织设计、施工规范和验收规范可以用来确定（　　）。

A. 项目名称　　B. 项目编码

C. 项目特征　　D. 计量单位

E. 工程数量

答案：ACE

［解析］工程量清单的编制程序如下图：

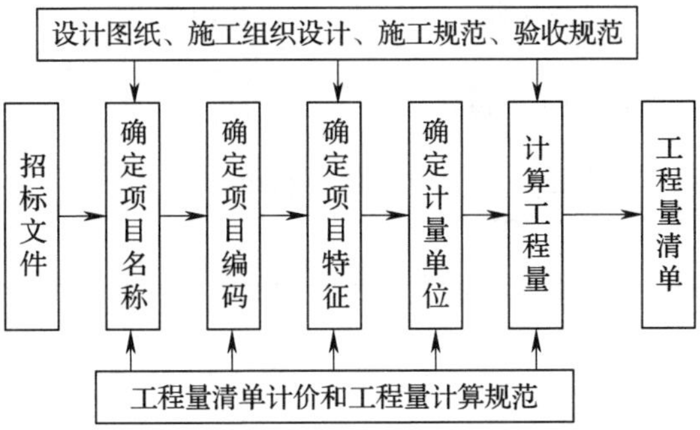

2. 根据分部组合计价原理，单位工程可依据（　　）等的不同分解为分部工程。

A. 结构部位　　B. 路段长度

C. 施工特点　　D. 材料

E. 工序

答案：ABC

［解析］单位工程可以按照结构部位、路段长度及施工特点或施工任务分解为分部工程。

考点二：工程定额体系

点评： 本部分主要考点包括定额的分类方式，按照定额的用途分类时各类定额的区别，以及定额的主要特性及其表现方式。

知识要点集成

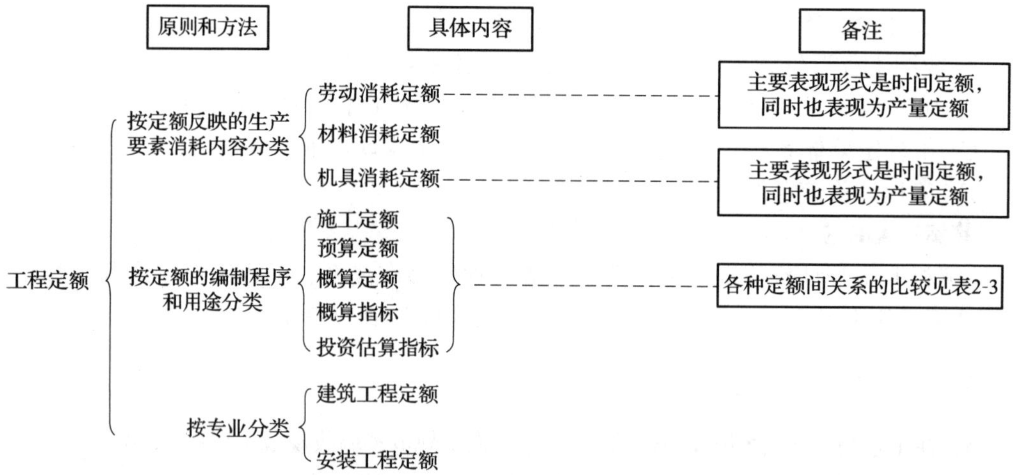

图 2-3　工程定额分类

表 2-3　各种定额间关系的比较

项目	施工定额	预算定额	概算定额	概算指标	投资估算指标
对象	施工过程或基本工序	分项工程和结构构件	扩大的分项工程或扩大的结构构件	单位工程	建设项目、单项工程、单位工程
用途	编制施工预算	编制施工图预算	编制扩大初步设计概算	编制初步设计概算	编制投资估算
项目划分	最细	细	较粗	粗	很粗
定额水平	平均先进	平均			
定额性质	生产性定额	计价性定额			

注：工程定额的制定与修订包括制定、全面修订、局部修订、补充等工作，应注意掌握各自遵循的原则。

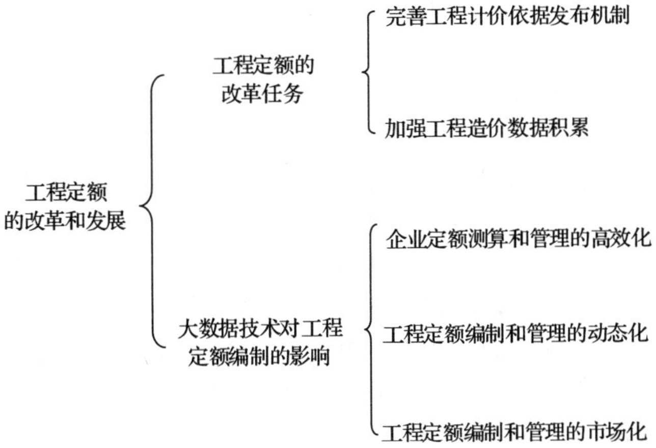

图 2-4　工程定额的改革和发展

注：《工程造价改革工作方案》（建办标〔2020〕38 号）指出：优化概算定额、估算指标编制发布和动态管理，取消最高投标限价按定额计价的规定，逐步停止发布预算定额。

经典考题剖析

一、2023 年考题

下列定额中，子目最多、项目划分最细的定额是（　　）。

A. 施工定额　　B. 预算定额

C. 概算定额　　D. 概算指标

答案：A

［**解析**］施工定额是以某一施工过程或基本工序作为研究对象，表示生产产品数量与生产要素消耗综合关系编制的定额。为了适应组织生产和管理的需要，施工定额的项目划分很细，是工程定额中分项最细、定额子目最多的一种定额，也是工程定额中的基础性定额。

二、2022 年考题

1. 下列工程定额中，以单位工程为对象，反映完成规定计量单位建筑安装产品经济指标的是（　　）。

A. 预算定额　　B. 概算定额

C. 概算指标　　D. 投资估算指标

答案：C

［**解析**］概算指标是以单位工程为对象，反映完成规定计量单位建筑安装产品的经济指标。

2. 关于现阶段我国工程造价计价依据改革的相关任务，下列说法正确的有（　　）。

A. 优化政府对预算定额的编制和发布

B. 采用政府发布的定额编制最高投标限价

C. 加强政府对市场价格信息发布行为的监管

D. 加强建设国有资金投资项目的工程造价数据库

E. 运用造价指标指数和市场价格信息控制项目投资

答案：CDE

［**解析**］与工程造价计价依据改革相关的任务主要包括以下两个方面：①完善工程计价依据发布机制。加快转变政府职能，优化概算定额、估算指标的编制发布和动态管理，取消最高投标限价按定额计价的规定，逐步停止发布预算定额。加强市场价格信息发布行为监管，严格信息发布单位主体责任。②加强工程造价数据积累。加快建立国有资金投资的工程造价数据库，按地区、工程类型、建筑结构等分类发布人工、材料、项目等造价指标指数，利用大数据、人工智能等信息化技术为概预算编制提供依据。加快推进工程总承包和全过程工程咨询，综合运用造价指标指数和市场价格信息，控制设计限额、建造标准、合同价格，确保工程投资效益得到有效发挥。

三、2021 年考题

下列工程定额中，能反映建设总投资及各项费用构成的是（　　）。

A. 预算定额　　B. 施工定额

C. 概算指标　　D. 投资估算指标

答案：D

［**解析**］投资估算指标是以建设项目、单项工程、单位工程为对象，反映建设总投资及其各项费用构成的经济指标。

四、其他年份考题

下列定额中，定额水平应反映社会平均先进水平的是（　　）。

A. 施工定额　　B. 预算定额

C. 概算定额　　D. 概算指标

答案：A

［**解析**］施工定额是生产性定额，而非计价性定额。计价性定额是平均水平的，生产性定额是平均先进水平。

考点三：工程量清单计价

点评：本章重要考核点之一。在分部分项工程项目清单中，考生应重点掌握项目编码、项目名称、项目特征、计量单位以及工程数量的编制或计算规则，在措施项目清单中，考生应重点掌握可以计算工程量的项目和不宜计算工程量的项目分别应如何编制。在其他项目清单中，考生应重点掌握各种不同的其他项目应用范围的差异。

知识要点集成

表 2-4　工程量清单的本质和模拟工程量清单

名称	本质	目的	特点
工程量清单	为完成工程交易而提供一套完整的实物量清单	满足不同设计深度、不同复杂程度、不同承包方式及不同管理需求下工程计价的需要	根据不同的规范、标准或项目条件，可以有不同的项目名称设置要求、项目特征描述方式、计量单位选择和工程数量计算规则
模拟工程量清单	工程设计图没有或不完备情况下工程量清单的替代方式	参照类似工程的清单项目和技术指标进行编制的暂估工程量清单	与现行计价规范中标准工程量清单的最大不同点就是编制基础不同

表 2-5　工程量清单及计价

定义	载明建设工程项目名称、项目特征、计量单位和工程数量等的明细清单
项目设置	分为分部分项工程项目、措施项目、其他项目以及规费和税金项目四大类
分解	工程量清单又可分为招标工程量清单和已标价工程量清单
编制责任	招标工程量清单必须作为招标文件的组成部分，其准确性和完整性由招标人负责
适用范围	使用国有资金投资的建设工程发承包，必须采用工程量清单计价

注：1. 本表中工程量清单及计价依据现行建设工程工程量清单计价规范。

2. 主要适用于施工图完成后进行发包的阶段。

3. 国有资金投资的项目包括全部使用国有资金（含国家融资资金）投资或国有资金为主的工程建设项目。国有资金（含国家融资资金）为主的工程建设项目是指国有资金占投资总额 50%以上，或虽不足 50%但国有投资者实质上拥有控股权的工程建设项目。

表 2-6　分部分项工程项目清单编制

组成要件	编制要求	备注
项目编码	五级十二位编码，分别为专业工程代码、附录分类顺序码、分部工程顺序码、分项工程项目名称顺序码和清单项目名称顺序码，其中清单项目名称顺序码由招标人自行编制	当同一标段（或合同段）的一份工程量清单中含有多个单位工程且工程量清单是以单位工程为编制对象时，在编制工程量清单时应特别注意对项目编码十至十二位的设置不得有重码的规定
项目名称	按各专业工程计量规范附录的项目名称结合拟建工程的实际确定	各专业工程计量规范中的分项工程项目名称如有缺陷，招标人可作补充，并报当地工程造价管理机构（省级）备案

续表 2-6

组成要件	编制要求	备注
项目特征	是构成分部分项工程项目、措施项目自身价值的本质特征。按各专业工程计量规范附录中规定的项目特征，结合技术规范、标准图集 、施工图纸、按照工程结构、使用材质及规格或安装位置等，予以详细而准确的表述和说明	在编制分部分项工程量清单时，工程内容通常无须描述
计量单位	除各专业另有特殊规定外，应采用基本单位	当计量单位有两个或两个以上时，应根据所编工程量清单项目的特征要求，选择最适宜表现该项目特征并方便计量的单位
工程数量计算	根据工程量清单计价与计量规范的规定，工程量计算规则可以分为房屋建筑与装饰工程、仿古建筑工程、通用安装工程、市政工程、园林绿化工程、矿山工程、构筑物工程、城市轨道交通工程、爆破工程九大类	所有清单项目的工程量是以实体工程量为准，并以完成后的净值计算。投标人在投标报价时，应在单价中考虑施工中的各种损耗和需要增加的工程量

注：1. “分部工程”是单位工程的组成部分，系按结构部位、路段长度及施工特点或施工任务将单位工程划分为若干分部的工程；“分项工程”是分部工程的组成部分，是按不同施工方法、材料、工序及路段长度等分部工程划分为若干个分项或项目的工程。

2. 补充项目的编码由工程量计算规范规定的代码与 B 和三位阿拉伯数字组成，并应从 001 起顺序编制。

表 2-7　措施项目清单的编制

措施项目类别	清单标准格式	包括内容
可以计算工程量的项目	宜采用分部分项工程量清单的方式编制	脚手架工程，混凝土模板及支架（撑），垂直运输，超高施工增加，大型机械设备进出场及安拆，施工排水、降水等
不宜计算工程量的项目	以“项”为计量单位进行编制	安全文明施工费，夜间施工，非夜间施工照明，二次搬运，冬雨季施工，地上地下设施、建筑物的临时保护设施，已完工程及设备保护等

注：1. 措施项目清单的编制依据主要包括：①施工现场情况、地勘水文资料、工程特点；②常规施工方案；③与建设工程有关的标准、规范、技术资料；④拟订的招标文件；⑤建设工程设计文件及相关资料。

2. 按施工方案计算的措施费，若无“计算基础”和“费率”的数值，也可以只填“金额”数值，但应在备注栏说明施工方案出处或计算方法。

表 2-8 其他项目清单的编制

其他项目费名称		适用范围	编写责任划分
暂列金额		用于工程合同签订时尚未确定或者不可预见的所需材料、工程设备、服务的采购，施工中可能发生的工程变更、合同约定调整因素出现时的合同价款调整以及发生的索赔、现场签证确认等的费用	由招标人确定，如不能详列，也可只列暂定金额总额，投标人应将上述暂列金额计入投标总价中
暂估价	材料暂估价	招标人在工程量清单中提供的用于支付必然发生但暂时不能确定价格的材料、工程设备的单价以及专业工程的金额	由招标人确定，投标人应将上述暂估价计入投标报价中
	工程设备暂估价		
	专业工程暂估价		
计日工		适用于零星项目或工作，一般是指合同约定之外的或者因变更而产生的、工程量清单中没有相应项目的额外工作，尤其是那些难以事先商定价格的额外工作	项目名称、数量由招标人确定，编制最高投标限价时，单价由招标人按有关规定确定；投标时，单价由投标人自主报价，计入投标总价中。结算时，按发承包双方确认的实际数量计算合价
总承包服务费		总承包人为配合协调发包人进行的专业工程发包，对发包人自行采购的材料、工程设备等进行保管以及施工现场管理、竣工资料汇总整理等服务所需的费用	项目名称、服务内容由招标人确定，编制最高投标限价时，费率及金额由招标人按有关计价规定确定；投标时，费率及金额由投标人自主报价，计入投标总价中

注：1. 需要纳入分部分项工程量清单项目综合单价中的暂估价应只是材料、工程设备暂估单价，以方便投标人组价。招标人在备注栏说明暂估价的材料、工程设备拟用在哪些清单项目上，投标人将材料、工程设备暂估价计入工程量清单综合单价报价中。

2. 专业工程暂估价一般应是综合暂估价，包括人工费、材料费、施工机具使用费、企业管理费和利润，不包括规费和税金。

经典考题剖析

一、2023 年考题

1. 根据《建设工程工程量清单计价规范》GB 50500—2013，关于工程量清单及其编制，下列说法中正确的是（　　）。

A. 招标工程量清单的完整性由招标代理人负责

B. 招标工程量清单应以分部分项工程为单位编制

C. 已标价工程量清单需经承包人确认

D. 已标价工程量清单不包括规费和税金项目清单

答案：C

［**解析**］工程量清单又可分为招标工程量清单和已标价工程量清单，由招标人根据国家标准、招标文件、设计文件以及施工现场实际情况编制的称为招标工程量清单，作为投标文件组成部分的已标明价格并经承包人确认的称为已标价工程量清单。

2. 下列措施费中，宜采用分部分项工程项目清单编制的是（　　）。

A. 大型机械进出场及安拆费　　B. 安全文明施工费

C. 二次搬运费　　D. 已完工程和设备保护费

答案：A

［**解析**］有些措施项目是可以计算工程量的项目，如脚手架工程，混凝土模板及支架（撑），垂直运输，超高施工增加，大型机械设备进出场及安拆，施工排水、降水等，这类措施项目按照分部分项工程项目清单的方式采用综合单价计价，更有利于措施费的确定和调整。措施项目中可以计算工程量的项目（单价措施项目）宜采用分部分项工程项目清单的方式编制。

3. 在编制投标报价时，其他费用中的专业工程暂估价的费用组成为（　　）。

A. 人工费、机械费、材料费

B. 人工费、机械费、材料费、企业管理费、利润

C. 人工费、机械费、材料费、企业管理费、利润、规费

D. 人工费、机械费、材料费、企业管理费、利润、规费、税金

答案：B

［**解析**］专业工程的暂估价一般应是综合暂估价，包括人工费、材料费、施工机具使用费、企业管理费和利润，不包括规费和税金。

4. 下列费用中，在投标时需按招标人确定的单价或金额计入投标总价的有（　　）。

A. 暂列金额　　B. 专业工程暂估价

C. 计日工单价　　D. 材料暂估单价

E. 总承包服务费

答案：ABD

［**解析**］计日工单价和总承包服务费在投标时由投标人自主定价。暂列金额和暂估价投标人需按照招标人确定的单价或金额计入投标总价。

二、2022 年考题

1. 关于分部分项工程项目清单的编制，下列说法正确的是（　　）。

A. 第二级项目编码为单位工程顺序码

B. 应补充描述清单计算规范中未规定的其他独有特征

C. 项目名称应直接采用规范附录给定的名称

D. 工程量中应包含多种必要的施工损耗量

答案：B

[解析] 第二级项目编码为附录分类顺序码。凡项目特征中未描述到的其他独有特征，由清单编制人视项目具体情况确定，以准确描述清单项目为准。分部分项工程项目清单的项目名称应按各专业工程工程量计算规范附录的项目名称结合拟建工程的实际确定。工程数量主要通过工程量计算规则计算得到。工程量计算规则是指对清单项目工程量计算的规定。除另有说明外，所有清单项目的工程量应以实体工程量为准，并以完成后的净值计算；投标人投标报价时，应在单价中考虑施工中的各种损耗和需要增加的工程量。

2. 根据现行工程量清单计价规范，下列费用中，应列入单价措施项目清单与计价表的是（　　）。

A. 施工排水、降水费

B. 已完工程及设备保护费

C. 冬雨季施工增加费

D. 地上、地下设施和建筑物临时保护设施费

答案：A

[解析] 单价措施项目有脚手架工程，混凝土模板及支架（撑），垂直运输，超高施工增加，大型机械设备进出场及安拆，施工排水、降水等。

3. 关于招标工程量清单中的暂估价，下列说法正确的是（　　）。

A. 工程项目暂估价应汇总计入其他项目费

B. 材料暂估单价应计入工程量清单综合单价

C. 专业工程暂估价中应包含规费和税金

D. 材料和工程设备暂估单价应由投标人填写

答案：B

[解析] 暂估价分为材料、工程设备暂估价和专业工程暂估价。材料和工程设备暂估价计入工程量清单综合单价，专业工程暂估价一般应是综合暂估价，包括人工费、材料费、施工机具使用费、企业管理费和利润，不包括规费和税金。材料和工程设备暂估单价应由招标人填写。

4. 关于招标工程量清单编制，下列说法正确的有（　　）。

A. 应在预算定额和工程量清单计算规范中选择工程量计算规则

B. 措施项目清单应根据拟建工程的实际情况列项

C. 专业工程暂估价应汇总计入其他项目费

D. 计日工表应列出计量单位、暂定数量、暂定金额

E. 总承包服务费的项目名称和服务内容应由招标人填写

答案：BCE

[解析] 编制招标工程量清单时，工程量计算规则不采用预算定额中的计量方法。招标工程量清单编制时，计日工表中无需列出暂定金额。

三、2021 年考题

1. 关于工程量清单计价的适用范围和编制要求，下列说法正确的是（　　）。

A. 工程量清单计价主要用于设计及其以后各个阶段的计价活动

B. 招标工程量清单的完整性和准确性由编制人负责

C. 招标工程量清单应以单位（项）工程为对象编制

D. 国家特许的融资项目可不采用工程量清单计价

答案：C

[解析] 招标工程量清单必须作为招标文件的组成部分，其准确性和完整性由招标人负责。招标工程量清单应以单位（项）工程为单位编制，由分部分项工程项目清单，措施项目清单，其他项目清单，规费项目、税金项目清单组成。

2. 关于分部分项工程项目清单中“项目特征”的描述，下列说法正确的是（　　）。

A. 工程量计算规范附录中没有规定的其他独有特征，在特征描述中无须描述

B. 投标报价时如遇项目特征描述与图纸不符，应以图纸为准

C. 在进行项目特征描述的同时，也应对工程内容加以描述

D. 应结合技术规范、标准图集、施工图纸等进行描述

答案：D

[解析] 分部分项工程项目清单的项目特征应按各专业工程工程量计算规范附录中规定的项目特征，结合技术规范、标准图集、施工图纸，按照工程结构、使用材质及规格或安装位置等，予以详细而准确的表述和说明。

3. 关于分部分项工程项目清单的编制要求，下列说法正确的是（　　）。

A. 所有清单项目的工程量均应以完成后的净值计算

B. 以“个”“项”等为计算单位时，应取整数，小数部分四舍五入

C. 有两个或两个以上计量单位时，应按不同计量单位分别计量

D. 当出现规范附录中未包含的清单项目时，编制人应做补充，并报省级或行业工程造价管理机构备案

答案：D

[解析] 在编制工程量清单时，当出现工程量计算规范附录中未包括的清单项目时，编制人应做补充，并将编制的补充项目报省级或行业工程造价管理机构备案。

4. 按照《住房城乡建设部关于进一步推进工程造价管理改革的指导意见》（建标〔2014〕142 号）的要求，工程量清单规范体系应满足（　　）下工程计价需要。

A. 不同管理需求　　B. 不同融资方式

C. 不同设计深度　　D. 不同复杂程度

E. 不同承包方式

答案：ACDE

［解析］根据《住房城乡建设部关于进一步推进工程造价管理改革的指导意见》（建标〔2014〕142号）的要求，清单计价方式应满足“完善工程项目划分，建立多层级工程量清单，形成以清单计价规范和各专（行）业工程量计算规范配套使用的清单规范体系，满足不同设计深度、不同复杂程度、不同承包方式及不同管理需求下工程计价的需要”的原则。融资方式与采用何种计价方式没有直接关系。

四、其他年份考题

1. 关于分部分项工程项目清单中项目编码的编制，下列说法正确的是（　　）。

A. 第二级编码为分部工程顺序码

B. 第五级编码为分项工程项目名称顺序码

C. 同一标段内多个单位工程中项目特征完全相同的分项工程，可采用相同编码

D. 补充项目应采用6位编码

答案：D

［解析］补充项目的编码由工程量计算规范的代码与B和三位阿拉伯数字组成，共6位。

2. 编制工程量清单时，下列费用属于总承包服务费考虑范围的是（　　）。

A. 总包人对专业工程的投标费

B. 承包人自行采购工程设备的保管费

C. 总包人施工现场的管理费

D. 竣工决算文件编制费

答案：C

［解析］总承包服务费是指总承包人为配合协调发包人进行的专业工程发包，对发包人自行采购的材料、工程设备等进行保管以及施工现场管理、竣工资料汇总整理等服务所需的费用。

3. 关于工程量清单计价适用范围，下列说法正确的是（　　）。

A. 达到或超过规定建设规模的工程，必须采用工程量清单计价

B. 达到或超过规定建设数额的工程，必须采用工程量清单计价

C. 国有资金占投资总额不足50%的建设工程发承包，不必采用工程量清单计价

D. 不采用工程量清单计价的建设工程，应执行计价规范中除工程量清单等专门性规定以外的规定

答案：D

［解析］使用国有资金投资的建设工程发承包，必须采用工程量清单计价，选项A、B错误；国有资金（含国家融资资金）为主的工程建设项目是指国有资金占投资总额50%以上，或虽不足50%但国有投资者实质上拥有控股权的工程建设项目，必须采用工程量清单计价，选项C错误。

4. 对于不能计算工程量的措施项目，当按施工方案计算措施费时，若无“计算基础”和“费率”数值，则（　　）。

A. 以定额计价为计算基础，以国家、行业、地区定额中相应的费率计算金额

B. 以“定额人工费＋定额机械费”为计算基础，以国家、行业、地区定额中相应

费率计算金额

C. 只填写“金额”数值，在备注中说明施工方案出处或计算方法

D. 备注中说明中计算方法，补充填写“计算基础”和“费率”

答案：C

[**解析**] 按施工方案计算的措施费，若无“计算基础”和“费率”的数值，也可只填“金额”数值，但应在备注栏说明施工方案出处或计算方法，故选项C正确。

考点四：建筑安装工程人工、材料及机具台班定额消耗量

点评：本章重要考点之一，主要考核点包括工人以及机器工作时间分类，测时方法及其主要特征，以及依据测时或统计资料如何确定人工、材料、机具台班定额消耗量，本考点中还会有比较多的计算题出现。

知识要点集成

表2-9 施工过程及其分类

研究内容	结果		具体描述
施工过程分类	施工过程组织上的复杂程度	工序	工序是工艺方面最简单的施工过程，其主要特征是劳动者、劳动对象和使用的劳动工具均不发生变化。工序是基本的施工过程，编制施工定额时，工序是主要的研究对象
		工作过程	工作过程特点是劳动者和劳动对象不发生变化，而使用的劳动工具可以变换
		综合工作过程	综合工作过程是同时进行的，在组织上有直接联系的，为完成一个最终产品结合起来的各个施工过程的总和
施工过程影响因素	技术因素		包括产品的种类和质量要求，所用材料、半成品、构配件的类别、规格和性能，所用工具和机械设备的类别、型号、性能及完好情况等
	组织因素		包括施工组织与施工方法、劳动组织、工人技术水平、操作方法和劳动态度、工资分配方式、劳动竞赛等
	自然因素		包括酷暑、大风、雨、雪、冰冻等

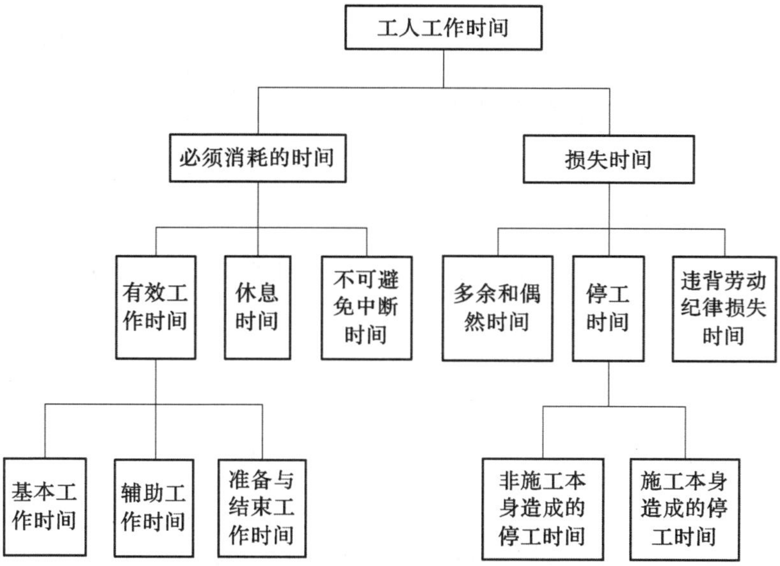

图 2-5　工人工作时间分类图

注：损失时间中的非施工本身造成的停工时间、偶然工作时间在拟订定额时要适当考虑。

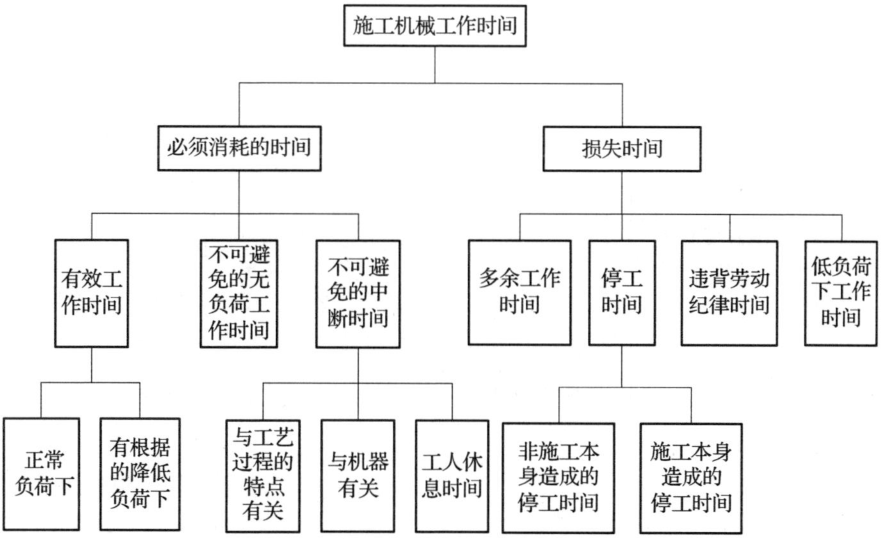

图 2-6　施工机械工作时间分类图

注：1. 在工人工作时间分类和机器工作时间分类中，应注意掌握教材中对各类时间所举的示例。

2. 计时观察法包括测时法、写实记录法和工作日写实法三种。随着信息技术的发展，计时观察的基本原理不变，但可采用更为先进的技术手段进行观测，包括使用物联网、大数据技术等。

表 2-10 人工、材料、机具台班定额消耗量的基本方法

类别	基础数据		计算
人工定额消耗量	确定工序作业时间	基本工作时间	工序作业时间＝基本工作时间＋辅助工作时间 ＝基本工作时间/[1－辅助工作时间（%）] 基本工作时间： 1. 各组成部分与最终产品单位一致 $T_1=\sum_{i=1}^{n} t_i$； 2. 各组成部分单位与最终产品单位不一致 $T_1=\sum_{i=1}^{n} k_i \times t_i$。
		辅助工作时间	辅助工作时间：与基本工作时间确定方法相同，也可以利用工时规范中规定的辅助工作时间的百分比计算
	确定规范时间	准备与结束工作时间	规范时间＝准备与结束工作时间＋不可避免的中断时间＋休息时间 准备与结束工作时间、不可避免的中断时间和休息时间都可以根据工时规范或经验数据来确定
		不可避免的中断时间	
		休息时间	
	拟订定额时间		$定额时间=\dfrac{工序作业时间}{1-规范时间（\%）}$
材料定额消耗量	标准砖墙材料用量的计算	用砖数	$A=\dfrac{1}{墙厚\times（砖长+灰缝）\times（砖厚+灰缝）}\times k$ 式中：k——墙厚的砖数×2
		总消耗量	$损耗率=\dfrac{损耗量}{净用量}\times 100\%$ 总消耗量＝净用量＋损耗量＝净用量×（1＋损耗率）
		砂浆用量	B＝1－砖数×每块砖体积
	块料面层的材料用量计算	$100m^2$ 块料净用量	$100m^2块料净用量=\dfrac{100}{(块料长+灰缝宽)\times(块料宽+灰缝宽)}$（块）
		$100m^2$ 灰缝材料净用量	$100m^2$ 灰缝材料净用量＝[100－(块料长×块料宽×$100m^2$ 块料用量)]×灰缝深
		结合层材料用量	结合层材料用量＝$100m^2$×结合层厚度

续表 2-10

<table>
<tr><th>类别</th><th colspan="2">基础数据</th><th>计算</th></tr>
<tr><td rowspan="4">机械台班定额消耗量</td><td rowspan="2">确定机械 1h 纯工作正常生产率</td><td>对于循环动作机械</td><td>$\text{机械一次循环的正常延续时间}=\sum\left(\text{循环各组成部分正常延续时间}\right)-\text{交叠时间}$
$\text{机械纯工作 1h 循环次数}=\dfrac{60\times60\ (\text{s})}{\text{一次循环的正常延续时间}}$
$\text{机械纯工作 1h 正常生产率}=\text{机械纯工作 1h 正常循环次数}\times\text{一次循环生产的产品数量}$</td></tr>
<tr><td>对于连续动作机械</td><td>$\text{连续动作机械纯工作 1h 正常生产率}=\dfrac{\text{工作时间内生产的产品数量}}{\text{工作时间（h）}}$</td></tr>
<tr><td colspan="2">确定施工机械的正常利用系数</td><td>$\text{机械正常利用系数}=\dfrac{\text{机械在一个工作班内纯工作时间}}{\text{一个工作班延续时间（8h）}}$</td></tr>
<tr><td colspan="2">计算施工机械台班定额</td><td>$\text{施工机械台班产量定额}=\text{机械 1h 纯工作正常生产率}\times\text{工作班纯工作时间}$
$\text{施工机械台班产量定额}=\text{机械 1h 纯工作正常生产率}\times\text{工作班延续时间}\times\text{机械时间利用系数}$</td></tr>
</table>

注：1. 施工中材料的消耗可分为必须消耗的材料和损失的材料。必须消耗的材料包括：直接用于建筑和安装工程的材料；不可避免的施工废料；不可避免的材料损耗。直接用于建筑和安装工程的材料，编制材料净用量定额；不可避免的施工废料和材料损耗，编制材料损耗定额；实体材料指直接构成工程实体的材料，包括工程直接性材料和辅助材料，非实体材料主要是指周转性材料。

2. 确定材料消耗量的基本方法包括现场技术测定法、实验室试验法、现场统计法、理论计算法。其中现场技术测定法主要适用于确定材料损耗量，实验室试验法主要用于编制材料净用量定额，理论计算法适用于不易产生损耗，且容易确定废料的材料消耗量的计算。

经典考题剖析

一、2023 年考题

1. 下列工作时间中，属于损失时间但在拟定定额时可以适当考虑的是（　　）。

A. 抹灰工偶然补墙洞的时间　　B. 工人熟悉图纸的时间

C. 工人完工后清理的时间　　D. 工人喝水的时间

答案：A

[**解析**] 偶然工作是工人在任务外进行的工作，但能够获得一定产品。如抹灰工不得不补上偶然遗留的墙洞等。由于偶然工作能获得一定产品，拟定定额时要适当考虑它的影响。

2. 通过计时观察资料得知，砌砖墙人工勾缝 $10m^2$ 的基本工作时间为 90min，辅助工作时间占工序作业时间的 5%，准备与结束工作时间、不可避免中断时间、休息时间分别占工作日的 5%、12%、3%，该人工勾缝的产量定额为（　　）m^2/工日。

A. 0.024　　　　B. 0.025

C. 40.53　　　　D. 42.22

答案：C

[解析] 90min＝1.5 小时＝0.187 5 工日。

时间定额＝0.187 5/（1－5%）/（1－5%－12%－3%）＝0.246 7（工日/$10m^2$）。

产量定额＝10/0.246 7＝40.53（m^2/工日）。

3. 用 M75 水泥砂浆与规格为 240mm×115mm×53mm 的普通砖砌筑一砖厚墙体，灰缝宽度为 10mm。假设普通砖与水泥砂浆的损耗率均为 1%，则每 $10m^3$ 该墙体中普通砖和水泥砂浆的消耗量分别为（　　）。

A. 5 291 块、2.26m^3　　　　B. 5 344 块、2.18m^3

C. 5 291 块、2.20m^3　　　　D. 5 344 块、2.28m^3

答案：D

[解析]

$$普通砖净用量=\frac{10}{0.24\times(0.24+0.01)\times(0.053+0.01)}\times 2=5\ 291（块）。$$

普通砖消耗量＝5 291×（1＋1%）＝5 344（块）。

砂浆净用量＝10－5 291×0.24×0.115×0.053＝2.26（m^3）。

砂浆消耗量＝2.26×（1＋1%）＝2.28（m^3）。

4. 下列施工机械消耗时间，应计入施工机具台班消耗量的有（　　）。

A. 筑路机在工作区末端掉头的时间

B. 暴雨时压路机的停工时间

C. 操作工人短暂休息的停机时间

D. 汽车装货时的停车时间

E. 甲方材料供应不及时引起的停机时间

答案：ABCD

[解析] 筑路机在工作区末端掉头属于不可避免的无负荷工作时间，操作工人短暂休息的停机时间和汽车装货时的停车时间属于不可避免中断时间，以上三项均应计入施工机具台班消耗量。选项 B 暴雨时压路机的停工时间属于非施工本身造成的停工，教材中未明确是否应计入施工机具台班消耗量，但考虑到机械工作时间分类与工人工作时间分类的相似性，非施工本身造成的停工时间可以在编制定额时予以适当考虑。

二、2022 年考题

1. 关于人工定额消耗量的测定，下列计算公式正确的是（　　）。

A. 工序作业时间＝基本工作时间×［1＋辅助工作时间（%）］

B. 规范时间＝辅助工作时间＋准备与结束工作时间＋休息时间

C. 规范时间＝工序作业时间×［1＋规范时间（%）］

D. 定额时间＝工序作业时间＋规范时间

答案：D

［解析］工序作业时间＝基本工作时间＋辅助工作时间。

规范时间＝准备与结束工作时间＋不可避免的中断时间＋休息时间。

定额时间＝工序作业时间＋规范时间，同时定额时间＝$\dfrac{\text{工序作业时间}}{1-\text{规范时间（\%）}}$。

2. 用规格为 290mm×240mm×190mm 的烧结空心砌块砌筑 240mm 厚墙体，灰缝宽度为 10mm，砌块损耗率为 1%，则每 $10m^3$ 该种空心砌块的消耗量为（　　）m^3。

A. 8.90　　B. 9.18

C. 9.28　　D. 10.10

答案：C

［解析］空心砌块的净用量＝$10\times\dfrac{1}{0.24\times(0.29+0.01)\times(0.19+0.01)}\approx 694.44$（块）。

空心砌块的总消耗量＝净用量×（1＋损耗率）＝694.44×（1＋1%）≈701.38（块）。

调整为体积表示的消耗量＝701.38×0.29×0.24×0.19≈9.28（m^3）。

3. 某施工机械循环作业一次，各循环组成部分的正常延续时间分别为 3min、5min、4min、2min，交叠时间为 2min，一次循环的产量为 $2m^3$，机械时间利用系数为 0.9，则该机械的产量定额为（　　）m^3/台班。

A. 6.75　　B. 9

C. 54　　D. 72

答案：D

［解析］一次循环正常延续时间＝3＋5＋4＋2－2＝12（min）。

纯工作 1h 循环次数＝60/12＝5（次）。

纯工作 1h 正常生产率＝5×2＝10（m^3）。

产量定额＝10×8×0.9＝72（m^3/台班）。

4. 根据工程定额编制要求，下列工作时间或材料的消耗，应计入人工、材料或施工机具台班消耗量标准的有（　　）。

A. 施工本身原因造成的人工停工时间

B. 不可避免的施工废料

C. 施工措施性材料的用量

D. 有根据地降低负荷下的工作时间

E. 与机械保养相关的必要中断时间

答案：BCDE

［解析］必须消耗的材料属于施工正常消耗，是确定材料消耗定额的基本数据。其中，直接用于建筑和安装工程的材料编制材料净用量定额，不可避免的施工废料和材料损耗编制材料损耗定额。施工中的材料可分为实体材料和非实体材料两类。非实体材料是指在施工中必须使用但又不能构成工程实体的施工措施性材料，主要是指周转性材料，如模板、脚手架、支撑等。施工本身造成的停工时间属于损失时间。

三、2021 年考题

1. 下列人工消耗量定额测定时间中，其长短与所负担的工作量大小无关，但往往与工作内容有关的是（　　）。

A. 基本工作时间　　B. 辅助工作时间

C. 准备与结束工作时间　　D. 休息时间

答案：C

[**解析**] 准备与结束工作时间是执行任务前或任务完成后所消耗的工作时间。如工作地点、劳动工具和劳动对象的准备工作时间；工作结束后的整理工作时间等。准备和结束工作时间的长短与所担负的工作量大小无关，但往往和工作内容有关。

2. 某一砖半厚混水墙，采用规格为 240×115×53 的烧结煤矸石普通砖砌筑，灰缝厚度为 10mm，每 $10m^3$ 该种墙体砖的净用量为（　　）千块。

A. 5.148　　B. 5.219

C. 6.374　　D. 6.462

答案：B

[**解析**] $10m^3$ 墙体砖的净用量 $=10\times\frac{1}{0.365\times(0.24+0.01)\times(0.115+0.01)}\times3=5.219$（千块）。

3. 出料容量为 200L 的干混砂浆罐式搅拌机，每一次工作循环中，运料、装料、搅拌、卸料、不可避免的中断时间分别为 5min、1min、3min、1min、5min，若机械时间利用系数为 0.8，则该机械台班产量定额为（　　）。

A. $5.12m^3$/台班　　B. 1.3 台班/$10m^3$

C. $7.68m^3$/台班　　D. 1.95 台班/$10m^3$

答案：C

[**解析**] 此题中运料时间不应计入循环时间内，因为运料与其他工作可以并行，故：

一次循环的正常延续时间＝1＋3＋1＋5＝10（min）。

纯工作 1 小时循环次数＝6（次）。

纯工作 1 小时正常生产率＝6×200＝1 200（L）＝1.2（m^3）。

该机械台班产量定额＝1.2×8×0.8＝7.68（m^3/台班）。

4. 下列工人工作班内消耗时间，在确定人工工日消耗量定额时应适当考虑其影响的有（　　）。

A. 多余工作时间　　B. 偶然工作时间

C. 施工本身造成的停工时间　　D. 非施工本身造成的停工时间

E. 违背劳动纪律损失时间

答案：BD

[**解析**] 偶然工作也是工人在任务外进行的工作，但能够获得一定产品。由于偶然工作能获得一定产品，拟定定额时要适当考虑它的影响；非施工本身造成的停工时间，是由于停电等外因引起的停工时间。此种情况定额中则应给予合理的考虑。

四、其他年份考题

1. 关于人工定额消耗量的确定，下列算式正确的有（　　）。

A. 工序作业时间＝基本工作时间×［1＋辅助工作时间占比（%）］

B. 工序作业时间＝基本工作时间＋辅助工作时间＋不可避免中断时间

C. 规范时间＝准备与结束时间＋不可避免中断时间＋休息时间

D. 定额时间＝基本工作时间/［1－辅助工作时间占比（%）］

E. 定额时间＝（基本工作时间＋辅助工作时间）/［1－规范时间占比（%）］

答案：CE

［解析］ 工序作业时间＝基本工作时间＋辅助工作时间。

规范时间＝准备与结束工作时间＋不可避免中断时间＋休息时间。

定额时间＝工序作业时间/［1－规范时间（%）］。

2. 下列定额测定方法中，主要用于测定材料净用量的有（　　）。

A. 现场技术测定法　　B. 实验室试验法

C. 现场统计法　　D. 理论计算法

E. 写实记录法

答案：BD

［解析］ 实验室试验法、理论计算法，主要用于编制材料净用量定额，故选项 B、D 正确。

考点五：建筑安装工程人工、材料及机具台班单价的确定

点评： 本考点出现的计算题较多，主要考核材料单价的构成计算，以及机械台班单价的构成计算。

知识要点集成

表 2-11　人工单价的组成和确定方法

<table>
<tr><th>构成</th><th>内容</th><th>所需要的计算公式</th></tr>
<tr><td>计时工资或计件工资</td><td>按计时工资标准和工作时间或对已做工作按计件单价支付给个人的劳动报酬</td><td rowspan="2">$$年平均每月法定工作日=\frac{全年日历日-法定假日}{12}$$ 日工资单价＝ $$\frac{\begin{matrix}生产工人平均月工资\\（计时、计件）\end{matrix}+\left(\begin{matrix}平均月\\奖金+津贴补贴\end{matrix}+\begin{matrix}特殊情况下\\支付的工资\end{matrix}\right)}{年平均每月法定工作日}$$</td></tr>
<tr><td>奖金</td><td>对超额劳动和增收节支支付给个人的劳动报酬。包括节约奖、劳动竞赛奖等</td></tr>
</table>

续表 2-11

构成	内容	所需要的计算公式
津贴补贴	为了补偿职工特殊或额外的劳动消耗和因其他原因支付给个人的津贴，以及为了保证职工工资水平不受物价影响支付给个人的物价补贴。包括流动施工津贴、特殊地区施工津贴、高温（寒）作业临时津贴、高空津贴等	年平均每月法定工作日＝$\dfrac{全年日历日-法定假日}{12}$ 日工资单价＝ $\dfrac{\underset{（计时、计件）}{生产工人平均月工资}+\left(\underset{奖金+津贴补贴}{平均月}+\underset{支付的工资}{特殊情况下}\right)}{年平均每月法定工作日}$
特殊情况下支付的工资	根据国家法律、法规和政策规定，因病、工伤、产假、计划生育假、婚丧假、事假、探亲假、定期休假、停工学习、执行国家或社会义务等原因按计时工资标准或计时工资标准的一定比例支付的工资	

注：影响人工日工资单价的主要因素有：①社会平均工资水平；②生活消费指数；③人工日工资单价的组成内容；④劳动力市场供需变化；⑤政府推行的社会保障和福利政策。

表 2-12　材料单价的组成和确定方法

构成	计算方法	备注
材料原价	加权平均原价 $=\dfrac{K_1C_1+K_2C_2+\cdots+K_nC_n}{K_1+K_2+\cdots+K_n}$	若材料供货价格为含税价格，则材料原价应以购进货物适用的税率（13%或 9%）或征收率（3%）扣减增值税进项税额
材料运杂费	加权平均运杂费 $=\dfrac{K_1T_1+K_2T_2+\cdots+K_nT_n}{K_1+K_2+\cdots+K_n}$	含外埠中转运输过程中所发生的一切费用和过境过桥费用，包括调车和驳船费、装卸费、运输费及附加工作费等
运输损耗	（材料原价＋运杂费）×相应材料损耗率	在场外运输装卸过程中不可避免的运输损耗费用
采购及保管费	材料运到工地仓库价格×采购及保管费费率 或（材料原价＋运杂费＋运输损耗费）×采购及保管费费率	采购及保管费包含采购费、仓储费、工地管理费和仓储损耗

注：若材料运输费用为含税价格，则需要按“两票制”和“一票制”两种支付方式分别调整为不含税价格。当采用“两票制”时，运杂费以接受交通运输与服务适用税率 9%扣减增值税进项税额；当采用“一票制”时，运杂费采用与材料原价相同的方式扣减增值税。

表 2-13　施工机械台班单价的组成和确定方法

名称	计算方法
折旧费	$台班折旧费=\frac{机械预算价格\times(1-残值率)}{耐用总台班}$ 耐用总台班＝折旧年限×年工作台班＝检修间隔台班×检修周期 检修周期＝检修次数＋1
检修费	$台班检修费=\frac{一次检修费\times检修次数}{耐用总台班}\times除税系数$ 除税系数＝自行检修比例＋委外检修比例/（1＋税率）
维护费	$台班维护费=\frac{\sum(各级维护一次费用\times除税系数\times各级维护次数)+临时故障排除费}{耐用总台班}$ 或 台班维护费＝台班检修费×K K 为维护费系数
安拆费及场外运输费	$台班安拆费及场外运费=\frac{一次安拆费及场外运费\times年平均安拆次数}{年工作台班}$
人工费	$台班人工费=人工消耗量\times\left(1+\frac{年制度工作日-年工作台班}{年工作台班}\right)\times人工单价$
燃料动力费	台班燃料动力费＝$\sum$（台班燃料动力消耗量×相应单价） 台班燃料动力消耗量＝（实测数×4＋定额平均值＋调查平均值）/6
其他费用	$台班其他费用=\frac{年车船税+年保险费+年检测费}{年工作台班}$

注：安拆费及场外运费根据施工机械不同分为计入台班单价、单独计算和不计算三种类型：

（1）安拆简单、移动需要起重及运输机械的轻型施工机械，其安拆费及场外运费应计入台班单价。

（2）单独计算的情况包括：①安拆复杂、移动需要起重及运输机械的重型施工机械；②利用辅助设施移动的施工机械，其辅助设施（包括轨道和枕木）等的折旧、搭设和拆除等费用可单独计算。

（3）不需计算的情况包括：①不需安拆的施工机械，不计算一次安拆费；②不需相关机械辅助运输的自行移动机械，不计算场外运费；③固定在车间的施工机械，不计算安拆费及场外运费。

表 2-14 施工仪器仪表台班单价的组成和确定方法

名称	计算方法
折旧费	$台班折旧费=\frac{施工仪器仪表原值价格\times(1-残值率)}{耐用总台班}$ 耐用总台班=年工作台班×折旧年限 年工作台班=年制度工作日×年使用率
维护费	$台班维护费=\frac{年维护费}{年工作台班}$
校验费	$台班校验费=\frac{年校验费}{年工作台班}$
动力费	台班动力费=台班耗电量×电价

注：施工仪器仪表台班单价中的各项均不需考虑除税系数。

经典考题剖析

一、2023 年考题

1. 某建设项目从供应商处采购甲材料，已知含税采购价为 5 650 元/t（适用 13%增值税税率），不含税运杂费为 100 元/t。若运输损耗、采购保管费费率均按 3%考虑，则该材料的不含税单价应（　　）元/t。

A. 5 100　　B. 5 406　　C. 5 411　　D. 5 750

答案：C

[解析] 不含税单价$=\left(\frac{5\,650}{1+13\%}+100\right)\times(1+3\%)\times(1+3\%)=5\,410$（元/t）。

2. 某载重汽车预算价格为 20 万元，可耐用 1 000 台班，残值率为 5%，需配司机 1 人。若年制度工作日为 250 天，年工作台班为 200 台班，人工单价为 300 元，该载重汽车的台班折旧费、人工费分别是（　　）元/台班。

A. 190、300　　B. 190、375

C. 200、300　　D. 200、375

答案：B

[解析]

$$台班折旧费=\frac{20\times(1-5\%)}{1\,000}=190（元/台班）。$$

$$台班人工费=1\times\left(1+\frac{250-200}{200}\right)\times300=375（元/台班）。$$

3. 下列与施工仪器仪表相关的费用中，属于施工仪器仪表台班单价的有（　　）。

A. 折旧费　　B. 维护费

C. 校验费　　D. 检测软件费用

E. 操作人工费

答案：ABC

［**解析**］施工仪器仪表台班单价由四项费用组成，包括折旧费、维护费、校验费、动力费等。施工仪器仪表台班单价中的费用组成不包括检测软件的相关费用。

二、2022 年考题

1. 下列与施工机械安拆和场外运输相关的费用中，应计入施工机械台班单价的是（　　）。

A. 轻型施工机械现场安装发生的试运转费

B. 自行移动机械的场外行驶费

C. 移动机械所需的辅助设施的折旧费

D. 安拆复杂的重型施工机械的安拆费

答案：A

［**解析**］安拆简单、移动需要起重及运输机械的轻型施工机械，其安拆费及场外运费计入台班单价。

2. 某材料从两地采购，采购量分别是 600t 和 400t。采购价（含税）分别为 500 元/t 和 550 元/t。运杂费（含税）分别为 20 元/t 和 25 元/t，运输损耗费率、采购与仓储保管费率分别为 0.5%、3%，采用“一票制”支付方式，增值税税率为 13%。则该材料的预算单价（不含税）为（　　）元/t。

A. 488.04　　B. 488.11　　C. 496.43　　D. 496.51

答案：D

［**解析**］来源地 1 的材料预算单价（不含税）＝［（500/1.13）＋（20/1.13）］×（1＋0.5%）×（1＋3%）≈476.35（元/t）。

来源地 2 的材料预算单价（不含税）＝［（550/1.13）＋（25/1.13）］×（1＋0.5%）×（1＋3%）≈526.74（元/t）。

该材料的预算单价（不含税）＝（476.35×600＋526.74×400）/（600＋400）＝496.506≈496.51（元/t）。

3. 下列因素中，能够影响人工、材料或施工机具台班单价水平的有（　　）。

A. 社会保障和福利政策　　B. 施工技术水平

C. 施工中必要的材料损耗　　D. 材料的生产成本

E. 施工机械的保养维护水平

答案：ADE

［**解析**］影响人工日工资单价的因素：①社会平均工资水平；②消费价格指数；③人工日工资单价的组成内容；④劳动力市场供需变化；⑤政府推行的社会保障和福利政策。

影响材料单价变动的因素：①市场供需变化；②材料生产成本的变动直接影响材料单价的波动；③流通环节的多少和材料供应体制；④运输距离和运输方法的改变会影响材料运输费用的增减，从而影响材料单价；⑤国际市场行情会对进口材料单价产生影响。

施工机械台班单价由七项费用组成，包括折旧费、检修费、维护费、安拆费及场外运费、人工费、燃料动力费和其他费用。因此，施工机械的保养维护水平会影响机具台班单价。

三、2021 年考题

1. 某种材料含税（适用增值税税率 13%）出厂价为 500 元/t，含税（适用增值税税率 9%）运杂费为 30 元/t，运输损耗率为 1%，采购及保管费率为 3%。该材料的预算单价（不含税）为（　　）元/t。

A. 480.93　　B. 488.94　　C. 551.36　　D. 632.17

答案：B

[解析] 预算单价=［(500/1.13)+(30/1.09)］×(1+1%)×(1+3%)=488.94（元/t）。

2. 下列施工机械中，其安拆费及场外运费应单独计算，但不计入施工机械台班单价中的是（　　）。

A. 安拆简单的轻型施工机械　　B. 利用辅助设施移动的施工机械

C. 固定在车间的施工机械　　D. 不需辅助设施移动的施工运输机械

答案：B

[解析] 安拆费及场外运费应单独计算的情况包括：

(1) 安拆复杂、移动需要起重及运输机械的重型施工机械，其安拆费及场外运费单独计算；

(2) 利用辅助设施移动的施工机械，其辅助设施（包括轨道和枕木）等的折旧、搭设和拆除等费用可单独计算。

3. 下列费用项目，属于施工仪器仪表台班单价组成内容的有（　　）。

A. 折旧费　　B. 安拆费

C. 检测软件相关费用　　D. 校验费

E. 燃料费

答案：AD

[解析] 施工仪器仪表台班单价由四项费用组成，包括折旧费、维护费、校验费、动力费等。施工仪器仪表台班单价中的费用组成不包括检测软件的相关费用。

四、其他年份考题

1. 采用“一票制”“两票制”支付方式采购材料的，在进行增值税进项税抵扣时，正确的做法是（　　）。

A. “一票制”下，构成材料价格的所有费用均按货物销售适用的税率进行抵扣

B. “一票制”下，材料原价按货物销售适用税率进行抵扣，运杂费不再进行抵扣

C. “两票制”下，材料原价按货物销售适用税率、运杂费按交通运输适用税率进行抵扣

D. “两票制”下，材料原价按货物销售适用税率，运杂费、运输损耗和采购保管费按交通运输适用税率进行抵扣

答案：C

[解析] “两票制”下，运杂费已接受交通运输与服务适用税率 9%扣除增值税进项税额，运输损耗和采购保管费没有进项税额。

2. 关于施工机械台班单价的确定，下列表达式正确的是（　　）。

A. 台班折旧费$=\frac{\text{机械原值}\times(1-\text{残值率})}{\text{耐用总台班}}$

B. 耐用总台班＝检修间隔台班×（检修次数＋1）

C. 台班检修费$=\frac{\text{一次检修费}\times\text{检修次数}}{\text{耐用总台班}}$

D. 台班维护费$=\frac{\sum(\text{各级维护一次费用}\times\text{各级维护次数})}{\text{耐用总台班}}$

答案：B

［解析］ 台班折旧费$=\frac{\text{机械预算价格}\times(1-\text{残值率})}{\text{耐用总班台}}$，选项 A 错误；

台班检修费$=\frac{\text{一次检修费}\times\text{检修次数}}{\text{耐用总班台}}\times$除税系数，选项 C 错误；

台班维护费$=\frac{\sum(\text{各级维护一次费用}\times\text{除税系数}\times\text{各级维护次数})+\text{临时故障排除费}}{\text{耐用总班台}}$，选项 D 错误。

3. 下列材料损耗中，因损耗而产生的费用包含在材料单价中的有（　　）。

A. 场外运输损耗　　B. 工地仓储损耗

C. 出工地料库后的搬运损耗　　D. 材料加工损耗

E. 材料施工损耗

答案：AB

［解析］ 材料单价由材料原价、材料运杂费、运输损耗费以及采购及保管费组成。场外运输损耗属于运输损耗费，工地仓储损耗属于采购及保管费。

4. 根据现行建筑安装工程费用项目组成规定，下列费用项目中已包括在人工日工资单价内的有（　　）。

A. 节约奖　　B. 流动施工津贴

C. 高温作业临时津贴　　D. 劳动保护费

E. 探亲假期间工资

答案：ABCE

［解析］ 人工日工资单价由计时工资或计件工资、奖金、津贴补贴以及特殊情况下支付的工资组成，选项 A 属于奖金，选项 B、C 属于津贴补贴，选项 E 属于特殊情况下支付的工资。

考点六：工程计价定额的编制

点评： 本考点虽然内容较多，但考题的数量有不断减少的趋势，有时会有一些偏题出现。在计价定额中，主要内容集中在预算定额及基价上，考生应注意掌握预算定额、概算定额与施工定额之间的区别，以及在编制过程中水平幅度差的取定。

知识要点集成

表 2-15 预算定额及其基价知识一览表

<table>
<tr><th>知识点</th><th>内容</th><th colspan="2">知识要点</th></tr>
<tr><td rowspan="5">预算定额编制</td><td>定额对象</td><td colspan="2">一定计量单位合格分项工程和结构构件所需消耗的人工、材料、施工机具台班数量及其相应费用标准</td></tr>
<tr><td>原则</td><td colspan="2">1. 按社会平均水平确定预算定额的原则；
2. 简明适用原则</td></tr>
<tr><td rowspan="3">编制方法</td><td>人工工日消耗量</td><td>人工工日消耗量＝基本用工＋其他用工
基本用工＝Σ(综合取定的工程量×劳动定额)
其他用工＝超运距用工＋辅助用工＋人工幅度差
超运距＝预算定额取定运距－劳动定额已包括的运距
辅助用工＝Σ(材料加工数量×相应的加工劳动定额)
人工幅度差＝(基本用工＋辅助用工＋超运距用工)×人工幅度差系数</td></tr>
<tr><td>材料消耗量</td><td>材料消耗量＝材料净用量＋损耗量
或材料消耗量＝材料净用量×(1＋损耗率)
材料损耗率＝损耗量/净用量×100%
材料损耗量＝材料净用量×损耗率</td></tr>
<tr><td>机具台班消耗量</td><td>机具耗用台班＝施工定额机具耗用台班×(1＋机械幅度差系数)</td></tr>
<tr><td rowspan="2">预算定额基价编制</td><td>定义</td><td colspan="2">是预算定额分项工程或结构构件的单价，可能只包括人工费、材料费和施工机具使用费，即工料单价；也可能包括了直接费以外的管理费、利润的清单综合单价，即不完全综合单价；也可能包括了规费、税金在内的全费用综合单价，即完全综合单价</td></tr>
<tr><td>计算公式(以工料单价为例)</td><td colspan="2">分项工程预算定额基价＝人工费＋材料费＋施工机具使用费
其中：人工费＝Σ(现行预算定额中人工工日用量×人工日工资单价)
材料费＝Σ(现行预算定额中各种材料耗用量×相应材料单价)
施工机具使用费＝Σ(现行预算定额中机械台班用量×机械台班单价)＋Σ(仪器仪表台班用量×仪器仪表台班单价)</td></tr>
</table>

注：1. 预算定额不再作为最高投标限价的编制依据。

2. 当计算超运距用工时，实际工程现场运距超过预算定额取定运距时，可另行计算现场二次搬运费。

3. 应注意教材中辅助用工与人工幅度差之间的内容差异。

4. 应注意教材中机械台班幅度差的内容。

表 2-16　概算定额及其基价的基本内容

知识点	内容	知识要点
概算定额编制	定额对象	确定完成合格的单位扩大分项工程或单位扩大结构构件所需消耗的人工、材料和机具台班的数量标准及其费用标准，又称为扩大结构定额
	定额项目的划分原则	1. 按工程结构划分； 2. 按工程部位划分
概算定额基价编制	定义	与预算定额基价一样，可能是工料单价、综合单价或全费用综合单价
	计算公式	概算定额基价＝人工费＋材料费＋机具费 其中：人工费＝现行概算定额中人工工日消耗量×人工单价 材料费＝∑(现行概算定额中材料消耗量×相应材料单价) 机具费＝∑(现行概算定额中机械台班消耗量×相应机械台班单价)＋∑(仪器仪表台班用量×仪器仪表台班单价)

注：概算定额表达的主要内容、表达的主要方式及基本使用方法都与预算定额相近；概算定额与预算定额的不同之处，在于项目划分和综合扩大程度上的差异。

表 2-17　概算指标基本内容

内容	知识要点
定额对象	是以单位工程为对象，以建筑面积、体积或成套设备装置的台或组为计量单位而规定的人工、材料、机具台班的消耗量标准和造价指标
分类	建筑工程概算指标、安装工程概算指标
组成内容	1. 文字说明，分为总说明和分册说明； 2. 列表形式，分为建筑工程列表形式和设备及安装工程列表形式。包括示意图、工程特征、经济指标、构造内容及工程量指标几个部分
表现形式	1. 综合概算指标——按照工业或民用建筑及其结构类型而制定的概算指标，概括性大； 2. 单项概算指标——指为某种建筑物或构筑物而编制的概算指标，针对性较强

表 2-18　投资估算指标基本内容

内容	知识要点
定义	是编制建设项目建议书、可行性研究报告等前期工作阶段投资估算的依据，也可以作为编制固定资产长远规划投资额的参考

续表 2-18

内容	知识要点	
层次划分	建设项目综合指标	包括单项工程投资、工程建设其他费用和预备费等，一般以项目的综合生产能力单位投资表示，如“元/t”“元/kW ”
	单项工程指标	包括建筑工程费、安装工程费、设备、工器具及生产家具购置费和可能包含的其他费用，单项工程指标一般以单项工程生产能力单位投资，如“元/t”或其他单位表示
	单位工程指标	按规定应列入能独立设计、施工的工程项目的费用，即建筑安装工程费用

经典考题剖析

一、2023 年考题

依据劳动定额编制预算定额人工工日消耗量，已知完成 $10m^3$ 某工作的基本用工 8 个工日、辅助用工 1.5 个工日、超运距用工 0.5 个工日，人工幅度差系数按照 15%考虑，则完成该工作 $10m^3$ 的预算定额人工消耗量为（　　）工日。

A. 10.0　　B. 11.2　　C. 11.3　　D. 11.5

答案：D

［解析］预算定额人工消耗量=（8+1.5+0.5）×（1+15%）=11.5（工日）。

二、2022 年考题

1. 关于投资估算指标，下列说法正确的是（　　）。

A. 定额水平保持平均先进水平

B. 费用范围涉及建设期全部投资

C. 在概算指标的基础上综合扩大编制

D. 按表现形式分为综合指标和单项指标

答案：B

［解析］投资估算指标是一种反映社会平均水平的计价性定额，以独立的建设项目、单项工程或单位工程为对象，综合项目全过程投资和建设中的各类成本和费用，反映出其扩大的技术经济指标。投资估算指标的内容可分为建设项目综合指标、单项工程指标和单位工程指标三个层次。

2. 关于预算定额、概算定额和估算指标等各类计价定额的异同，下列说法正确的有（　　）。

A. 反映的定额水平各有不同

B. 项目划分与综合扩大程度各有不同

C. 定额的表现形式不同

D. 定额内容均包含人工、材料、施工机具台班消耗量等内容

E. 适用的图纸深度不同

答案：BCDE

[**解析**] 计价定额的编制都遵循社会平均水平和简明适用的原则，故选项 A 错误。

三、2021 年考题

1. 关于概算指标的内容和特点，下列说法正确的是（　　）。

A. 编制对象只涉及单项工程和建设项目

B. 编制内容不包括人工、材料、机具台班的消耗量

C. 适用范围不包括投资决策阶段和施工阶段

D. 编制费用包括建安费和设备及工器具购置费

答案：D

[**解析**] 建筑安装工程概算指标通常是以单位工程为对象，以建筑面积、体积或成套设备装置的台或组为计量单位而规定的人工、材料、机具台班的消耗量标准和造价指标。概算指标可分为两大类，一类是建筑工程概算指标，另一类是设备及安装工程概算指标，因此包括建安费和设备及工器具购置费两部分。

2. 概算指标列表形式的构成内容包括（　　）等。

A. 示意图　　B. 工程总说明

C. 人工、主要材料消耗量　　D. 工程量指标

E. 总投资指标

答案：ACD

[**解析**] 概算指标的列表形式包括示意图、工程特征、经济指标、构造内容及工程量指标几个部分。其中人工、主要材料消耗量属于工程量指标。

四、其他年份考题

1. 关于概算定额，下列说法正确的是（　　）。

A. 不仅包括人工、材料和施工机具台班的数量标准，还包括费用标准

B. 是施工定额的综合与扩大

C. 反映的主要内容、项目划分和综合扩大程度与预算定额类似

D. 定额水平体现平均先进水平

答案：A

[**解析**] 概算定额是在预算定额基础上，确定完成合格的单位扩大分项工程或单位扩大结构构件所需消耗的人工、材料和施工机具台班的数量标准及其费用标准。概算定额又称扩大结构定额。

2. 编制预算定额人工日消耗量时，实际工程现场运距超过预算定额取定运距时的用工应计入（　　）。

A. 超运距用工　　B. 辅助用工

C. 现场二次搬运用工　　D. 人工幅度差

答案：A

3. 某挖掘机械挖二类土方的台班产量定额为 $100m^3$/台班，当机械幅度差系数为

20%时，该机械挖二类土方 1 000m^3 预算定额的台班耗用量应为（　　）台班。

A. 8.0　　B. 10.0　　C. 12.0　　D. 12.5

答案：C

[**解析**] 施工机械台班时间定额＝1/100＝0.01（台班/m^3）。

预算定额机械耗用台班＝0.01×（1＋20%）＝0.012（台班/m^3）。

挖土方 1 000m^3 的预算定额机械耗用台班量＝1 000×0.012＝12.0（台班）。

考点七：工程计价信息及其应用

点评：本章重点之一，主要按照《建设工程造价指标指数分类与测算标准》GB/T 51290—2018 和《工程造价指标分类及编制指南》撰写。

知识要点集成

表 2-19　工程计价信息的基本概念

<table>
<tr><th>内容</th><th colspan="2">知识要点</th></tr>
<tr><td>特点</td><td colspan="2">区域性、多样性、专业性、系统性、动态性、季节性</td></tr>
<tr><td rowspan="3">主要内容</td><td>价格信息</td><td>人工价格信息（建筑工程实物工程量人工价格信息、建筑工种人工成本信息）、材料价格信息、施工机具价格信息（机具市场价格信息和机具租赁市场价格信息）</td></tr>
<tr><td>工程造价指数</td><td>反映一定时期价格变化对工程造价影响程度的指数</td></tr>
<tr><td>工程造价指标</td><td>根据已完成或在建工程的各种造价信息，经过统一格式及标准化处理后的造价数值</td></tr>
</table>

表 2-20　工程造价指标的编制和使用

<table>
<tr><th colspan="2">内容</th><th>知识要点</th><th>应注意的问题</th></tr>
<tr><td colspan="2">定义</td><td>工程造价指标是指建设工程整体或局部在某一时间、地域一定计量单位的造价水平或人材机消耗量的数值</td><td>—</td></tr>
<tr><td rowspan="3">分类</td><td rowspan="2">层级</td><td rowspan="2">分为建设项目总投资指标和建设项目投资明细指标</td><td>建设项目总投资指标是建设项目的全部费用的指标</td></tr>
<tr><td>建设项目投资明细指标是由多个单位工程或多个层级子项逐项计算得出同层级的单位造价、造价占比</td></tr>
<tr><td>用途</td><td>分为工程经济指标、工程量指标、工料价格指标及消耗量指标</td><td>按工程建筑面积、体积、长度、功能性单位或自然计量单位计算得出</td></tr>
</table>

续表 2-20

内容		知识要点	应注意的问题
测算时应注意的问题		数据的真实性	无论是整体数据还是局部数据必须都是采集实际的工程数据
		符合时间要求	投资估算、设计概算、最高投标限价应采用成果文件编制完成日期； 合同价应采用工程开工日期； 工程结算、竣工决算应采用工程竣工日期
		根据特征进行测算	建设项目特征信息：房屋建筑工程包括基本信息和面积信息两部分。每部分信息都可以进一步分为必须描述的特征和可选择描述的特征
			单项工程特征信息：分为通用特征信息和分类特征信息
测算方法	数据统计法	样本数量达到数据采集最少样本数量时使用	计算建设工程经济指标、工程量指标、消耗量指标、工料价格指标时都使用加权平均法，但计算前三项时需要两端各去掉5%的边缘项目
	典型工程法	样本数量达不到最少样本数量要求时使用	典型工程的特征必须与指标描述保持一致
	汇总计算法	需要采用下一层级造价指标汇总计算上一层级造价指标时使用	采用加权平均计算法，权重为指标对应的总建设规模
用途		对已完或在建工程进行造价分析的依据	包括总体水平分析、构成分析、影响因素与风险分析、变动分析
		拟建类似项目工程计价的重要依据	编制投资估算、编制初步设计概算、审查施工图预算的重要依据；确定最高投标限价和投标报价的参考资料
		反映同类工程造价变化规律的基础资料	编制各类定额；研究同类工程造价的变化规律，编制造价指数

注：1. 房屋建筑工程设置三级分类，每一个三级分类后的房屋建筑工程还可以建立八级的工程造价指标层级。

2. 用数据统计法计算建设工程经济指标、工程量指标、消耗量指标时，以建设规模为权重；计算工料价格指标时，以消耗量为权重。

表 2-21 建设项目特征信息的描述要求

信息类型	必须描述的特征	可选择描述的特征
基本信息	工程特征分类、项目所在地、造价类型、建筑安装造价是否含税	绿化率、开竣工日期、工程承包模式、资金来源
面积信息	建筑面积	红线内室外面积、人防建筑面积、停车场面积

表 2-22 单项工程特征信息的描述要求

信息类型	必须描述的特征
通用信息	建设性质（新建或扩建）、结构类型、抗震等级、建筑面积、檐高、层数、层高、装修标准
分类信息（以居住建筑为例）	居住建筑分类、高度类型、居住建筑档次

表 2-23 工程造价指数的概念分类

概念	工程造价指数是一定时期的建设工程造价相对于某一固定时期工程造价的比值，以某一设定值为参照得出的同比例数值
分类	人材机市场价格指数、单项工程造价指数、建设工程造价综合指数

注：工程造价指数不仅能够较好地反映工程造价的变动趋势和变化幅度，而且可用以剔除价格水平变化对造价的影响，正确反映建筑市场的供求关系和生产力发展水平。

表 2-24 工程造价指数的编制公式

指数名称	编制公式
人材机市场价格指数	人工费（材料费、施工机具使用费）价格指数$=\frac{P_1}{P_0}$
单项工程造价指数	单项工程造价指数$=\frac{P_1}{P_0}$
建设工程造价综合指数	建设工程造价综合指数$=\frac{A_1\times X_1+A_2\times X_2+\cdots+A_n\times X_n}{X_1+X_2+\cdots+X_n}$

注：计算建设工程造价综合指数时，采用同期各类单项工程总投资额为权重加权计算。

表 2-25　BIM 技术在各阶段的应用

工作阶段	主要工作内容	应注意的问题
决策阶段	1. 为项目的模拟决策提供了基础； 2. 高效、准确地估算出拟建项目的总投资额； 3. 提升决策的智能化，BIM 技术能够在进行位置选址、道路路线优化与规模选定时发挥作用； 4. 将项目方案的进度安排、投资估算等数据指标与财务分析管理系统整合起来，还能提高建设方案的实时性	基于 BIM 技术辅助投资决策可以带来项目投资分析效率的极大提升
设计阶段	1. 通过 BIM 技术对设计方案优选或限额设计； 2. 设计模型的多专业一致性检查； 3. 设计概算、施工图预算的编制管理和审核环节的应用	实现对造价的有效控制
发承包阶段	1. 招标和投标各方都可以利用 BIM 模型进行工程量自动计算、统计分析，形成准确的工程量清单；有利于招标人控制造价和投标人报价的编制，提高招投标工作的效率和准确性； 2. 提升投标人技术方案的可视性	为后续的工程造价管理和控制提供基础数据
施工过程	1. 正式开工前就可以通过模型确定不同时间节点和施工进度、施工成本以及资源计划配置； 2. 按要求时间观看到具体实施情况并得到该时间节点的造价数据； 3. 便于实时修改调整，实现限额领料施工； 4. 承包人可根据项目利润要求指导项目的精细化管理	为建设项目各参与方提供了施工计划与造价控制的所有数据
竣工阶段	1. 提高工程量计算的效率和准确性； 2. BIM 的准确性和过程记录完备性有助于提高结算效率； 3. 随时查看变更前后的模型进行对比分析	竣工阶段管理工作的主要内容是确定建设工程项目最终的实际造价，即竣工结算价格和竣工决算价格

表 2-26　大数据技术对造价管理的影响

主要影响	具体要点
为智能决策提供支持	1. 提高项目各阶段协同工作的效率； 2. 辅助工程建设各阶段的有效策划； 3. 推动建筑产业转型升级
为规范工程发承包行为提供有效数据支持	1. 为主管部门规范工程发承包市场提供依据； 2. 可用于识别并治理围标、串标等违法行为； 3. 为投标人合理报价提供决策支持
有利于施工成本管理	有利于实现施工管理由“经验驱动”向“数据驱动”转变，判断最优的成本构成，并在成本预测、成本过程管控等方面达到更好的效果

经典考题剖析

一、2023年考题

1. 根据《建设工程造价指标指数分类与测算标准》GB/T 51290—2018，按照用途的不同，建设工程价指标可以分为（　　）。

A. 投资估算、设计算工图预算、工程结算和竣工决算指标

B. 工程经济指标、工程量指标、工料价格与消耗量指标

C. 建设项目总投资指标和建设项目投资明细指标

D. 人材机市场价格指标、单项工程造价指标和建设工程造价综合指标

答案：B

[**解析**] 按照用途的不同，建设工程造价指标可以分为工程经济指标、工程量指标、工料价格与消耗量指标。

2. 现从30个建设工程造价资料中随机抽取7个项目的现浇混凝土矩形梁工程综合单价及工程量，数据如下表所示。采用数据统计法测算，现浇混凝土矩形梁工程的综合单价指标为（　　）元/m^2。

项目编号	1	2	3	4	5	6	7
综合单价/（元/m^3）	680	770	720	745	805	830	765
工程量/m^3	1 200	540	620	600	420	190	570

A. 738　　B. 758　　C. 759　　D. 761

答案：B

[**解析**] 工程经济指标是按工程建筑面积、体积、长度、功能性单位或自然计量单位计算得出的全费用的单位指标、相关单位指标、造价占比等。其中相关单位指标是指组成单项或单位工程的不同层级子项（可细化至分部分项工程）的工程经济指标。因此题中现浇混凝土矩形梁综合单价属于工程经济指标。

按综合单价从高到低的顺序排序后，应去掉最高值6号样本和最低值1号样本，剩余的五个样本采用加权平均法编制综合单价指标。

综合单价指标＝（540×770＋620×720＋600×745＋420×805＋570×765）/（540＋620＋600＋420＋570）＝758（元/m^3）。

3. 某地区测算新建医院的造价综合指数，已测得新建医院的住院楼、医技楼、门诊楼、实验楼、其他建筑的造价指数及总投资金额如下表所示。若基期价格指数为1.00，则该地区新建医院的造价综合指数为（　　）。

类别	住院楼	医技楼	门诊楼	实验楼	其他建筑
单项工程造价指数	1.08	1.10	1.05	1.03	1.04
总投资金额/亿元	6	4	5	2	3

A. 1.060　　B. 1.066

C. 1.075　　D. 1.077

答案：B

[解析] 新建医院造价综合指数=（6×1.08+4×1.10+5×1.05+2×1.03+3×1.04）/（6+4+5+2+3）=1.066。

4. 关于房屋建筑工程造价指标的特征信息，下列说法正确的有（　　）。

A. 建设项目特征信息包括基本信息和面积信息

B. 二级或三级分类的工程需描述分类特征信息

C. 必须描述的项目特征信息包括工程所在地、竣工日期和资金来源等

D. 必须描述的通用特征信息包括建筑性质、结构类型、抗震等级、建筑面积等

E. 居住建筑必须描述的分类特征信息包括建筑分类、高度类型、建筑档次等

答案：ABDE

[解析] 建设项目特征信息是以建设项目为单位，针对建设项目的共性内容、通用内容进行描述。对于房屋建筑工程而言，通常包括基本信息和面积信息两部分。基本信息中工程特征分类、项目所在地、造价类型以及建筑安装造价是否含税必须描述的项目特征，其余可选择描述的特征还包括了绿化率、开竣工日期、工程承包模式、资金来源等；面积信息中必须描述的项目特征主要是建筑面积，其余可选择描述的项目特征还包括红线内室外面积、人防建筑面积、停车场面积等。

对单项工程而言，通用特征信息中必须描述的通用特征包括建设性质、结构类型、抗震等级、建筑面积、檐高、层数、层高、装修标准等；在居住建筑中，必须描述的分类特征信息包括居住建筑分类、高度类型、居住建筑档次等。

二、2022 年考题

1. 现有 30 个某类建设工程造价数据，随机抽取 7 个项目的造价及相关数据如下表所示。采用数据统计法测算该类工程造价指标是（　　）元/m^2。

项目编号	1	2	3	4	5	6	7
造价数据 单方造价/(元/m^2)	2 000	1 800	1 900	1 850	2 050	2 200	1 950
建设规模 建筑面积/万 m^2	10	50	10	20	30	50	30

A. 1 950　　B. 1 960

C. 1 964　　D. 198

答案：B

[解析] 数据统计法计算建设工程经济指标、工程量指标、消耗量指标时，应将所有样本工程的单位造价、单位工程量、单位消耗量进行排序，从序列两端各去掉 5% 的边缘项目，边缘项目不足 1 时按 1 计算，剩下的样本采用加权平均计算，得出相应的造

价指标。因此需要去掉项目编号 6 和 2，进行加权平均，则（2 000×10+1 900×10+1 850×20+2 050×30+1 950×30）/（10+10+20+30+30）=1 960（元/m^2）。

2. 某地区新建学校的教学楼、宿舍楼、实验楼、办公楼、其他建筑的报告期指数及相关投资数据见下表。如学校项目基期造价综合指数为 1，则其报告期的建设工程造价综合指数是（　　）。

指标指数	教学楼	宿舍楼	实验楼	办公楼	其他建筑
总投资/亿元	28	36	3	1	2
报告期单项工程造价指数	1.1	1.05	1.3	1.15	1.2

A. 1.09　　B. 1.12

C. 1.15　　D. 1.16

答案：A

［解析］（1.1×28+1.05×36+1.3×3+1.15×1+1.2×2）/（28+36+3+1+2）=1.086≈1.09。

三、2021 年考题

1. 关于建设工程造价综合指数的计算方法，下列说法正确的是（　　）。

A. 按报告期与基准期建设工程造价的比值计算

B. 按报告期与基期各类单项工程造价指数之和的比值计算

C. 用同期各类单项工程造价指数加总计算

D. 用同期各类单项工程造价指数加权汇总计算

答案：D

［解析］综合指数通常按照地区进行编制，即将不同专业的单项工程造价指数进行加权汇总后，反映出该地区某一时期内工程造价的综合变动情况。

2. 当应用数据统计法测算工程造价指标时，采用各样本工程的消耗量占比作为权重进行加权平均计算的造价指标是（　　）。

A. 工程经济指标　　B. 工程量指标

C. 消耗量指标　　D. 单价指标

答案：D

［解析］数据统计法计算建设工程经济指标、工程量指标、消耗量指标时，通常采用建设规模做权重；数据统计法计算建设工程单价指标时，采用消耗量做权重。

四、其他年份考题

1. 工程造价指标测算中，各类造价数据的时间需符合造价指标的时间要求。下列造价数据的时间选取符合规定的是（　　）。

A. 投资估算采用投资估算书编制完成日期

B. 最高投标限价采用投标截止日期

C. 合同价采用合同签订日期

D. 结算价采用工程结算日期

答案：A

［**解析**］建设工程造价指标的时间应符合下列规定：

（1）投资估算、设计概算、最高投标限价应采用成果文件编制完成日期；

（2）合同价应采用工程开工日期；

（3）结算价应采用工程竣工日期。

2. 建设工程造价指标测算常用的方法包括（　　）。

A. 数据统计法　　B. 现场测算法

C. 典型工程法　　D. 写实记录法

E. 汇总计算法

答案：ACE

［**解析**］建设工程造价指标测算方法主要包括数据统计法、典型工程法和汇总计算法。

3. 关于工程造价指标，下列说法正确的是（　　）。

A. 按照工程构成不同，工程造价指标可划分为人工指标、材料指标、机械台班指标

B. 工程造价指标测算时，部分数据可通过理论推测获得

C. 造价指标可分行业、分专业进行测算，不受区域范围影响

D. 汇总计算法计算工程造价指标时，应采用加权平均的方法

答案：D

［**解析**］汇总计算法计算工程造价指标时，应采用加权平均计算法，权重为指标对应的总建设规模。汇总计算法采用的下一层级造价指标宜采用数据统计法得出的各类工程造价指标。

难 题 解 析

一、单项选择题

1. 关于工程计价依据体系中的工程定额，下列表述正确的是（　　）。

A. 工程定额包括工程消耗量定额、工程计价定额和工期定额等

B. 工程定额主要指国家、地方或行业主管部门制定的各种定额，不包括企业定额

C. 工程规划和可行性研究报告阶段应用概算指标编制投资估算

D. 初步设计阶段应用概算定额编制设计概算

答案：A

［**解题要点**］工程定额包括工程消耗量定额、工程计价定额和工期定额等。工程计价定额泛指在工程建设不同阶段用于计算和确定工程造价的基础性计价依据，是中国特色工程计价依据的核心内容，庞大的工程计价定额体系是我国工程管理的宝贵财富。工程规划和可行性研究报告阶段应用估算指标编制投资估算；初步设计阶段应用概算指标、概算定额编制设计概算。当前，我国编制发布了与清单计价配套的建筑、装饰、市政等全国统一定额，各行业、各地区编制和发布了专业计价定额和地方计价定额。我国工程计价定额体系基本满足了各类建设工程计价的需要，但是在修订制度、格式统

一性、标准化、及时性等方面仍有待进一步完善。

2. 当采用类比估算法进行投资匡算时，应尤其注意（　　）对造价的影响。

A. 规模　　B. 建筑面积

C. 公路长度　　D. 工厂生产能力

答案：D

［解题要点］ 投资的匡算常常基于某个表明设计能力或者形体尺寸的变量，比如建筑面积、公路的长度、工厂的生产能力等。在这种类比估算方法下尤其要注意规模对造价的影响。项目的造价并不总是和规模大小呈线性关系的，典型的规模经济或规模不经济都会出现。

3. 下列费用项目中，应由投标人根据招标人提供的金额填写，并计入其他项目清单与计价汇总表中的是（　　）。

A. 暂列金额　　B. 材料暂估价

C. 计日工　　D. 总承包服务费

答案：A

［解题要点］ 暂列金额明细表由招标人填写，如不能详列，也可只列暂定金额总额，投标人将上述暂列金额计入投标总价中，并计入其他项目清单与计价汇总表。材料暂估单价虽亦由招标人提供，但投标人报价时将材料暂估单价纳入分部分项工程项目清单综合单价。

4. 在工程实践中，为了克服目前计价规范不能完全支持多阶段交易的困难，出现了“模拟工程量清单”这一变通方式。模拟工程量清单的编制基础主要是（　　）。

A. 构成工程实体的各部分实物工程量

B. 类似工程的清单项目和技术指标

C. 施工图设计

D. 现行建设工程工程量清单计价规范

答案：B

［解题要点］ 模拟工程量清单实质上是工程设计图没有或不完备情况下工程量清单的替代方式。其与现行计价规范中标准工程量清单最大的不同点是编制基础不同。工程量清单的编制基础是构成工程实体的各部分实物工程量，而模拟工程量清单则是依据业主的概念设计，参照类似工程的清单项目和技术指标进行编制的暂估工程量清单。

5. 根据《工程造价改革工作方案》（建办标〔2020〕38号），要求逐步停止发布（　　）。

A. 投资估算指标　　B. 概算指标

C. 预算定额　　D. 施工定额

答案：C

［解题要点］ 住房城乡建设部办公厅于2020年7月24日印发了《工程造价改革工作方案》（建办标〔2020〕38号），该方案指出应完善工程计价依据发布机制。加快转变政府职能，优化概算定额、估算指标编制发布和动态管理，取消最高投标限价按定额计价的规定，逐步停止发布预算定额。

6. 已知某人工抹灰10m^2的基本工作时间为4小时，辅助工作时间占工序作业时间的5%，准备与结束工作时间、不可避免的中断时间、休息时间分别占工作日的6%、11%、3%。则该人工抹灰的时间定额为（　　）工日/100m^2。

A. 6.30　　B. 6.56　　C. 6.58　　D. 6.67

答案：C

［解题要点］ 基本工作时间=4h=0.5（工日/m^2）。

工序作业时间=0.5/（1−5%）=0.526（工日/ m^2）。

时间定额=0.526/（1−6%−11%−3%）=0.658（工日/m^3）=6.58（工日/100m^2）。

7. 某材料原价为 300 元/t，运杂费及运输损耗费合计为 50 元/t，采购及保管费费率为 3%，则该材料单价为（　　）元/t。

A. 350.0　　B. 359.0

C. 360.5　　D. 360.8

答案：C

[解题要点]（300+50）×（1+3%）=360.5（元/t）。

8. 定额计价与工程量清单计价最根本的区别是（　　）。

A. 风险分担方式不同　　B. 计价目的不同

C. 适用阶段不同　　D. 造价形成机制不同

答案：D

[解题要点] 虽然从计价原理上看，定额计价与工程量清单计价可以表示为工程量与单价乘积后的汇总。但两者之间也存在着明显的区别，其中造价形成机制不同是定额计价与工程量清单计价的最根本区别。定额计价本质上仍然维持着由生产要素投入和消耗决定工程造价的计价方式，属于生产决定价格的成本法计价机制。而工程量清单计价采用描述工程实体量的方式，工程造价通过市场竞争形成，属于交易决定价格的市场法计价机制。

9. 根据材料消耗的性质，在合理用料的条件下，生产合格产品所需消耗的材料属于（　　）。

A. 材料净用量　　B. 必须消耗的材料

C. 不可避免的施工废料　　D. 不可避免的材料损耗

答案：B

[解题要点] 必须消耗的材料，是指在合理用料的条件下，生产合格产品所需消耗的材料。其中：直接用于建筑和安装工程的材料，编制材料净用量定额；不可避免的施工废料和材料损耗，编制材料损耗定额。

10. 下列关于人工日工资单价计算时年平均每月法定工作日的计算公式，正确的是（　　）。

A. 年平均每月法定工作日=全年日历日/12

B. 年平均每月法定工作日=（全年日历日−法定假日）/12

C. 年平均每月法定工作日=（全年日历日−法定假日−辅助工作时间）/12

D. 年平均每月法定工作日=（全年日历日−法定假日−辅助工作时间−休息时间）/12

答案：B

[解题要点] 辅助工作时间和休息时间是在工人工作时间分类时的必须消耗时间，是在编制人工定额消耗量时考虑的因素，而不在人工日工资单价计算时考虑。

11. 某施工机械预算价格为 4 万元，耐用总台班为 2 000 台班，检修周期为 5 个，一次检修费为 3 000 元（已知自行检修与委外检修比例为 1∶1，且修理修配适用 13%的增值税税率），台班维护费系数为 0.5，每台班人工、燃料动力及其他费用为 65 元，机械残值率为 5%。则该机械的台班单价为（　　）元/台班。

A. 94.44　　B. 92.49　　C. 93.00　　D. 95.25

答案：B

[解题要点] 台班折旧费=(40 000−40 000×5%)/2 000=19（元/台班）。

除税系数=50%+50%/(1+13%)=94.25（%）。

台班检修费=(3 000×4×94.25%)/2 000=5.66（元/台班）。

台班经常修理费=5.66×0.5=2.83（元/台班）。

台班单价=19+5.66+2.83+65=92.49（元/台班）。

12. 用定额计价法进行工程概预算编制，材料价差通常可用来计取（　　）。

A. 税金　　B. 利润

C. 规费　　　　　　　　　　　　　　　　D. 企业管理费

答案：A

[解题要点] 工程概预算的编制主要采用定额计价法，是应用计价定额或指标对建筑产品价格进行计价的活动。按概算定额或预算定额的定额子目，逐项计算工程量，套用概预算定额（或单位估价表）的单价确定直接费（包括人工费、材料费、施工机具使用费），然后按规定的取费标准确定间接费（包括企业管理费、规费），再计算利润，加上材料价差后计算税金。经汇总即为工程概预算价格。

13. 下列关于预算定额用途和作用的表述，错误的是（　　）。

A. 预算定额可以作为编制施工组织设计的参考依据

B. 预算定额可以作为确定合同价款的参考性基础

C. 预算定额可以作为施工单位经济活动分析的依据

D. 预算定额是编制最高投标限价的基础

答案：D

[解题要点]《工程造价改革工作方案》（建办标〔2020〕38 号）明确指出："加快转变政府职能，优化概算定额、估算指标编制发布和动态管理，取消最高投标限价按定额计价的规定，逐步停止发布预算定额"。因此 2021 年版教材中对预算定额的用途和作用进行了修改，删除了"预算定额是编制最高投标限价的基础"，这一变化考生应加以注意。

14. 下列各项费用中不属于机械台班单价中维护费的是（　　）。

A. 保障施工机械正常运转所需替换工具附具的摊销和维护费

B. 机械运转及日常保养所需润滑与擦拭的材料费用

C. 机械停滞期间的维护和保养费

D. 恢复机械正常功能所需的费用

答案：D

[解题要点] 检修费是指施工机械在规定的耐用总台班内，按规定的检修间隔进行必要的检修，以恢复其正常功能所需的费用。检修费是机械使用期限内全部检修费之和在台班费用中的分摊额，它取决于一次检修费、检修次数和耐用总台班的数量。

15. 根据工程造价指标的层级不同，通常可以将其分为（　　）。

A. 建设项目总投资指标和单项工程投资指标

B. 工程经济指标、工程量指标、工料价格与消耗量指标

C. 建设项目总投资指标和建设项目投资明细指标

D. 建设项目总投资指标、单项工程投资指标和单位工程投资指标

答案：C

[解题要点] 按照工程造价指标的层级不同，建设工程造价指标可分为建设项目总投资指标和建设项目投资明细指标。

16. 以施工现场积累的分部分项工程使用材料数量、完成产品数量、完成工作原材料的剩余数量等统计资料为基础，经过整理分析，获得材料消耗数据的方法是（　　）。

A. 现场技术测定法　　　　　　　　　　B. 实验室试验法

C. 现场统计法　　　　　　　　　　　　D. 理论计算法

答案：C

[解题要点] 现场统计法是以施工现场积累的分部分项工程使用材料数量、完成产品数量、完成工作原材料的剩余数量等统计资料为基础，经过整理分析，获得材料消耗的数据。这种方法比较简单易行，但也有缺陷：一是该方法一般只能确定材料总消耗量，不能确定必须消耗的材料和损失量；二是其准确程度受到统计资料和实际使用材料的影响。

17. 当编制建设工程造价综合指数时，通常是以（　　）为权重加权汇总编制完成。

A. 各类分部分项工程投资额　　B. 各类单位工程投资额

C. 各类单项工程投资额　　D. 各类建设项目投资额

答案：C

［解题要点］ 建设工程造价综合指数的编制是在单项工程造价指数编制结果的基础上，将不同专业类型的单项工程造价指数以投资额为权重加权汇总后编制完成的。

18. 选择分部分项工程的计量单位时，以“kg”为单位的项目，有效位数选择的原则为（　　）。

A. 保留三位有效数字　　B. 保留两位有效数字

C. 保留一位有效数字　　D. 应取整数

答案：B

［解题要点］ 计量单位的有效位数应遵守下列规定：

（1）以“t”为单位，应保留三位小数，第四位小数四舍五入。

（2）以“m^3”“m^2”“m”“kg”为单位，应保留两位小数，第三位小数四舍五入。

（3）以“个”“项”等为单位，应取整数。

19. 根据《建设工程工程量清单计价规范》GB 50500—2013，下列关于工程量清单项目编码的说法中，正确的是（　　）。

A. 第三级编码为分部工程顺序码，由三位数字表示

B. 第五级编码应根据拟建工程的工程量清单项目名称设置，不得重码

C. 同一标段含有多个单位工程，不同单位工程中项目特征相同的工程应采用相同编码

D. 补充项目编码以“B”加上计量规范代码后跟三位数字表示

答案：B

［解题要点］ 第三级表示分部工程顺序码，由两位数表示（分二位），故选项A错误；当同一标段（或合同段）的一份工程量清单中含有多个单位工程，在编制工程量清单时应特别注意对项目编码十至十二位的设置不得有重码，故选项B正确，选项C错误；补充项目的编码由计量规范的代码与B和三位阿拉伯数字组成，故选项D错误。

20. 若材料供应商是小规模纳税人，且运输费用采用“一票制”支付方式，则运输费用扣除增值税进项税额时应采用的税率是（　　）。

A. 13%　　B. 9%　　C. 6%　　D. 3%

答案：D

［解题要点］“一票制”方式下，运杂费采用与材料原价相同的方式扣除增值税进项税额。由于供应商为小规模纳税人，因此适用3%的征收率。

21. 在编制材料（工程设备）暂估单价及调整表时，通常应由招标人填写的是（　　）。

A. 暂估单价　　B. 确认单价

C. 单价差额　　D. 确认合价

答案：A

［解题要点］ 材料（工程设备）暂估单价及调整表由招标人填写“暂估单价”，并在备注栏说明暂估价的材料、工程设备拟用在哪些清单项目上，投标人应将上述材料、工程设备暂估价计入工程量清单综合单价报价中。

22. 在工人工作时间消耗的分类中，为完成一定合格产品所消耗的时间是（　　）。

A. 有效工作时间　　B. 基本工作时间

C. 辅助工作时间　　D. 必须消耗的工作时间

答案：D

［解题要点］ 必须消耗的工作时间是工人在正常施工条件下，为完成一定合格产品（工作任务）

所消耗的时间，是制定定额的主要依据。有效工作时间是从生产效果来看与产品生产直接有关的时间消耗。

23. 根据各种材料的分类，下列各项中属于非实体材料的是（　　）。

A. 炸药　　B. 引信

C. 雷管　　D. 支撑

答案：D

[解题要点] 非实体材料是指在施工中必须使用但又不能构成工程实体的施工措施性材料。非实体材料主要是指周转性材料，如模板、脚手架、支撑等。

24. 某混凝土输送泵每小时纯工作状态可输送混凝土 25m，泵的时间利用系数为 0.75，则该混凝土输送泵的产量定额为（　　）m^3/台班。

A. 150　　B. 0.67

C. 200　　D. 0.50

答案：A

[解题要点] 台班产量定额＝25×8×0.75＝150（m^3/台班）。

25. 根据材料消耗的性质，在合理用料的条件下，生产合格产品所需消耗的材料为（　　）。

A. 材料净用量　　B. 必须消耗的材料

C. 不可避免的施工废料　　D. 不可避免的材料损耗

答案：B

[解题要点] 必须消耗的材料，是指在合理用料的条件下，生产合格产品所需消耗的材料。包括直接用于建筑和安装工程的材料、不可避免的施工废料、不可避免的材料损耗。

26. 关于施工仪器仪表台班单价的组成，下列说法中正确的是（　　）。

A. 施工仪器仪表的台班维护费中通常需考虑除税系数

B. 施工仪器仪表台班单价中不包括检测软件的相关费用

C. 施工仪器仪表的台班动力费中包括耗用的电费、水费及其他动力费等

D. 计算施工仪器仪表台班折旧费时，年工作台班与年制度工作日通常是相等的

答案：B

[解题要点] 施工仪器仪表台班单价由四项费用组成，包括折旧费、维护费、校验费、动力费等。施工仪器仪表台班单价中的费用组成不包括检测软件的相关费用。

27. 关于大数据技术对定额编制的影响，下列表述中正确的是（　　）。

A. 企业可以建立行业定额动态管理平台

B. 不能解决传统编制过程中编制人员来源途径单一问题

C. 缩短定额编制周期和定额编制时间

D. 大数据技术只能用于对预算定额编制的改良和革新

答案：C

[解题要点] 行业主管部门可以与互联网相结合，建立定额动态管理平台，从业人员可在平台上共享数据，对于定额应用问题可随时提出相关建议，使全行业人员参与到定额的动态使用、反馈和管理上来，最大程度上拓宽覆盖面，解决传统编制过程中编制人员来源途径单一问题，改善定额偏差性的缺陷；能够实现信息的快速收集、存储和分析，从而实现缩短定额编制周期和定额编制时间，最大程度上改善定额滞后性、偏差性的缺陷；能够使得数据更真实、更有代表性和更加贴近市场。

28. 概算定额与预算定额的差异主要表现在（　　）的不同。

A. 项目划分　　B. 主要工程内容

C. 主要表达方式　　D. 基本使用方法

答案：A

[解题要点] 概算定额与预算定额的不同之处，在于项目划分和综合扩大程度上的差异。

29. 工程造价指标需根据工程特征进行测算，下列各项中属于房屋建筑工程建设项目特征信息中可选择描述的特征是（　　）。

A. 项目所在地　　　　B. 开竣工日期

C. 造价类型　　　　D. 建安造价是否含税

答案：B

[解题要点] 工程造价指标需要根据工程特征进行测算，建设项目特征信息是以建设项目为单位，针对建设项目的共性内容、通用内容进行描述。对于房屋建筑工程而言，通常包括基本信息和面积信息两部分。基本信息中工程特征分类（民用建筑、工业建筑或构筑物）、项目所在地、造价类型（投资估算、设计概算、最高投标限价、投标报价、合同价、工程结算、竣工决算等）以及建安造价是否含税为必须描述的项目特征，其余可选择描述的特征包括绿化率、开竣工日期、工程承包模式、资金来源等。

30. 大数据技术对工程造价管理有很深远的影响，下列各项中属于为智能决策提供支持的是（　　）。

A. 提高项目各阶段协同工作的效率

B. 为主管部门规范工程发承包市场提供依据

C. 可用于识别并治理围标串标等违法行为

D. 有利于施工成本管理

答案：A

[解题要点] 大数据技术通过对海量工程数据进行高效学习，挖掘规律，从而提供智能决策支持，具体表现在三个方面：①提高项目各阶段协同工作的效率；②辅助工程建设各阶段的有效策划；③推动建筑产业转型升级。

31. 正常施工条件下，完成单位合格建筑产品所需某材料的不可避免损耗量为 0.90kg，已知该材料的损耗率为 7.20%，则其总消耗量为（　　）kg。

A. 13.50　　　　B. 13.40

C. 12.50　　　　D. 11.60

答案：B

[解题要点] 材料净用量＝0.9/7.2%＝12.50（kg）

材料消耗量＝12.5＋0.9＝13.40（kg）。

32. 已知某施工机械耐用总台班为 2 500 台班，检修间隔台班为 500 台班，一次检修费为 10 000 元，若自行检修比例为 60%，则该施工机械台班检修费为（　　）元/台班。

A. 20.00　　　　B. 15.26

C. 19.08　　　　D. 16.00

答案：B

[解题要点]

检修周期＝2 500/500＝5；

检修次数＝5－1＝4；

除税系数$=60\%+\dfrac{40\%}{1+13\%}=0.954$；

台班检修费$=\dfrac{10\ 000\times 4}{2\ 500}\times 0.954=15.26$（元/台班）。

33. 在正常施工条件下，完成 $10m^3$ 混凝土梁浇捣需 4 个基本用工，0.5 个辅助用工，0.3 个超运距用工，若人工幅度差系数为10%，则该梁混凝土浇捣预算定额人工消耗量为（　　）工日/$10m^3$。

A. 5.20　　B. 5.23

C. 5.25　　D. 5.28

答案：D

[解题要点] 预算定额人工消耗量=（4+0.3+0.5）×（1+10%）=5.28（工日/$10m^3$）。

34. 下列工程计价信息中，最能体现市场机制下信息动态性变化特征的是（　　）。

A. 价格信息　　B. 政策性文件

C. 计价标准和规范　　D. 工程定额

答案：A

[解题要点] 最能体现信息动态性变化特征，并且在工程价格的市场机制中起重要作用的工程计价信息主要包括价格信息、工程造价指数和已完工程信息三类。

35. 关于总承包服务费的支付，下列说法中正确的是（　　）。

A. 建设单位向总承包单位支付　　B. 分包单位向总承包单位支付

C. 专业承包单位向总承包单位支付　　D. 专业承包单位向建设单位支付

答案：A

[解题要点] 总承包服务费是指总承包人为配合、协调建设单位进行的专业工程发包，对建设单位自行采购的材料、工程设备等进行保管以及施工现场管理、竣工资料汇总整理等服务所需的费用。

36. 对于计日工表的编制原则，下列说法中正确的是（　　）。

A. 计日工项目在结算时，应按发承包双方确认的实际数量计算合价

B. 计日工表项目名称由招标人填写，暂定数量由投标人填写

C. 计日工主要适用于发包人提出的工程合同范围以外的新增项目或工作

D. 投标时，计日工表的单价应根据招标人提供的金额填写

答案：A

[解题要点] 计日工是为了解决现场发生的零星工作的计价而设立的。计日工表的项目名称、暂定数量由招标人填写，编制最高投标限价时，单价由招标人按有关计价规定确定；投标时，单价由投标人自主报价，按暂定数量计算合价计入投标总价中。结算时，按发承包双方确认的实际数量计算合价。

37. 关于工程计价定额中的概算指标，下列说法正确的是（　　）。

A. 概算指标通常以分部工程为对象

B. 概算指标中各种消耗量指标的确定，主要来自预算或结算资料

C. 概算指标的组成内容一般分为列表形式和必要的附录两部分

D. 概算指标的使用及调整方法，一般在附录中说明

答案：B

[解题要点] 概算指标通常以单位工程为对象，选项A错误；概算指标的组成内容一般分为列表形式和文字说明两部分，选项C错误；总说明和分册说明包含概算指标的使用及调整方法，选项D错误。

38. 按照用途的不同，建设工程造价指标可以分为工程经济指标、工程量指标、工料价格与消耗量指标。其中按工程建筑面积、体积、长度、功能性单位或自然计量单位计算得出的全费用的单位指标、相关单位指标、造价占比等信息的指标是（　　）。

A. 工程量指标　　B. 工料价格指标

C. 工程经济指标　　D. 消耗量指标

答案：C

[解题要点] 工程经济指标是按工程建筑面积、体积、长度、功能性单位或自然计量单位计算得

出的全费用的单位指标、相关单位指标、造价占比等。其中相关单位指标是指组成单项或单位工程的不同层级子项（可细化至分部分项工程）的工程经济指标。

二、多项选择题

1. 根据《建设工程工程量清单计价规范》GB 50500—2013，关于分部分项工程量清单的编制，下列说法正确的有（　　）。

A. 以重量计算的项目，其计量单位应为“t”或“kg”

B. 以“t”为计量单位时，其计算结果应保留三位小数

C. 以“m^3”为计量单位时，其计算结果应保留三位小数

D. 以“kg”为计量单位时，其计算结果应保留一位小数

E. 以“个”“项”为单位的，应取整数

答案：ABE

[**解题要点**] 计量单位应采用基本单位，除各专业另有特殊规定外均按以下单位计量：

(1) 以重量计算的项目——吨或千克（t或kg）；

(2) 以体积计算的项目——立方米（m^3）；

(3) 以面积计算的项目——平方米（m^2）；

(4) 以长度计算的项目——米（m）；

(5) 以自然计量单位计算的项目——个、套、块、樘、组、台……

(6) 没有具体数量的项目——宗、项……

2. 关于投资估算指标反映的费用内容和计价单位，下列说法中正确的有（　　）。

A. 单位工程指标反映建筑安装工程费，以每“m^2”“m^3”“m”“座”等单位投资表示

B. 单项工程指标反映工程费用，以每“m^2”“m^3”“m”“座”等单位投资表示

C. 单项工程指标反映建筑安装工程费，以单项工程生产能力单位投资表示

D. 建设项目综合指标反映项目固定资产投资，以项目综合生产能力单位投资表示

E. 建设项目综合指标反映项目总投资，以项目综合生产能力单位投资表示

答案：AE

[**解题要点**] 单项工程指标反映工程费用，通常以单项工程生产能力单位投资表示，故选项B错误；单项工程指标能够独立发挥生产能力或使用效益的单项工程内的全部投资额，包括建筑工程费、安装工程费、设备、工器具购置费及生产家具购置费，故选项C错误；立项筹建开始至竣工验收交付使用的全部投资额，建设项目综合指标一般以项目的综合生产能力单位投资表示，故选项D错误。

3. 编制措施项目清单时，以下各项中适合用“项”为计量单位编制的是（　　）。

A. 安全文明施工费

B. 大型施工机械进出场及安拆费

C. 二次搬运费

D. 冬雨季施工增加费

E. 超高施工增加费

答案：ACD

[**解题要点**] 措施项目费的发生与使用时间、施工方法或者两个以上的工序相关，如安全文明施工费，夜间施工，非夜间施工照明，二次搬运，冬雨季施工，地上、地下设施和建筑物的临时保护设施，已完工程及设备保护等。这些不能计算工程量的项目（总价措施项目），以“项”为计量单位进行编制。

4. 下列施工工作时间分类选项中，属于工人必须消耗时间的有（　　）。

A. 休息时间

B. 偶然工作时间

C. 辅助工作时间

D. 准备与结束工作时间

E. 非施工本身造成的停工时间

答案：ACD

[解题要点] 必须消耗的工作时间是工人在正常施工条件下，为完成一定合格产品（工作任务）所消耗的时间，是制定定额的主要依据，包括有效工作时间、休息时间和不可避免中断时间的消耗。辅助工作时间和准备与结束工作时间属于有效工作时间。

5. 下列各项中属于施工过程影响因素中组织因素的有（　　）。

A. 构配件的类别　　B. 工人技术水平

C. 机械设备的性能　　D. 工资分配方式

E. 劳动竞赛

答案：BDE

[解题要点] 施工过程的影响因素包括技术因素、组织因素和自然因素。

（1）技术因素。包括产品的种类和质量要求，所用材料、半成品、构配件的类别、规格和性能，所用工具和机械设备的类别、型号、性能及完好情况等。

（2）组织因素。包括施工组织与施工方法、劳动组织、工人技术水平、操作方法和劳动态度、工资分配方式、劳动竞赛等。

（3）自然因素。包括酷暑、大风、雨、雪、冰冻等。

6. 在工人的工作时间分类中，下列各项通常与工作量大小无关的是（　　）。

A. 钢筋煨弯的时间　　B. 木工锉锯的时间

C. 熟悉图纸的时间　　D. 事后清理场地的时间

E. 违背劳动纪律损失的时间

答案：CD

[解题要点] 熟悉图纸、事后清理场地都属于准备与结束工作时间，通常与所担负的工作量大小无关，但往往和工作内容有关。

7. 在人工定额的编制过程中，通常可以采用工时规范或经验数据来确定的是（　　）。

A. 基本工作时间　　B. 辅助工作时间

C. 准备与结束工作时间　　D. 不可避免中断时间

E. 休息时间

答案：BCDE

[解题要点] 辅助工作时间的确定方法与基本工作时间相同。如果在计时观察时不能取得足够的资料，也可采用工时规范或经验数据来确定；如果在计时观察资料中不能取得足够的准备与结束时间的资料，也可根据工时规范或经验数据来确定；不可避免中断时间也需要根据测时资料通过整理分析获得，也可以根据经验数据或工时规范，以占工作日的百分比表示此项工时消耗的时间定额；规范时间均可利用工时规范或经验数据确定。

8. 以下各项中属于 BIM 在工程竣工阶段中应用的是（　　）。

A. 工程量自动计算、统计分析，形成准确的工程量清单

B. 提供了施工计划与造价控制的所有数据

C. 提高结算资料的完备性和规范性

D. 提高结算效率

E. 设计模型的多专业一致性检查

答案：CD

[解题要点] 在工程竣工阶段，基于 BIM 的结算管理不但提高工程量计算的效率和准确性，对于结算资料的完备性和规范性还具有很大的作用。在造价管理过程中，BIM 数据库也不断修改完善，模型相关的合同、设计变更、现场签证、计量支付、材料管理等信息也不断录入与更新，到竣工结算时，其信息量已完全可以表达工程实体。BIM 的准确性和过程记录完备性有助于提高结算效率，同时

可以随时查看变更前后的模型进行对比分析，避免结算时描述不清，从而加快结算和审核速度。

9. 下列费用中，由招标人填写金额，投标人直接计入投标总价的有（　　）。

A. 材料设备暂估价　　B. 专业工程暂估价

C. 暂列金额　　D. 计日工单价

E. 总承包服务费

答案：BC

［**解题要点**］专业工程暂估价、暂列金额由招标人填写金额，投标人直接计入投标总价，而材料设备暂估价需要纳入分部分项工程项目清单综合单价。

10. 在工程量清单的编制过程中，会直接影响其他项目清单的具体内容包括（　　）。

A. 工程的复杂程度　　B. 工程的组成内容

C. 发包人的资金保障程度　　D. 发包人对工程管理的要求

E. 拟采用的合同条款

答案：ABD

［**解题要点**］其他项目清单是指分部分项工程项目清单、措施项目清单所包含的内容以外，因招标人的特殊要求而发生的与拟建工程有关的其他费用项目和相应数量的清单。工程建设标准的高低、工程的复杂程度、工程的工期长短、工程的组成内容、发包人对工程管理的要求等都直接影响其他项目清单的具体内容。

11. 根据工程定额编制要求，下列时间、材料、施工机具的消耗，应计入人工、材料或施工机具台班消耗量的有（　　）。

A. 工序作业时间之外的规范时间

B. 不可避免的施工废料和材料损耗量

C. 模板、脚手架等非实体材料的使用量

D. 施工本身原因造成的机械停工时间

E. 施工仪器仪表的台班消耗量

答案：ABE

［**解题要点**］人工定额消耗量包括工序作业时间、规范时间（工序作业时间以外的准备与结束时间、不可避免中断时间以及休息时间）；材料定额消耗量包括：直接用于建筑和安装工程的材料，编制材料净用量定额，不可避免的施工废料和材料损耗，编制材料损耗定额。施工机具台班定额消耗量包括施工机械台班定额消耗量和仪器仪表台班定额消耗量。

12. 关于材料单价的构成和计算，下列说法中正确的有（　　）。

A. 材料单价指材料由其来源地运达工地仓库的入库价

B. 运输损耗指材料在场外运输装卸及施工现场内搬运发生的不可避免损耗

C. 采购及保管费包括组织材料检验、供应过程中发生的费用

D. 材料单价中包括材料仓储费和工地管理费

E. 材料生产成本的变动直接影响材料单价的波动

答案：CDE

［**解题要点**］材料单价是指建筑材料从其来源地运到施工工地仓库，直至出库形成的综合单价，故选项 A 错误；运输损耗是指材料在场外运输装卸过程中的不可避免损耗，故选项 B 错误。

13. 编制预算定额中的材料消耗量，下列各项中属于测定法的是（　　）。

A. 换算法　　B. 实验室试验法

C. 图示尺寸法　　D. 现场测定法

E. 标准规格计算法

答案：BD

［**解题要点**］编制预算定额时，材料消耗量计算方法主要有：

（1）凡有标准规格的材料，按规范要求计算定额计量单位的耗用量，如砖、防水卷材、块料面层等。

（2）凡设计图纸标注尺寸及下料要求的，按设计图纸尺寸计算材料净用量，如门窗制作用材料、枋、板料等。

（3）换算法。各种胶结、涂料等材料的配合比用料，可以根据要求条件换算，得出材料用量。

（4）测定法。包括实验室试验法和现场测定法。

第三章　建设项目决策和设计阶段工程造价的预测

考 纲 要 求

1. 决策阶段影响工程造价的主要因素；
2. 投资估算的编制；
3. 设计阶段影响工程造价的主要因素；
4. 设计概算的编制；
5. 施工图预算的编制。

本章知识架构

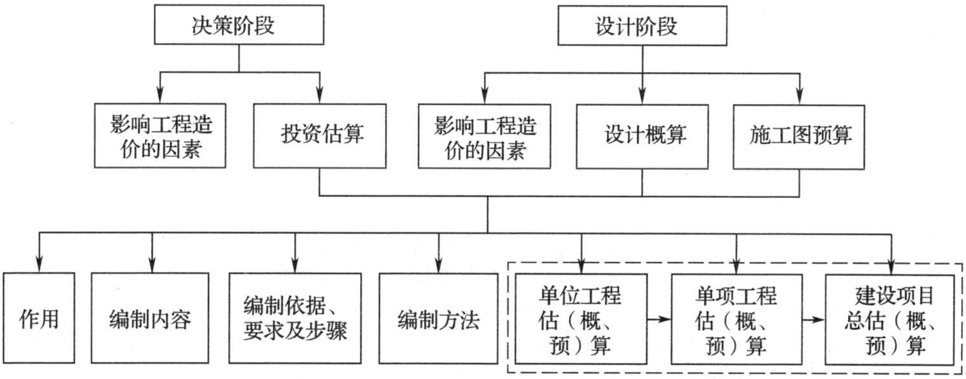

图 3-1　建设项目决策和设计阶段工程造价的预测知识架构

考点与题型详解

考点一：决策阶段影响工程造价的主要因素

点评：本考点内容不多，重要性不高，但有时会出现一些细节性的考题，考生对一些常考的具体知识点应加以注意。

知识要点集成

表 3-1 决策阶段工程造价的影响因素

影响因素		选择原则/应符合的要求	内容	应注意的问题
建设规模	市场因素	合理处理好市场因素、技术因素以及环境因素之间的关系。市场因素是确定建设规模需考虑的首要因素，其中，市场需求状况是确定项目生产规模的前提。不同行业、不同类型项目确定建设规模需考虑不同因素	市场需求分析、市场供给分析、市场价格分析和市场风险分析	合理建设规模的确定方法包括盈亏平衡产量分析法、平均成本法、生产能力平衡法以及按照政府或行业规定确定的方法
	技术因素		生产技术及技术装备、管理技术水平	
	环境因素		政策因素、燃料动力供应、协作及土地条件、运输及通信条件	
建设地区及建设地点（厂址）	建设地区	靠近原料、燃料提供地和产品消费地原则；工业项目适当聚集原则	根据项目的技术、经济特点和要求具体选择	建设地区选择和建设地点选择（厂址选择）是两个不同层次、相互联系又相互区别的工作阶段，两者之间是一种递进关系
	建设地点（厂址）	节约土地，少占耕地；减少拆迁移民数量；尽量选在工程地质、水文地质条件较好的地段；要有利于厂区合理布置和安全运行；尽量靠近交通运输条件和水电供应等条件好的地方；应尽量减少对环境的污染	在进行建设地点多方案技术经济分析时，应具有全寿命周期的理念，应注意掌握项目投资费用与项目投产后生产经营费用的不同	
技术方案		先进适用、安全可靠、经济合理	生产方法选择、工艺流程方案选择、工艺方案的比选	生产方法直接影响生产工艺流程的选择
设备方案		应与确定的建设规模、产品方案和技术方案相适应，满足项目投产后生产或使用的要求；主要设备之间、主要设备与辅助设备之间的生产或使用性能要相互匹配；设备质量应安全可靠、性能成熟，保证生产和产品质量稳定；在保证设备性能前提下，力求经济合理；选择的设备应符合政府部门或专门机构发布的技术标准要求	根据工厂生产规模和工艺过程的要求，选择设备的型号和数量	要尽量选用国产设备；要注意进口设备之间以及国内外设备之间的衔接配套问题；要注意进口设备与原有国产设备、厂房之间的配套问题；要注意进口设备与原材料、备品备件及维修能力之间的配套问题

续表 3-1

影响因素	选择原则/应符合的要求	内容	应注意的问题
工程方案	满足生产使用功能要求；适应已选定的场址（线路走向）；符合工程标准规范要求；经济合理	一般工业项目建筑物、构筑物的工程方案主要研究其建筑特征，建筑物、构筑物的结构形式，以及特殊建筑要求，基础工程方案，抗震设防等；矿产开采项目主要研究开拓方式；铁路项目主要研究线路、路基、轨道、桥涵、隧道、站场以及通信信号等；水利水电项目主要研究防洪、治涝、灌溉、供水、发电等	工程方案选择是在已选定项目建设规模、技术方案和设备方案的基础上，研究论证主要建筑物、构筑物的建造方案，包括对于建筑标准的确定
环境保护措施	符合国家环境保护相关法律、法规以及环境功能规划的整体要求；坚持污染物排放总量控制和达标排放的要求；坚持“三同时原则”；力求环境效益与经济效益相统一；注重资源综合利用和再利用	环境治理方案比选的主要内容：技术水平对比；治理效果对比；管理及监测方式对比；环境效益对比	—

经典考题剖析

一、2022 年考题

在项目决策阶段，环境治理方案比选中的技术水平对比，主要是比较（　　）。

A. 选用设备的先进性、可靠性　　B. 环境治理效果

C. 管理与监测水平　　D. 环保费用与效益

答案：A

［**解析**］环境治理方案比选内容包括四方面：①技术水平对比，分析对比不同环境保护治理方案所采用的技术和设备的先进性、适用性、可靠性和可得性。②治理效果对比，分析对比不同环境保护治理方案在治理前及治理后环境指标的变化情况，以及能否满足环境保护法律法规的要求。③管理及监测方式对比，分析对比各治理方案所采用的管理和监测方式的优缺点。④环境效益对比，将环境治理保护所需投资和环保措施运行费用与所获得的收益相比对，并将分析结果作为方案比选的重要依据。

二、2021 年考题

关于不同行业、不同类型的建设项目建设规模的确定基础，下列说法正确的是（　　）。

A. 石油天然气项目，应依据资源储备量确定建设规模

B. 水利水电项目，应依据水资源量和可开发利用量确定建设规模

C. 铁路公路项目，应进行运量需求预测和考虑本线路在综合运输系统中的作用等

D. 技术改造项目，应依据产量缺口确定新增生产规模和对应的配套、辅助设施规模

答案：C

[**解析**] 此题有些争议，无论选项B和选项C均有不完整之处，但由于选项C中采用了“等”来描述，相比而言比选项B更符合题意，因此选项C正确。

三、其他年份考题

1. 在进行建设场址多方案全寿命周期技术经济分析时，应计入项目投产后生产经营费用的是（　　）。

A. 拆迁补偿费　　B. 生活设施费

C. 动力设施费　　D. 原材料运输费

答案：D

[**解析**] 建设地点（厂址）选择时的费用分析时，项目投产后生产经营费用包括原材料、燃料运入及产品运出费用，给水、排水、污水处理费用，动力供应费用等。

2. 确定建设项目建设规模需考虑的首要因素是（　　）。

A. 建设地点　　B. 产品需求市场

C. 生产成本　　D. 建造方案

答案：B

[**解析**] 市场因素是确定建设规模需考虑的首要因素，市场需求状况是确定项目生产规模的前提。

3. 关于项目决策与工程造价的关系，下列说法正确的是（　　）。

A. 项目不同决策阶段的投资估算精度要求是一致的

B. 项目决策的内容与工程造价无关

C. 项目决策的正确性不影响设备选型

D. 工程造价的金额影响项目决策的结果

答案：D

[**解析**] 项目决策与工程造价的关系是：项目决策的正确性是工程造价合理性的前提；项目决策的内容是决定工程造价的基础；项目决策的深度影响投资估算的精确度；工程造价的数额影响项目决策的结果。

考点二：投资估算的编制

点评：投资估算各编制方法的适用范围、计算过程等都是常见的考点，有可能在考核中出现比较多的计算题。尤其是流动资金估算方法有一定难度，考生应理解后掌握。

知识要点集成

表 3-2　投资估算的基本概念

概念	内容	应注意的问题
阶段划分和精度要求	建设项目规划和项目建议书阶段投资估算的误差控制在±30%以内；预可行性研究阶段的投资估算的误差控制在±20%以内；可行性研究阶段的投资估算的误差控制在±10%以内	项目建议书阶段的投资估算，是编制项目规划、确定建设规模的参考依据；项目可行性研究阶段的投资估算，是项目投资决策的重要依据
投资估算的内容	投资估算编制说明、投资估算分析、总投资估算、单项工程投资估算、工程建设其他费用估算、主要技术经济指标	应注意区分投资估算分析中工程投资比例分析与各类费用构成占比分析之间的区别

注：有时在方案设计（包括概念方案设计和报批方案设计）以及项目申请报告中也可能需要编制投资估算。

表 3-3　投资估算的编制方法

<table>
<tr><th>估算内容</th><th colspan="4">估算方法</th><th>备注</th></tr>
<tr><td rowspan="6">静态投资部分</td><td rowspan="6">项目建议书阶段</td><td colspan="2">生产能力指数法</td><td>$C_2=C_1\left(\frac{Q_2}{Q_1}\right)^x \cdot f$</td><td>主要应用于设计深度不足，拟建建设项目与类似建设项目的规模不同，设计定型并系列化，基础资料完备的情况；在总承包报价时经常采用</td></tr>
<tr><td rowspan="3">系数估算法</td><td>设备系数法</td><td>$C=E(1+f_1P_1+f_2P_2+f_3P_3+\cdots)+I$</td><td>以拟建项目的设备购置费为基数</td></tr>
<tr><td>主体专业系数法</td><td>$C=E(1+f_1P'_1+f_2P'_2+f_3P'_3+\cdots)+I$</td><td>以拟建项目中投资比重较大，并与生产能力直接相关的工艺设备投资为基数</td></tr>
<tr><td>朗格系数法</td><td>$C=E\cdot(1+\sum K_i)\cdot K_c$</td><td>国内不常见，是世行项目投资估算常采用的方法</td></tr>
<tr><td colspan="2">比例估算法</td><td>$I=\frac{1}{K}\sum_{i=1}^{n}Q_iP_i$</td><td>主要应用于设计深度不足，拟建建设项目与类似建设项目的主要生产工艺设备投资比重较大，行业内相关系数等基础资料完备的情况</td></tr>
<tr><td colspan="2">混合法</td><td>对一个拟建建设项目采用上述多种方法混合估算其静态投资额的方法</td><td>—</td></tr>
</table>

续表 3-3

<table>
<tr><th>估算内容</th><th colspan="3">估算方法</th><th>备注</th></tr>
<tr><td rowspan="2">静态投资部分</td><td rowspan="2">可行性研究阶段</td><td>建筑工程费估算</td><td>根据不同的专业工程选择不同的实物工程量计算方法</td><td>应注意掌握不同的建筑工程类型所选择的实物工程量</td></tr>
<tr><td>安装工程费估算</td><td>根据设备专业属性分别计算</td><td>应注意掌握不同的设备类型所选择的工程量单位</td></tr>
<tr><td rowspan="2">动态投资部分</td><td colspan="4">价差预备费部分与第一章相同</td></tr>
<tr><td colspan="4">建设期利息部分与第一章相同</td></tr>
<tr><td rowspan="2">流动资金</td><td>分项详细估算法</td><td colspan="2">流动资金=流动资产−流动负债
流动资产=应收账款+预付账款+存货+库存现金
流动负债=应付账款+预收账款</td><td>各项流动资金年平均占用额度为流动资金的年周转额度除以流动资金的年周转次数</td></tr>
<tr><td>扩大指标估算法</td><td colspan="2">年流动资金额=年费用基数×各类流动资金率</td><td>简单易行，但准确度不高，适用于项目建议书阶段的估算。一般常用的基数有营业收入、经营成本、总成本费用和建设投资等</td></tr>
</table>

注：1. 建设投资可按概算法和形成资产法进行分类，从而形成不同的建设投资估算表。按照概算法分类，建设投资由工程费用、工程建设其他费用和预备费三部分构成；按照形成资产法分类，建设投资由形成固定资产的费用、形成无形资产的费用、形成其他资产的费用和预备费四部分组成。固定资产费用包括工程费用和工程建设其他费用中按规定将形成固定资产的费用，后者被称为固定资产其他费用。无形资产费用主要是专利权、非专利技术、商标权、土地使用权和商誉等；其他资产费用包括生产准备费等。

2. 采用分项详细估算法估算流动资金时，各项流动资金年平均占用额度为流动资金的年周转额度除以流动资金的年周转次数，流动资金各项内容估算公式如下：

(1) 应收账款=年经营成本/应收账款周转次数；

(2) 产成品=（年经营成本−年其他营业费用）/产成品周转次数；

(3) 现金=（年工资及福利费+年其他费用）/现金周转次数；

(4) 应付账款=外购原材料、燃料动力费及其他材料年费用/应付账款周转次数。

3. 流动资金估算应注意的问题：在不同生产负荷下的流动资金，应按不同生产负荷所需的各项费用金额，根据上述公式分别估算，而不能直接按照100%生产负荷下的流动资金乘以生产负荷百分比求得。

经典考题剖析

一、2023 年考题

1. 某地 2023 年拟建一年产 30 万吨工业产品项目。该地 2020 年建成的年产 20 万吨同类产品项主要设备购置费为 6 000 万元，建筑安装工程费占主要设备购置费的比例为 70%。若该地 2020 年至 2023 年工程造价年均递增 4%，预计建设期两年内造价年均上涨率为 5%，则该项目的工程费用估算为（　　）万元（生产能力指数为 0.8）。

A. 13 768　　B. 15 554

C. 15 870　　D. 17 497

答案：C

［解析］

工程费用估算＝6 000×（1＋70%）×$(30/20)^{0.8}$×$(1+4\%)^3$＝15 870（万元）。

2. 关于投资决策阶段对工艺设备安装费的估算，下列说法正确的是（　　）。

A. 以单位工程为估价单元进行估算

B. 不包括安装主材费

C. 可按设备原价为基数，乘以安装费费率进行估算

D. 以“m^3”或“m^2”为单位，套用投资估算指标进行估算

答案：C

［解析］安装工程费包括安装主材费和安装费。工艺设备安装费估算通常以单项工程为单元，根据单项工程的专业特点和各种具体的投资估算指标，采用按设备费百分比估算指标进行估算；或根据单项工程设备总重，采用以吨为单位的综合单价指标进行估算。

3. 关于投资决策阶段对流动资金的估算，下列说法中正确的是（　　）。

A. 在确定各类资产和负债的最低周转天数时应考虑适当的保险系数

B. 流动资金借款利息应计入建设期贷款利息

C. 在项目计算期末收回全部流动资金（含利息）

D. 用扩大指标估算法计算流动资金应在经营成本估算前进行

答案：A

［解析］在采用分项详细估算法时，应根据项目实际情况分别确定现金、应收账款、预付账款、存货、应付账款和预收账款的最低周转天数，并考虑一定的保险系数。

4. 关于利用指标估算法进行投资估算，下列说法中正确的有（　　）。

A. 应根据不同地区、建设年代、施工条件等进行价格调整

B. 可以以工程量为依据进行价格调整

C. 可以以人工、主要材料消耗量为依据进行价格调整

D. 应根据工艺流程、定额、价格等的分析结果进行指标调整与换算

E. 工程建设其他费的估算指标无需调整

答案：ABCD

［**解析**］影响投资估算精度的因素主要包括价格变化、现场施工条件、项目特征的变化等。因而，在应用指标估算法时，应根据不同地区、建设年代、条件等进行调整。调整方法可以以人工、主要材料消耗量或“工程量”为计算依据，也可以按不同的工程项目的“万元工料消耗定额”确定不同的系数。使用估算指标法进行投资估算绝不能生搬硬套，必须对工艺流程、定额、价格及费用标准进行分析，经过实事求是的调整与换算后，才能提高其精确度。

二、2022年考题

1. 某地2022年拟建一年产40万吨的化工产品项目，设备购置费估算为6 000万元，该地区2019年已建20万吨相同产品项目的建筑安装工程费用为6 000万元。该地区2019年至2022年设备购置费、建筑安装工程费用年均分别递增3%、4%。若生产能力指数为0.6，则该拟建项目的工程费用投资估算应为（　　）万元。

A. 16 229.85　　B. 16 786.21

C. 20 167.44　　D. 20 459.70

答案：A

［**解析**］首先运用生产能力指数法估算拟建项目的建筑安装工程费用，然后与设备购置费相加计算工程费用。

拟建项目的建筑安装工程费用＝$6\ 000\times(40/20)^{0.6}\times(1+4\%)^{3}=10\ 229.85$（万元）。

拟建项目的工程费用投资估算＝6 000＋10 229.85＝16 229.85（万元）。

2. 关于可行性研究阶段投资估算的方法，下列说法正确的是（　　）。

A. 建筑工程费的估算原则上应采用概算指标法

B. 工业建筑的建筑工程费应按实物工程量和主要措施项目分别列项估算

C. 安装工程费的估算应包括安装主材费和安装费

D. 工艺设备安装工程费应按设备工程量乘以单位工程量安装费指标进行估算

答案：C

［**解析**］建筑工程费估算，工业与民用建筑物以“m^2”或“m^3”为单位，套用规模相当、结构形式和建筑标准相适应的投资估算指标或类似工程造价资料进行估算。工艺设备安装费估算，以单项工程为单元，根据单项工程的专业特点和各种具体的投资估算指标，采用按设备费百分比估算指标进行估算；或根据单项工程设备总重，采用以“t”为单位的综合单价指标进行估算。安装工程费包括安装主材费和安装费。

3. 根据《建设项目投资估算编审规程》CECA/GC 1—2015，关于投资估算文件的编制，下列说法正确的是（　　）。

A. 按照概算法编制的建设投资估算表，由建筑工程费、设备及工器具购置费、工程建设其他费用三部分组成

B. 按照形成资产法编制的建设投资估算表，由形成固定资产、无形资产、其他资产的费用三部分组成

C. 总投资估算表中的工程费用，应分解到主要单位工程

D. 建设期利息估算表中，期初借款余额等于上年期末借款余额

答案：D

［**解析**］建设期利息估算表主要包括建设期发生的各项借款及其债券等项目，期初借款余额等于上年借款本金和应计利息之和，即上年期末借款余额；其他融资费用主要指融资中发生的手续费、承诺费、管理费、信贷保险费等融资费用。

4. 关于建设期内投资估算的编制要求，下列说法正确的是（　　）。

A. 在可行性研究阶段应选用比例估算法估算

B. 应做到工程内容和费用构成齐全，不提高或降低估算标准

C. 需对主要经济指标进行分析

D. 应对影响造价的因素进行敏感性分析

E. 估算内容由静态部分和动态部分两部分组成

答案：BCD

［**解析**］在可行性研究阶段，投资估算精度要求高，需采用相对详细的投资估算方法，如指标估算法等。应根据主体专业设计的阶段和深度，结合各行业的特点，所采用生产工艺流程的成熟性，以及国家及地区、行业或部门、市场相关投资估算基础资料和数据的合理、可靠、完整程度，采用合适的方法，对建设项目投资估算进行编制，并对主要技术经济指标进行分析。应对影响造价变动的因素进行敏感性分析，分析市场的变动因素，充分估计物价上涨因素和市场供求情况对项目造价的影响，确保投资估算的编制质量。可行性研究阶段的投资估算编制一般包含静态投资部分、动态投资部分与流动资金估算三部分。

5. 建设项目总投资估算中，属于动态部分的费用项目有（　　）。

A. 工程建设其他费用

B. 基本预备费

C. 价差预备费

D. 建设期利息

E. 流动资金

答案：CD

［**解析**］动态投资部分包括价差预备费和建设期利息两部分。

三、2021 年考题

1. 关于流动资金估算，下列说法正确的是（　　）。

A. 流动资金的估算与产品存货无关

B. 扩大指标估算法仅用于可行性研究阶段的流动资金估算

C. 达产前应按不同生产负荷下的需要分别估算所需流动资金

D. 投产前筹措的流动资金贷款利息可计入建设总投资

答案：C

［**解析**］在不同生产负荷下的流动资金，应按不同生产负荷所需的各项费用金额，根据上述公式分别估算，而不能直接按照 100%生产负荷下的流动资金乘以生产负荷百分比求得。

2. 按照形成资产法编制建设投资估算表，生产准备费应列入（　　）。

A. 固定资产费用

B. 固定资产其他费用

C. 无形资产费用　　D. 其他资产费用

答案：D

[**解析**] 按照形成资产法分类，建设投资由形成固定资产的费用、形成无形资产的费用、形成其他资产的费用和预备费四部分组成。其他资产费用是指建设投资中除形成固定资产和无形资产以外的部分，如生产准备费等。

3. 编制投资估算文件时，投资估算分析的内容应包括（　　）。

A. 影响投资的主要因素分析　　B. 工程投资比例分析

C. 各类费用构成占比分析　　D. 盈亏平衡分析

E. 与类似工程项目的比较分析

答案：ABCE

[**解析**] 投资估算分析应包括以下内容：工程投资比例分析；各类费用构成占比分析；分析影响投资的主要因素；与类似工程项目的比较，对投资总额进行分析。盈亏平衡分析属于合理确定投资规模的方法。

四、其他年份考题

1. 若外币对人民币贬值，则关于该汇率变化对涉外项目投资额产生的影响，下列说法正确的是（　　）。

A. 从国外市场购买材料，所支付的外币金额减少

B. 从国外市场购买材料，换算成人民币所支付的金额减少

C. 从国外借款，本息所支付的外币金额增加

D. 从国外借款，换算成人民币所支付的本息金额增加

答案：B

[**解析**] 外币对人民币贬值时，项目从国外市场购买设备材料所支付的外币金额不变，但换算成人民币的金额减少；从国外借款，本息所支付的外币金额不变，但换算成人民币的金额减少。

2. 某拟建项目，建筑安装工程费为11.2亿元，设备及工器具购置费为33.6亿元，工程建设其他费用为8.4亿元，建设单位管理费为3亿元，基本预备费费率为5%，则拟建项目基本预备费为（　　）亿元。

A. 0.56　　B. 2.24

C. 2.66　　D. 2.81

答案：C

[**解析**] 基本预备费的计算基数是工程费用与工程建设其他费用之和。

基本预备费＝（11.2＋33.6＋8.4）×5%＝2.66（亿元）。

3. 采用分项详细估算法进行流动资金估算时，应计入流动负债的是（　　）。

A. 预收账款　　B. 存货

C. 库存资金　　D. 应收账款

答案：A

[**解析**] 流动负债＝应付账款＋预收账款。

4. 下列安装工程费估算公式中，适用于估算工业炉窑砌筑和工艺保温或绝热工程

安装工程费的是（　　）。

A. 设备原价×设备安装费率（%）

B. 重量（体积、面积）总量×单位重量（体积、面积）安装费指标

C. 设备原价×材料费占设备费百分比×材料安装费率（%）

D. 安装工程功能总量×功能单位安装工程费指标

答案：B

[解析] 工业炉窑砌筑和工艺保温或绝热估算，以单项工程为单元，以“t”“m^3”或“m^2”为单位，即安装工程费＝重量（体积、面积）总量×单位重量（“m^3”“m^2”）安装费指标。

考点三：设计阶段影响工程造价的主要因素

点评： 与“决策阶段影响工程造价的主要因素”类似，本考点内容不多，但有时会出现一些细节性的考题，考生对一些常考的具体知识点应加以注意。

知识要点集成

表 3-4　工业建设项目工程造价的影响因素

影响因素		应注意的问题
总平面设计	现场条件	对工程造价的影响主要体现在：地质、水文、气象条件等影响基础形式的选择、基础的埋深（持力层、冻土线）；地形地貌影响平面及室外标高的确定；场地大小、邻近建筑物地上附着物影响平面布置、建筑层数、基础形式及埋深
	占地面积	一方面影响征地费用的高低，另一方面影响管线布置成本和项目建成运营的运输成本
	功能分区	合理的功能分区既可以降低工程造价，又能降低项目建成后的运营成本
	运输方式	要综合考虑建设项目生产工艺流程和功能区的要求以及建设场地等具体情况，选择经济合理的运输方式

续表 3-4

影响因素			应注意的问题
工艺设计	建设规模、标准和产品方案		建设项目的工艺流程在可行性研究阶段已经确定。设计阶段的任务就是严格按照批准的可行性研究报告的内容进行工艺技术方案的设计，确定具体的工艺流程和生产技术
	工艺流程和主要设备的选型		
	主要原材料、燃料供应情况		
	生产组织及生产过程中的劳动定员情况		
	“三废”治理及环保措施		
建筑设计	平面形状		应在满足建筑物使用功能的前提下，降低建筑周长系数，充分注意建筑平面形状的简洁、布局的合理，从而降低工程造价
	流通空间		满足建筑物使用要求的前提下，减少流通空间
	空间组合	层高	在建筑面积不变的情况下，增加层高会引起各项费用的增加
		层数	增加一个楼层不影响建筑物的结构形式时，单位建筑面积的造价可能会降低，但当建筑物超过一定层数时，结构形式会改变，单位造价通常会增加
		室内外高差	室内外高差过大，则建筑物的工程造价提高；高差过小又影响使用及卫生要求等
	建筑物的体积与面积		对于工业建筑，厂房、设备布置紧凑合理，可提高生产能力，采用大跨度、大柱距的平面设计形式，可提高平面利用系数，从而降低工程造价
	建筑结构		建筑结构的选择既要满足力学要求，又要考虑其经济性。对于五层以下的建筑物一般选用砌体结构；对于大中型工业厂房一般选用钢筋混凝土结构；对于多层房屋或大跨度结构，选用钢结构明显优于钢筋混凝土结构；对于高层或者超高层结构，框架结构和剪力墙结构比较经济
	柱网布置		单跨厂房，当柱间距不变时，跨度越大单位面积造价越低。多跨厂房当跨度不变时，中跨数量越多越经济

注：1. 工程设计一般应分为方案设计、初步设计和施工图设计三个阶段。
2. 在进行建筑设计时，设计单位及设计人员应首先考虑业主所要求的建筑标准。
3. 建筑周长系数是建筑物周长与建筑面积比，即单位建筑面积所占外墙长度。通常情况下建筑周长系数越低、设计越经济。建筑物平面形状的设计应在满足建筑物使用功能的前提下，降低建筑周长系数。

表 3-5　民用建设项目工程造价的影响因素

影响因素		应注意的问题
住宅小区建设规划	占地面积	不仅直接决定着土地费的高低，而且影响着小区内道路、工程管线长度和公共设备的多少，对小区建设投资的影响通常很大
	建筑群体的布置形式	在保证小区居住功能的前提下，提高建筑密度或节约用地，以降低造价
民用住宅建筑设计	建筑物平面形状和周长系数	一般都建造矩形和正方形住宅，既有利于施工，又能降低造价和使用方便；在满足住宅功能和质量前提下，适当加大住宅跨度
	住宅的层高和净高	层高降低可降低造价，提高住宅区的建筑密度，节约土地成本及市政设施费；但是，层高过低不利于采光及通风
	住宅的层数	随着住宅层数的增加，单方造价系数在逐渐降低，即层数越多越经济。但是边际造价系数也在逐渐减小，说明随着层数的增加，单方造价系数下降幅度减缓，当住宅层数超过一定限度（7 层）时，要经受较强的风力荷载，需要提高结构强度，改变结构形式，使工程造价大幅度上升
	住宅单元组成、户型和住户面积	结构面积系数越小设计方案越经济
	住宅建筑结构	应根据实际情况，因地制宜、就地取材，采用适合本地区经济合理的结构形式

注：1. 结构面积系数是住宅结构面积与建筑面积之比。

2. 除以上因素之外，在设计阶段影响工程造价的因素还包括其他内容，如：

（1）设计单位和设计人员的知识水平；

（2）项目利益相关者；

（3）风险因素。

3. 应注意掌握工业项目建筑设计和民用项目建筑设计中影响工程造价因素的不同。

经典考题剖析

一、2023 年考题

在满足住宅功能和质量前提下，下列设计思路中，可降低单位面积造价的是（　　）。

A. 缩小住宅宽度

B. 降低结构面积系数

C. 增加楼层数

D. 扩大流通空间面积

答案：B

［解析］衡量单元组成、户型设计的指标是结构面积系数（住宅结构面积与建筑面积之比），系数越小设计方案越经济。因为，结构面积小，有效面积就增加。结构面积系数除与房屋结构有关外，还与房屋外形及其长度和宽度有关，同时也与房间平均面积大小和户型组成有关。房屋平均面积越大，内墙、隔墙在建筑面积所占比重就越小。

二、2022 年考题

关于建筑设计因素与工程造价的关系，下列说法正确的是（　　）。

A. 建筑周长系数越大，单方造价越低

B. 相同建筑面积下，圆形建筑的单方造价较矩形为小

C. 单跨厂房在柱距不变时，跨度越大单方造价越低

D. 流通空间面积越大，建筑物平面布置经济性越强

答案：C

［解析］单跨厂房，当柱间距不变时，跨度越大单位面积造价越低；对于多跨厂房，当跨度不变时，中跨数目越多越经济。

三、2021 年考题

关于建筑设计对工业建设项目单位造价的影响，下列说法正确的是（　　）。

A. 建筑周长系数越低，造价越低

B. 圆形建筑较正方形建筑造价更低

C. 建筑层数越多，造价越低

D. 多跨厂房跨度不变时，中跨数目越多造价越低

E. 多层或大跨度建筑，钢筋混凝土结构较钢结构造价更低

答案：AD

［解析］即使在同样的建筑面积下，建筑平面形状不同，建筑周长系数 K（建筑物周长与建筑面积比，即单位建筑面积所占外墙长度）便不同。通常情况下建筑周长系数越低，设计越经济；对于单跨厂房，当柱间距不变时，跨度越大单位面积造价越低；对于多跨厂房，当跨度不变时，中跨数目越多越经济，这是因为柱子和基础分摊在单位面积上的造价减少。

四、其他年份考题

1. 对于单层大跨度工业厂房设计，较经济合理的结构类型是（　　）。

A. 木结构　　B. 砌体结构

C. 钢结构　　D. 钢筋混凝土结构

答案：D

［**解析**］建筑结构的选择既要满足力学要求，又要考虑其经济性。对于五层以下的建筑物一般选用砌体结构；对于大中型工业厂房一般选用钢筋混凝土结构；对于多层房屋或大跨度建筑，选用钢结构明显优于钢筋混凝土结构；对于高层或者超高层建筑，框架结构和剪力墙结构比较经济。

2. 总平面设计中，影响工程造价的主要因素包括（　　）。

A. 现场条件　　B. 占地面积　　C. 工艺设计

D. 功能分区　　E. 柱网布置

答案：ABD

［**解析**］总平面设计中影响工程造价的主要因素包括：

（1）现场条件；

（2）占地面积；

（3）功能分区；

（4）运输方式。

考点四：设计概算的编制

点评：考生应对每种概算方法的应用、算例和适用范围等方面都深入掌握，本考点出现计算题的可能性较大。考生还应注意概算编制的市场化发展趋势内容。

知识要点集成

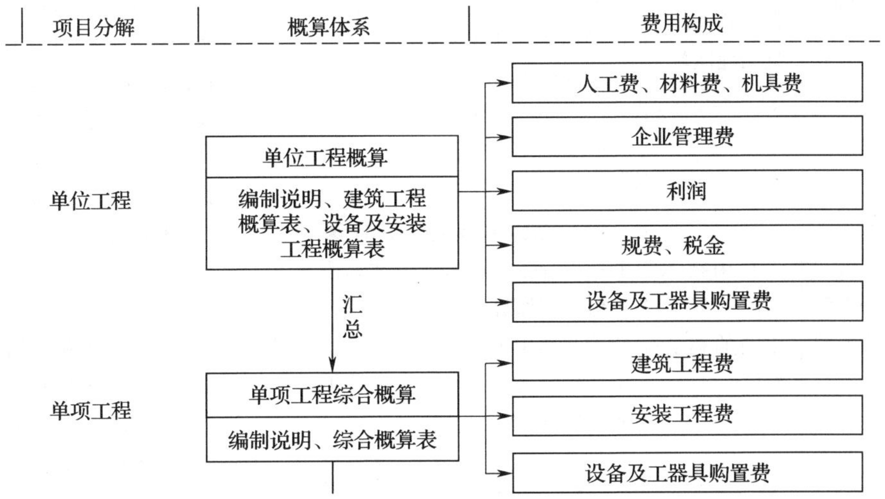

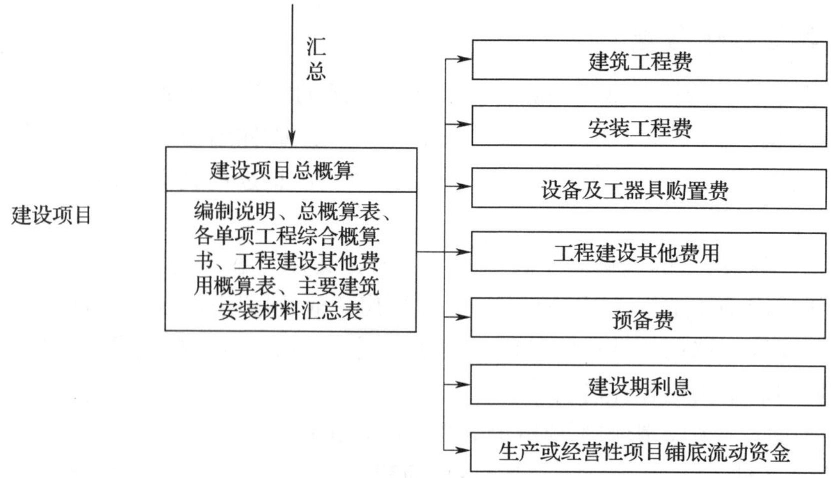

图 3-2 三级概算之间的相互关系和费用构成

注：1. 设计概算的编制内容包括静态投资和动态投资两个层次。静态投资作为评价和选择设计方案的依据；动态投资作为项目筹措、供应和控制资金使用的限额。

2. 政府投资项目设计概算一经批准，将作为控制建设项目投资的最高限额。

3. 因国家政策调整、价格上涨、地质条件发生重大变化等原因确需增加投资概算的，项目单位应当提出调整方案及资金来源，按照规定的程序报原初步设计审批部门或者投资概算核定部门核定。概算调增幅度超过原批复概算百分之十的，概算核定部门原则上先商请审计机关进行审计，并依据审计结论进行概算调整。一个工程只允许调整一次概算。

4. 当建设项目为一个单项工程时，可采用单位工程概算、总概算两级概算编制形式。

5. 单位建筑工程概算中除包括一般土建工程概算外，还包括给排水、采暖工程概算，通风、空调工程概算，电气照明工程概算，弱电工程概算，特殊构筑物工程概算等。

表 3-6 单位工程概算编制方法的比较

编制方法		编制原理	应用条件	备注
单位建筑工程概算	概算定额法	套用概算定额编制建筑工程概算	初步设计必须达到一定深度，建筑结构尺寸比较明确	又称扩大单价法或扩大结构定额法，采用全费用综合单价确定分部分项工程费和措施项目费，再汇总得单位工程概算造价。注意掌握概算定额法编制设计概算的主要步骤
	概算指标法	利用技术相同或基本相同的概算指标	设计无详图或初步设计深度不够；设计方案急需造价估算而又有类似工程概算指标可以利用；概算造价不适用于当前情况而又急需确定造价；通用设计图设计可组织编制通用图设计概算指标	直接套用概算指标时，拟建工程与概算指标相比应建设地点相同，工程特征、结构特征基本相同，建筑面积相差不大；遇到拟建对象的结构特征与概算指标中规定的结构特征有局部不同的情况，需要对概算指标进行调整后方可套用

续表 3-6

编制方法		编制原理	应用条件	备注
单位建筑工程概算	类似工程预算法	利用类似工程造价资料编制	拟建工程初步设计与已完工程或在建工程的设计类似而又没有可用的概算指标	需对建筑结构差异和价差进行调整
单位设备及安装工程概算	预算单价法	按安装工程预算定额单价编制	初步设计较深，有详细的设备清单	计算比较具体，精确度高；编制步骤与建筑工程概算类似
	扩大单价法	采用主体设备、成套设备的综合扩大安装单价编制	初步设计深度不够，设备清单不完备，只有主体设备或仅有成套设备重量	编制步骤与建筑工程概算类似
	设备价值百分比法	安装费按占设备费的百分比计算	初步设计深度不够，只有设备出厂价而无详细规格、重量	常用于价格波动不大的定型产品和通用设备产品
	综合吨位指标法	采用综合吨位指标编制概算	初步设计提供的设备清单有规格和设备重量	常用于价格波动较大的非标准设备和引进设备

注：1. 当采用概算指标法和类似工程预算法编制单位工程概算时，需要对结构差异和价格差异进行调整，调整公式为：

(1) 结构差异调整：结构变化修正概算指标（元/m^2）$=J+Q_1P_1-Q_2P_2$。

(2) 价格差异调整：

$$D=A\cdot K$$

$$K=a\%K_1+b\%K_2+c\%K_3+d\%K_4$$

2. 概算指标可视为工程造价指标的一种特殊类型，如利用其他类型的造价指标也可以进行概算编制。

3. 概算编制的市场化改革应包括三方面的内容：

(1) 根据设计深度的不同合理选择概算编制方法。

(2) 充分利用市场化的造价数据。

(3) 充分利用数智化技术。

经典考题剖析

一、2023 年考题

1. 某学校拟新建宿舍楼工程，按概算指标和地区材料预算价格等算出每平方米建筑面积含税工程造价为 2 100 元，但拟建宿舍楼设计资料与概算指标相比较，外墙涂料装饰变更为墙砖装饰、增加了热水系统。已知每平方米建筑面积外墙装饰的工程量为

0.5m²，涂料装饰和墙砖装饰税前综合单价分别为 90 元/m²、150 元/m²，每平方米建筑面积热水系统税前造价为 20 元，增值税税率为 9%。该新建宿舍楼工程每平方米建筑面积的含税工程造价为（　　）元。

A. 2 144　　B. 2 146

C. 2 150　　D. 2 155

答案：D

［**解析**］每平方米建筑面积的含税工程造价＝2 100＋［0.5×（150－90）＋20］×（1＋9%）＝2 155（元）。

2. 采用类似工程预算法编制设计概算时，关于调整公式 $D=A\cdot K$ 的应用，下列说法正确的是（　　）。

A. 如 A 为工料单价，则 K 取工料机费的综合调整系数

B. 如 A 为全费用单价，则 K 取工料机费和企业管理费的综合调整系数

C. 各费用项目的调整系数＝类似工程成本中该费用项目单价（或费率）/拟建地区该费用项目单价（或费率）

D. 费用项目的调整权重＝类似工程成本中该费用项目金额/类似工程总预算

答案：A

［**解析**］在类似工程预算法的价差调整公式中，综合调价系数是以类似工程中各成本构成项目占总成本的百分比为权重，按照加权的方式计算的成本单价的调价系数，根据类似工程预算提供的资料，也可按照同样的计算思路计算出人、材、机费综合调整系数，通过系数调整类似工程的工料单价，再按照相应取费基数和费率计算间接费、利润和税金，也可得出所需的综合单价。

3. 关于建筑工程设计概算的编制工作，下列说法正确的有（　　）。

A. 设计概算的编制内容包括静态投资、动态投资和铺底流动资金三个层次

B. 根据设计深度的不同，合理选择概算编制方法

C. 通过项目特征合理匹配工程造价指标，并结合项目情况进行调整后编制

D. 针对基础性建材和劳务用工，充分利用市场化询价信息编制

E. 充分利用数智化技术进行编制

答案：BCDE

［**解析**］根据《工程造价改革工作方案》（建办标〔2020〕38 号）的要求，建设工程的各阶段计价应逐渐进行市场化改革，以保证计价结果的准确性并反映市场的实际供需状况，以达到合理管控工程造价的目标，概算编制的市场化改革应包括三方面的内容：

（1）根据设计深度的不同合理选择概算编制方法。在概算编制时，需要根据设计达到的深度情况，选择最合适的概算编制方法，才能够保证概算的精度要求。

（2）充分利用市场化的造价数据。根据项目达到的设计深度建立建设项目分解清单，根据项目分解情况通过项目特征匹配寻找可参考使用的工程造价指标，根据项目情况进行调整后完成概算编制；重点针对基础性建材价格信息和劳务用工市场价格信息建立完成询价规则和机制。

（3）充分利用数智化技术。

二、2022 年考题

1. 关于使用概算定额法编制建筑工程概算，在采用全费用综合单价的情况下，下列说法正确的是（　　）。

A. 建筑工程概算应按工程量清单计算规范的要求列项并计算工程量

B. 建筑工程概算表应以单位工程为对象编制

C. 单位工程概算造价应为分部分项工程费和措施项目费之和

D. 综合计取的措施项目费应以分部分项工程费为基数计算

答案：C

［**解析**］概算定额法编制设计概算的步骤如下：

（1）搜集基础资料、熟悉设计图纸和了解有关施工条件和施工方法。

（2）按照概算定额子目，列出单位工程中分部分项工程项目名称并计算工程量。

（3）确定各分部分项工程费。

（4）计算措施项目费。

（5）计算汇总单位工程概算造价：

如采用全费用综合单价，则：

单位工程概算造价＝分部分项工程费＋措施项目费

（6）编写概算编制说明。

2. 某地拟建一景观工程，已知其类似已完工程造价指标为 400 元/m^2，其中人、材、机费分别为 15%、55%、10%，拟建工程与类似工程地区的人、材、机差异系数分别为 1.15、1.05、0.95，假定拟建工程综合取费以人、材、机费之和为基数，费率为 25%，则该拟建工程的造价指标为（　　）元/m^2。

A. 402.0　　　　B. 405.6

C. 418.0　　　　D. 422.5

答案：D

［**解析**］类似工程工料单价＝400×（15%＋55%＋10%）＝320（元/m^2）。

拟建工程工料单价＝320×（1.15×15%/80%＋1.05×55%/80%＋0.95×10%/80%）＝338（元/m^2）。

拟建工程造价指标＝338×（1＋25%）＝422.5（元/m^2）。

3. 当初步设计深度不够，但能提供的设备清单有规格和设备重量时，编制设备安装工程概算应选用的方法是（　　）。

A. 预算单价法

B. 扩大单价法

C. 设备价值百分比法

D. 综合吨位指标法

答案：D

［**解析**］当初步设计提供的设备清单有规格和设备重量时，可采用综合吨位指标编制概算，其综合吨位指标由相关主管部门或由设计单位根据已完类似工程的资料确定。

4. 关于建设项目设计概算，下列说法正确的有（　　）。

A. 建设项目资金筹措方案是概算的编制依据之一

B. 应合理预测建设期价格水平并考虑动态因素的影响

C. 初步设计较深且有详细设备清单时，可采用预算单价法编制设备安装工程概算

D. 汇总各单项工程综合概算即为建设项目总概算

E. 总概算文件中不包括主要建筑安装材料汇总表

答案：ABC

［**解析**］设计概算的编制依据：①国家、行业和地方的有关规定。②概算定额（或指标）、费用定额、工程造价指标。③工程勘察与设计文件。④拟定或常规的施工组织设计和施工方案。⑤建设项目资金筹措方案。⑥工程所在地编制同期的人工、材料、机具台班市场价格信息，以及设备供应方式及供应价格信息。⑦建设项目的技术复杂程度，新技术、新材料、新工艺以及专利使用情况等。⑧建设项目批准的相关文件、合同、协议等。⑨政府有关部门、金融机构等发布的价格指数、利率、汇率、税率及工程建设其他费用，以及各类工程造价指数等。⑩委托单位提供的其他技术经济资料。设计概算应按项目合理建设期限预测建设期价格水平，以及资产租赁和贷款的时间价值等动态因素对投资的影响。

当初步设计较深，有详细的设备清单时，可直接按预算定额单价编制安装工程概算；当初步设计深度不够，设备清单不完备，只有主体设备或仅有成套设备重量时，可采用主体设备、成套设备的综合扩大安装单价来编制概算。

三、2021 年考题

1. 下列工程概算，属于单位设备及安装工程概算的是（　　）。

A. 照明线路敷设工程概算

B. 风机盘管安装工程概算

C. 电气设备及安装工程概算

D. 特殊构筑物工程概算

答案：C

［**解析**］建筑工程概算包括土建工程概算，给排水、采暖工程概算，通风、空调工程概算，电气照明工程概算，弱电工程概算，特殊构筑物工程概算等；设备及安装工程概算包括机械设备及安装工程概算，电气设备及安装工程概算，热力设备及安装工程概算，工具、器具及生产家具购置费概算等。

2. 关于应用概算定额法编制单位建筑工程概算，下列说法正确的是（　　）。

A. 确定各分部分项工程费和措施项目费后，才能生成综合单价分析表

B. 采用全费用综合单价时，单位工程概算造价只包括分部分项工程费、措施项目费和其他项目费

C. 综合单价分析表中应包括管理费的计算

D. 人材机和单价分析数据应采用定额数据

答案：C

［**解析**］在“确定各分部分项工程费”步骤中，建模完成工程量计算后，通过套

用定额各子目的综合单价，形成合价。各子目的综合单价包括人工费、材料费、施工机具使用费、管理费、利润、规费和税金。之后，便可生成综合单价表和单位工程概算表。

3. 某拟建工程概算编制中，已知类似工程土建工程造价指标为 1 600 元/m^2，其中人、材、机费分别占土建工程造价的 15%、60%、10%，拟建工程与类似工程由于时间地点差异产生的人、材、机费差异系数分别为 1.1、1.25、0.95，假定以人材机费用之和为基数取费的综合取费率为 25%，则该拟建工程的造价指标为（　　）元/m^2。

A. 1 856　　B. 1 932

C. 2 020　　D. 2 320

答案：C

［**解析**］原造价指标中的人、材、机费分别为 240 元/m^2、960 元/m^2、160 元/m^2。在工料单价中人、材、机的比重分别为 17.64%、70.59%和 11.77%。

拟建工程的造价指标＝（240＋960＋160）×（17.64%×1.1＋70.59%×1.25＋11.77%×0.95）×（1＋25%）＝2 020（元/m^2）。

4. 当初步设计深度不够，设备清单不完备，只有主体设备或仅有成套设备重量时，编制设备安装工程概算应选用的方法是（　　）。

A. 预算单价法　　B. 扩大单价法

C. 设备价值百分比法　　D. 综合吨位指标法

答案：B

［**解析**］当初步设计深度不够，设备清单不完备，只有主体设备或仅有成套设备重量时，可采用主体设备、成套设备的综合扩大安装单价来编制概算。

四、其他年份考题

1. 关于设计概算的说法，正确的是（　　）。

A. 设计概算是工程造价在设计阶段的表现形式，具备价格属性

B. 三级概算编制形式适用于单一的单项工程建设项目

C. 概算中工程费用应按预测的建设期价格水平编制

D. 概算应考虑贷款的时间价值对投资的影响

答案：D

［**解析**］设计概算的编制要求：

（1）设计概算应按编制时项目所在地的价格水平编制，总投资应完整地反映编制时建设项目实际投资；

（2）设计概算应考虑建设项目施工条件等因素对投资的影响；

（3）设计概算应按项目合理建设期限预测建设期价格水平，以及资产租赁和贷款的时间价值等动态因素对投资的影响。

2. 编制工程建设其他费用概算表时，下列其他费用中，一般按“工程费用×费率”计算的是（　　）。

A. 征地补偿费　　B. 拆迁补偿费

C. 研究试验费　　D. 工程监理费

答案：D

［**解析**］编制工程建设其他费用概算表时，建设管理费包括建设单位（业主）管理费、工程监理费等，按"工程费用×费率"或有关定额列式计算。

3. 采用概算定额法编制设计概算的主要工作步骤有：①套用各子目的综合单价；②收集基础资料；③计算措施项目费；④编写概算编制说明；⑤汇总单位工程造价；⑥计算工程量。上述工作步骤正确的排序是（　　）。

A. ②⑥①③⑤④　　B. ④②⑥①⑤③

C. ②⑥④①③⑤　　D. ④⑥②①⑤③

答案：A

［**解析**］这是程序类考题的常见题型。首先收集基础资料，其次计算工程量，再次套用各子目的综合单价计算分部分项工程费，并计算措施费，直至汇总单位工程造价，最后编写概算编制说明，因此正确答案为A。

考点五：施工图预算的编制

点评：本考点的主要内容是掌握实物量法和工料单价法的区别。

知识要点集成

表3-7　单位工程施工图预算编制方法的比较

编制方法	工料单价法	实物量法
编制原理	用事先编制好的分项工程的单位估价表来编制	依据施工图纸和预算定额的项目划分及工程量计算规则，先计算出分项工程量，然后套用预算定额（或企业定额）来编制施工图预算的方法
计算公式	建筑安装工程预算造价 =Σ（分项工程量×分项工程工料单价）+企业管理费+利润+规费+税金	单位工程人材机费 =综合工日消耗量×综合工日单价+Σ（各种材料消耗量×相应材料单价）+Σ（各种机械消耗量×相应机械台班单价）+Σ（各施工仪器仪表消耗量×相应施工仪器仪表台班单价） 建筑安装工程预算造价 =单位工程直接费+企业管理费+利润+规费+税金

续表 3-7

<table>
<tr><th>编制方法</th><th>工料单价法</th><th>实物量法</th></tr>
<tr><td rowspan="3">编制步骤</td><td colspan="2">准备资料熟悉图纸：①收集编制施工图预算的编制依据；②熟悉施工图等基础资料；③了解施工图组织设计和施工现场情况（工料单价法中还需要收集适用的单位估价表）</td></tr>
<tr><td colspan="2">列项并计算工程量：按照施工图纸尺寸和定额规定的工程量计算规则计算工程量。一般借助工程计价软件，通过建模的方式由软件系统自动计算工程量</td></tr>
<tr><td>套用定额单价，计算直接费：
套用工料单价时，若分项工程的主要材料品种与单位估价表（或预算定额）中所列材料不一致，需要按实际使用材料价格换算工料单价后再套用，分项工程施工工艺条件与单位估价表（或定额）不一致而造成人工、机具的数量增减时，需要调整用量后再套用</td><td>套用预算定额（或企业定额），计算人工、材料、机具台班消耗量。根据相应定额所列单位分项工程人工工日、材料、施工机具台班的消耗数量，分别乘以各分项工程的工程量，统计汇总出完成各分项工程所需消耗的各类人工工日、各类材料和各类施工机具台班数量</td></tr>
<tr><td rowspan="4">编制步骤</td><td>编制工料分析表：
依据定额或单位估价表，将各分项工程对应的定额项目表中每项材料和人工的定额消耗量，分别乘以该分项工程工程量，得到该分项工程工料消耗量，将各分项工程工料消耗量按类别加以汇总，得出单位工程人工、材料的消耗数量</td><td>—</td></tr>
<tr><td>计算主材费并调整直接费：
许多定额项目基价为不完全价格，即未包括主材费用在内。主材费按当时当地的市场价格计取。一般需采用调价系数或指数进行调价，将价差并入直接费费用合计</td><td>计算并汇总直接费：
调用当时当地人工工资单价、材料预算单价、施工机械台班单价、施工仪器仪表台班单价，分别乘以人工、材料、机具台班消耗量，汇总即得到单位工程直接费</td></tr>
<tr><td colspan="2">计算其他各项费用，汇总造价：
根据规定的税率、费率和相应的计取基础，分别计算企业管理费、利润、规费和税金。将上述费用累计后与人材机费进行汇总，求出单位工程预算造价</td></tr>
<tr><td colspan="2">复核、填写封面、编制说明</td></tr>
</table>

注：1. 单价法分为工料单价法和全费用综合单价法，其中使用较多的还是工料单价法。

2. 三级预算编制形式由建设项目总预算、单项工程综合预算、单位工程预算组成。

3. 应注意区分施工图预算对投资方、施工企业、其他方面的不同作用。

4. 由于越来越多的项目工程交易时点前移，导致在施工图设计完成前已经完成了发承包过程，因此在工程造价管理体系中，出现了由双方交易形成的合同价格逐渐代替施工图预算作为造价管控目标的发展趋势。

经典考题剖析

一、2023 年考题

1. 关于施工图预算的作用，下列说法中正确的是（　　）。

A. 是招投标阶段控制投标报价不突破最高投标限价的依据

B. 是施工企业确定合同价款的直接依据

C. 是施工企业收取工程款的直接依据

D. 是投资方控制造价的依据

答案：D

[解析] 施工图预算对投资方的作用包括：

（1）施工图预算是设计阶段控制工程造价的重要环节，是控制施工图设计不突破设计概算的重要措施。

（2）施工图预算是控制造价及资金合理使用的依据。

（3）施工图预算是确定工程最高投标限价的依据。

2. 施工图预算编制时可能发生的主要工作有：①列项计量；②套预算定额计算人、材、机消耗量；③套预算定额单价；④计算并汇总直接费；⑤编制工料分析表；⑥计算主材费并调整直接费；⑦计算其他费用，并汇总造价。采用工料单价法编制施工图预算时，发生的主要工作及其顺序是（　　）。

A. ①②④⑦　　B. ①③④⑤⑥⑦

C. ①②⑤④⑥⑦　　D. ①③④⑦

答案：B

[解析] 工料单价法的主要步骤中不包括“②套预算定额计算人、材、机消耗量”，其余工作的正确顺序为：①列项计量；③套预算定额单价；④计算并汇总直接费；⑤编制工料分析表；⑥计算主材费并调整直接费；⑦计算其他费用，并汇总造价。

二、2022 年考题

1. 关于施工图预算对投资方的作用，下列说法正确的是（　　）。

A. 确定固定资产投资计划的依据

B. 控制施工图设计不突破设计概算的重要措施

C. 施工合同的主要组成内容

D. 安排调配施工力量的依据

答案：B

[解析] 施工图预算对投资方的作用。

（1）施工图预算是设计阶段控制工程造价的重要环节，是控制施工图设计不突破设计概算的重要措施。

（2）施工图预算是控制造价及资金合理使用的依据。施工图预算确定的预算造价是工程的计划成本，投资方按施工图预算造价筹集建设资金，合理安排建设资金计划，确保建设资金的有效使用，保证项目建设顺利进行。

（3）施工图预算是确定工程最高投标限价的依据。在设置最高投标限价的情况下，最高投标限价通常是在施工图预算的基础上考虑工程的特殊施工措施、工程质量要求、目标工期、招标工程范围以及自然条件等因素进行编制的。

（4）施工图预算可以作为确定合同价款、拨付工程进度款及办理工程结算的基础。

2. 下列施工图预算编制工作中，属于工料单价法但不属于实物量法的工作步骤是（　　）。

A. 列项并计算工程量

B. 套用预算定额（或企业定额），计算人工、材料、机具台班消耗量

C. 计算主材费并调整价差

D. 按计价程序计取其他费用，并汇总造价

答案：C

［解析］实物量法与工料单价法首尾部分的步骤基本相同（即选项 A 和选项 D 的步骤是两个方法相同的），所不同的主要是中间计算工料机费用的步骤或计算直接费的步骤。选项 B 的内容属于实物量法，本题正确选项为 C。

三、2021 年考题

1. 关于施工图预算文件的编制形式，下列说法正确的是（　　）。

A. 二级预算编制形式下的单项工程综合预算是指建筑工程和安装工程预算

B. 当建设项目有多个单项工程时，应采用二级预算编制形式

C. 二级预算编制形式由单项工程综合预算和单位工程预算组成

D. 采用三级预算编制形式的工程预算文件应包括综合预算表

答案：D

［解析］采用三级预算编制形式的工程预算文件包括：封面、签署页及目录、编制说明，总预算表、综合预算表、单位工程预算表、附件等内容。采用二级预算编制形式的工程预算文件包括：封面、签署页及目录、编制说明，总预算表、单位工程预算表、附件等内容。

2. 下列施工图预算编制工作中，属于实物量法，但不属于工料单价法的工作步骤是（　　）。

A. 列项并计算工程量

B. 套用定额，计算人、材、机消耗量

C. 调用当时当地人、材、机单价，汇总直接费

D. 计算其他各项费用

答案：B

［解析］工料单价法下直接套单价计算得到直接费，不需要单独套用定额，计算人材机消耗量。但此题的答案有些争议，从某种程度上说，选项 C 也可以认为是正确答案。

四、其他年份考题

1. 关于施工图预算编制时工程建设其他费用的计费原则，下列说法正确的是（　　）。

A. 若工程建设其他费用已发生，则发生部分按合理发生金额计列

B. 若工程建设其他费用已发生，则发生部分按本阶段的计费标准计列

C. 无论工程建设其他费用是否发生，均按原批复概算的计费标准计列

D. 无论工程建设其他费用是否发生，均按原批复估算金额计列

答案：A

[**解析**] 工程建设其他费用、预备费、建设期利息及铺底流动资金以建设项目施工图预算编制时为界线，若上述费用已经发生，按合理发生金额计列，如果还未发生，按照原概算内容和本阶段的计费原则计列。

2. 某单项工程的单位建筑工程预算为 1 000 万元，单位安装工程预算为 500 万元，设备购置预算为 600 万元，未达到固定资产标准的工器具购置预算为 60 万元，若预备费费率为 5%，则该单项工程施工图预算为（　　）万元。

A. 1 500　　B. 2 100　　C. 2 160　　D. 2 268

答案：C

[**解析**] 单项工程综合预算造价由组成该单项工程的各个单位工程预算造价汇总而成，计算公式如下：

单项工程施工图预算＝∑单位建筑工程费＋∑单位设备及安装工程费＝1 000＋500＋600＋60＝2 160（万元）。

难 题 解 析

一、单项选择题

1. 下列各项中属于建设规模方案比选时可采用方法的是（　　）。

A. 最低成本法　　B. 对比分析法

C. 最大公因数法　　D. 生产能力平衡法

答案：D

[**解题要点**] 项目合理建设规模的确定方法包括：盈亏平衡产量分析法、平均成本法、生产能力平衡法、政府或行业规定。

2. 建设地点选择时需要进行费用分析，下列费用应列入项目投资费用比较的是（　　）。

A. 动力供应费　　B. 燃料运入费

C. 产品运出费　　D. 建材运输费

答案：D

[**解题要点**] 在进行厂址多方案技术经济分析时，除比较上述建设地点（厂址）条件外，还应具有全寿命周期的理念，从项目投资费用和项目投产后生产经营费用两方面进行分析。项目投资费用包括土地征购费、拆迁补偿费、土石方工程费、运输设施费、排水及污水处理设施费、动力设施费、生活设施费、临时设施费、建材运输费等。

3. 在进行动态部分投资估算时，通常选择的计算基础是（　　）。

A. 基准年动态投资的资金使用计划　　B. 基准年静态投资的资金使用计划

C. 编制年静态投资的资金使用计划　　D. 编制年静态投资的资金使用计划

答案：B

[**解题要点**] 动态投资部分包括价差预备费和建设期利息两部分。动态部分的估算应以基准年静

态投资的资金使用计划为基础来计算，而不是以编制年的静态投资为基础计算。

4. 朗格系数法能够达到一定的估算精度，主要原因是（　　）。

A. 不同地区经济地理条件的差异

B. 不同地区气候条件的差异

C. 设备费用在一项工程中所占的比重较大

D. 不同地区经济地理条件的差异

答案：C

[解题要点] 由于朗格系数法是以设备费购置费为计算基础，而设备费用在一项工程中所占的比重较大，对于石油、石化、化工工程而言占45%～55%，同时一项工程中每台设备所含有的管道、电气、自控仪表、绝热、油漆、建筑等，都有一定的规律。所以，只要准确掌握各种不同类型工程的朗格系数，估算精度仍可较高。

5. 根据生产能力指数法的公式 $C_2 = C_1\left(\frac{Q_2}{Q_1}\right)^x \cdot f$，下列表述正确的是（　　）。

A. 总造价与规模呈线性关系

B. 单位造价随工程规模的增大而增大

C. 单位造价随工程规模的增大而减小

D. 单位造价随工程规模的减小而减小

答案：C

[解题要点] 生产能力指数法的公式表明造价与规模（或容量）呈非线性关系，且单位造价随工程规模（或容量）的增大（减小）而减小（增大）。

6. 在民用住宅建筑设计影响工程造价的主要因素中，衡量单元组成、户型设计的指标是（　　）。

A. 建筑周长系数

B. 结构面积系数

C. 容积率

D. 住房面积系数

答案：B

[解题要点] 衡量单元组成、户型设计的指标是结构面积系数（住宅结构面积与建筑面积之比），系数越小设计方案越经济。因为，结构面积小，有效面积就增加。结构面积系数除与房屋结构有关外，还与房屋外形及其长度和宽度有关，同时也与房间平均面积大小和户型组成有关。房屋平均面积越大，内墙、隔墙在建筑面积所占比重就越小。

7. 在编制工艺非标准件、金属结构和管道安装费估算时，通常采用的工程量单位是（　　）。

A. 重量总量

B. 设备原价

C. 平方米

D. 桥架重量

答案：A

[解题要点] 工艺非标准件、金属结构和管道安装费估算：以单项工程为单元，根据设计选用的材质、规格；以吨为单位，套用技术标准、材质和规格、与施工方法相适应的投资估算指标或类似工程造价资料进行估算，即：

安装工程费＝重量总量×单位重量安装费指标

8. 下列各项中，属于施工图预算对于工程造价管理部门作用的是（　　）。

A. 控制工程成本的依据

B. 确定工程最高投标限价的依据

C. 编制工程造价指标指数的依据

D. 控制造价及资金合理使用的依据

答案：C

[解题要点] 对于工程造价管理部门而言，施工图预算是编制工程造价指标指数、构建建设工程造价数据库的数据资源，也是合理确定工程造价、审定工程最高投标限价的依据。

9. 下列各类项目中，在确定建设规模时需要考虑移民安置因素的是（　　）。

A. 水利水电项目

B. 矿产资源开发项目

C. 铁路、公路项目

D. 技术改造项目

答案：A

[解题要点] 不同行业、不同类型项目确定建设规模，还应分别考虑以下因素：

(1) 对于煤炭、金属与非金属矿山、石油、天然气等矿产资源开发项目，在确定建设规模时，应充分考虑资源合理开发利用要求和资源可采储量、赋存条件等因素。

(2) 对于水利水电项目，在确定建设规模时，应充分考虑水的资源量、可开发利用量、地质条件、建设条件、库区生态影响、占用土地以及移民安置等因素。

(3) 对于铁路、公路项目，在确定建设规模时，应充分考虑建设项目影响区域内一定时期运输量的需求预测，以及该项目在综合运输系统和本系统中的作用确定线路等级、线路长度和运输能力等因素。

(4) 对于技术改造项目，在确定建设规模时，应充分研究建设项目生产规模与企业现有生产规模的关系；新建生产规模属于外延型还是外延内涵复合型，以及利用现有场地、公用工程和辅助设施的可能性等因素。

10. 已知某项目各项财务基础数据中，总成本费用为 1 000 万元（其中营业费用为 200 万元），其中折旧费 200 万元，摊销费 50 万元，修理费 100 万元，人工工资及福利费 80 万元，利息为 20 万元，若营业费用中折旧费、摊销费、修理费、人工工资及福利费均为各项费用总额的 20%，产成品的年周转次数为 10 次，则该项目流动资金估算中的产成品为（　　）万元。

A. 58.0　　B. 73.0　　C. 60.0　　D. 61.6

答案：D

[解题要点] 年经营成本＝1 000－200－50－20＝730（万元）。

年其他营业费用＝200－(200＋50＋100＋80)×20%＝114（万元）。

产成品＝(730－114)/10＝61.6（万元）。

11. 在建设项目投资估算过程中，适合采用匡算法计算的内容是（　　）。

A. 工程费用　　B. 建设投资

C. 静态投资　　D. 固定资产投资

答案：C

[解题要点] 静态投资部分估算的方法很多，各有其适用的条件和范围，而且误差程度也不相同。一般情况下，应根据项目的性质、占有的技术经济资料和数据的具体情况，选用适宜的估算方法。在项目建议书阶段，投资估算的精度较低，可采取简单的匡算法，如生产能力指数法、系数估算法、比例估算法或混合法等，在条件允许时，也可采用指标估算法；在可行性研究阶段，投资估算精度要求高，需采用相对详细的投资估算方法，如指标估算法等。

12. 在估算流动资金中的应收账款时，应收账款的年周转额度通常用（　　）表示。

A. 年营业收入　　B. 年总成本费用

C. 外购商品或服务年费用　　D. 年经营成本

答案：D

[解题要点] 应收账款是指企业对外赊销商品、提供劳务尚未收回的资金。其计算公式为：

$$\text{应收账款}=\frac{\text{年经营成本}}{\text{应收账款周转次数}}$$

13. 按照形成资产法编制建设项目投资估算表，下列费用中可计入固定资产其他费用的是（　　）。

A. 开办费　　B. 非专利技术使用费

C. 土地使用权取得费　　D. 生产准备费

答案：C

[解题要点] 投资估算时对于土地使用权有特殊的处理规则：按照有关规定，在尚未开发或建造自用项目前，土地使用权作为无形资产核算，房地产开发企业开发商品房时，将其账面价值转入开发成本；企业建造自用项目时将其账面价值转入在建工程成本。因此，为了与以后的

折旧和摊销计算相协调，在建设投资估算表中通常可将土地使用权直接列入固定资产其他费用中，选项 C 正确。

14. 某地 2023 年拟建一年产 10 万吨的清洁氢能源的制氢项目，设备购置费估算为 2.5 亿元。该地区 2020 年已建 5 万吨相同产品项目的建筑安装工程费用为 1.5 亿元。该地区 2020—2023 年设备购置费、建筑安装工程费用年均分别递增 4%、5%。若生产能力指数为 0.8，则该拟建项目的工程费用估算为（　　）亿元。

A. 8.06　　B. 7.10

C. 5.44　　D. 5.52

答案：D

［**解题要点**］由于题目中给出的设备购置费即为拟建项目的设备购置费，因此不需要再进行价格调差。拟建项目工程费用估算$=1.5\times2^{0.8}\times(1+5\%)^3+2.5=5.52$（亿元）。

15. 根据《建设项目投资估算编审规程》CECA/GC 1—2015 的规定，下列各阶段中有可能编制投资估算的是（　　）。

A. 施工图设计阶段　　B. 扩大初步设计阶段

C. 初步设计阶段　　D. 方案设计阶段

答案：D

［**解题要点**］根据《建设项目投资估算编审规程》CECA/GC 1—2015，有时在方案设计（包括概念方案设计和报批方案设计）以及项目申请报告中也可能需要编制投资估算。

16. 某土建分项工程工程量为 $10m^2$，预算定额人工、材料、机械台班单位用量分别为 2 工日、$3m^2$ 和 0.6 台班，其他材料费 5 元。当时当地人工、材料、机械台班单价分别为 40 元/工日、50 元/m^2 和 100 元/台班。用实物量法编制的该分项工程人材机费为（　　）元。

A. 290　　B. 295

C. 2 905　　D. 2 950

答案：D

［**解题要点**］人材机费$=10\times(2\times40+3\times50+0.6\times100+5)=2\ 950$（元）。

17. 关于住宅建筑设计中的结构面积系数，下列说法中正确的是（　　）。

A. 结构面积系数越大，设计方案越经济

B. 房间平均面积越大，结构面积系数越小

C. 结构面积系数与房间户型组成有关，与房屋长度、宽度无关

D. 结构面积系数与房屋结构有关，与房屋外形无关

答案：B

［**解题要点**］结构面积系数（住宅结构面积与建筑面积之比）越小，有效面积越大，设计方案越经济，故选项 A 错误；结构面积系数除与房屋结构有关外，还与房屋外形及其长度和宽度有关，同时也与房间平均面积大小和户型组成有关，故选项 C、D 错误。

18. 实物量法与定额单价法相比，最主要的不同是（　　）。

A. 计算对象是建筑安装工程费

B. 以单位工程为基本的编制单元

C. 计算工程量的方法

D. 采用当时当地的各类人工工日、材料和施工机具台班的实际单价

答案：D

［**解题要点**］工料单价法与实物量法首尾部分的步骤基本相同，所不同的主要是中间两个步骤，即：①实物量法套用的是预算定额（或企业定额）人工工日、材料、施工机具台班消耗量，工料单价法套用的是单位估价表工料单价或定额基价。②实物量法采用的是当时当地的各类人工工日、材料、

施工机具台班的实际单价，工料单价法采用的单位估价表或定额编制时期的各类人工工日、材料、施工机具台班单价，需要用调价系数或指数进行调整。

19. 有关设计概算的批复和调整，下列表述正确的是（　　）。

A. 投资概算超过经批准的可行性研究报告提出的投资估算 10%的，原则上先商请审计机关进行审计，并依据审计结论进行概算调整

B. 政府投资项目建设投资原则上不得超过经核定的投资概算

C. 概算调增幅度超过原批复概算 10%的，项目单位应当向投资主管部门或者其他有关部门报告

D. 因重大变更确需调整概算的，项目单位应按照规定的程序报原初步设计审批部门或者投资概算核定部门核定

答案：B

[**解题要点**]《政府投资条例》(国务院令第 712 号) 规定：初步设计提出的投资概算超过经批准的可行性研究报告提出的投资估算 10%的，项目单位应当向投资主管部门或者其他有关部门报告，投资主管部门或者其他有关部门可以要求项目单位重新报送可行性研究报告；政府投资项目建设投资原则上不得超过经核定的投资概算；因国家政策调整、价格上涨、地质条件发生重大变化等原因确需增加投资概算的，项目单位应当提出调整方案及资金来源，按照规定的程序报原初步设计审批部门或者投资概算核定部门核定。概算调增幅度超过原批复概算 10%的，概算核定部门原则上先商请审计机关进行审计，并依据审计结论进行概算调整。

20. 当初步设计深度较深，有详细的设备清单时，最能精确地编制设备安装工程费概算的方式是（　　）。

A. 预算单价法　　B. 扩大单价法

C. 设备价值百分比法　　D. 综合吨位指标法

答案：A

[**解题要点**] 当初步设计较深，有详细的设备清单时，可采用预算单价法，即直接按安装工程预算定额单价编制安装工程概算，概算编制程序与安装工程施工图预算程序基本相同。该法的优点是计算比较具体，精确性较高。

21. 某地拟建一办公楼，当地类似工程的单位工程概算指标为 3 600 元/m^2。概算指标为瓷砖地面，拟建工程为复合木地板，每 100m^2 该类建筑中铺贴地面面积为 50m^2。当地预算定额中瓷砖地面和复合木地板的预算单价分别为 128 元/m^2、190 元/m^2。假定以人材机费用之和为基数取费，综合费率为 25%。则用概算指标法计算的拟建工程造价指标为（　　）元/m^2。

A. 2 918.75　　B. 3 413.75

C. 3 631.00　　D. 3 638.75

答案：D

[**解题要点**] 拟建工程造价指标$=J+Q_1P_1-Q_2P_2=$［3 600＋（190－128）×50/100］×（1＋25%）＝3 638.75（元/m^2）。

22. 在比例估算法编制投资估算时，比例通常是指（　　）。

A. 拟建项目主要设备购置费占已建项目静态投资的比例

B. 已建项目主要设备购置费占已建项目静态投资的比例

C. 已建项目主要设备购置费占拟建项目静态投资的比例

D. 拟建项目主要设备购置费占拟建项目静态投资的比例

答案：B

[**解题要点**] 比例估算法是根据已知的同类建设项目主要设备购置费占整个建设项目静态投资的比例，先逐项估算出拟建项目主要设备购置费，再按比例估算拟建项目的静态投资的方法。该办法主要应用于设计深度不足，拟建建设项目与类似建设项目的主要设备购置费比重较大，行业内相关系数

等基础资料完备的情况。

23. 采用概算定额法编制设计概算的主要工作有：①列出分部分项工程项目名称并计算工程量；②搜集基础资料；③编写概算编制说明；④计算措施项目费；⑤确定各分部分项工程费；⑥汇总单位工程概算造价。下列工作排序正确的是（　　）。

A. ②①⑤④⑥③　　B. ②③①⑤④⑥

C. ③②①④⑤⑥　　D. ②①③⑤④⑥

答案：A

[解题要点] ①②属于算量，④⑤属于套价，③⑥属于取费汇总。

24. 某单项工程的单位建筑工程预算为 1 000 万元，单位安装工程预算为 500 万元，设备购置预算为 600 万元，未达到固定资产标准的工器具购置预算为 60 万元，若预备费费率为 5%，则该单项工程施工图预算为（　　）。

A. 1 500　　B. 2 100

C. 2 160　　D. 2 268

答案：C

[解题要点] 单项工程综合预算造价由组成该单项工程的各个单位工程预算造价汇总而成，计算公式如下：

单项工程施工图预算＝∑单位建筑工程费＋∑单位设备及安装工程费

＝1 000＋500＋600＋60＝2 160（万元）。

25. 某地新建一公寓工程，当地同期类似工程概算指标为 1 820 元/m^2。新建工程和类似工程概算指标相比，现浇钢筋部分有所不同（如下表所示）。新建工程结构差异修正后的概算指标应为（　　）元/m^2。

工程项目	材料名称	含量/（kg/m^2）	带肋钢筋单价/（元/kg）	现浇构件带肋钢筋综合单价/（元/kg）
类似工程	带肋钢筋（HRB400 综合）	62.0	3.82	5.20
新建工程	带肋钢筋（HRB600 综合）	54.0	3.94	5.65

A. 1 778.40　　B. 1 802.70

C. 1 795.92　　D. 1 789.44

答案：B

[解题要点] 1 820＋54×5.65－60×5.20＝1 802.7（元/m^2）。

26. 随着工程造价改革的市场化越来越深入，施工图预算在造价管理中的重要性有可能逐渐降低，成为（　　）的主要依据。

A. 最高投标限价编制　　B. 设计阶段投资管控

C. 签订合同价　　D. 承包人进行施工成本管理

答案：D

[解题要点]《工程造价改革工作方案》（建办标〔2020〕38 号）中明确提出了“逐步停止发布预算定额”的改革要求。主要原因是，越来越多的项目工程交易时点前移，导致在施工图设计完成前已经完成了发承包过程，因此在工程造价管理体系中，出现了由双方交易形成的合同价格逐渐代替施工图预算作为造价管控目标的发展趋势。虽然目前施工图预算依然在造价管理体系中占有比较重要的地位，但随着工程造价改革的市场化越来越深入，施工图预算在造价管理中的重要性有可能逐渐降低，

甚至逐渐成为在约定的合同价格下承包人进行施工成本管理的主要依据。

27. 某地拟建一工程，与其类似的已完工程单方工程造价为 4 500 元/m²，其中人工、材料、施工机具使用费分别占工程造价的 15%、55%和 10%，拟建工程地区与类似工程地区人工、材料、施工机具使用费差异系数分别为 1.05、1.03 和 0.98。假定以人材机费用之和为基数取费，综合费率为 25%。用类似工程预算法计算的拟建工程造价指标为（　　）元/m²。

A. 3 699.00　　B. 4 590.75

C. 4 599.00　　D. 4 623.75

答案：D

［解题要点］ 先使用调差系数计算出拟建工程的工料单价，

类似工程的工料单价=4 500×80%=3 600（元/m²）。

在类似工程的工料单价中，人工、材料、施工机具使用费的比重分别为 18.75%、68.75%和 12.5%。

拟建工程的工料单价=3 600×(18.75%×1.05+68.75%×1.03+12.5%×0.98) =3 699（元/m²）

拟建工程造价指标=3 699×(1+25%) =4 623.75（元/m²）。

28. 某建设项目投资估算中，建设管理费 2 000 万元，可行性研究费 100 万元，勘察设计费 5 000 万元，引进技术和引进设备其他费 400 万元。市政公用设施建设及绿化费 2 000 万元，专利权使用费 200 万元。非专利技术使用费 100 万元，生产准备及开办费 500 万元，则按形成资产法编制建设投资估算表，计入固定资产其他费用、无形资产费用和其他资产费用的金额分别为（　　）万元。

A. 10 000、300、0　　B. 9 600、700、0

C. 9 500、300、500　　D. 9 100、700、500

答案：C

［解题要点］ 固定资产其他费=2 000+100+5 000+400+2 000=9 500（万元）；

无形资产费=200+100=300（万元）；其他资产费用=500（万元）。

29. 根据《建筑工程设计文件编制深度规定》，对于技术要求相对简单的民用建筑工程，可在方案设计审批后直接进行（　　）。

A. 施工图设计　　B. 初步设计

C. 扩大初步设计　　D. 技术设计

答案：A

［解题要点］ 根据《建筑工程设计文件编制深度规定（2016 年版）》（建质函〔2016〕247 号），对于工业厂房、民用建筑、仓库及配套工程的新建、改建、扩建工程设计，一般应分为方案设计、初步设计和施工图设计三个阶段；对于技术要求相对简单的民用建筑工程，当有关主管部门在初步设计阶段没有审查要求，且合同中没有做初步设计的约定时，可在方案设计审批后直接进入施工图设计。

30. 随着工程造价改革的市场化越来越深入，施工图预算在造价管理中的重要性有可能逐渐降低，成为（　　）的主要依据。

A. 最高投标限价编制　　B. 设计阶段投资管控

C. 签订合同价　　D. 承包人进行施工成本管理

答案：D

［解题要点］ 由于越来越多的项目工程交易时点前移，导致在施工图设计完成前已经完成了发承包过程，因此在工程造价管理体系中，出现了由双方交易形成的合同价格逐渐代替施工图预算作为造价管控目标的发展趋势。虽然目前施工图预算依然在造价管理体系中占有比较重要的地位，但随着工程造价改革的市场化越来越深入，施工图预算在造价管理中的重要性有可能逐渐降低，甚至逐渐成为在约定的合同价格下承包人进行施工成本管理的主要依据。

二、多项选择题

1. 在建设项目决策阶段，技术方案影响着工程造价，因此，选择技术方案应坚持的基本原则是（　　）。

A. 先进适用　　B. 安全可靠

C. 经济合理　　D. 简明适用

E. 平均先进

答案：ABC

[**解题要点**] 生产技术方案指产品生产所采用的工艺流程和生产方法。在建设规模和建设地区及地点确定后，具体的工程技术方案的确定，在很大程度上影响着工程建设成本以及建成后的运营成本。技术方案的选择直接影响项目的工程造价。技术方案选择的基本原则是先进适用、安全可靠、经济合理。

2. 项目可行性研究阶段投资估算的主要作用是（　　）。

A. 项目投资决策的重要依据　　B. 审批项目建议书的依据

C. 计算项目投资经济效果的重要条件　　D. 编制项目规划的参考依据

E. 确定建设规模的参考依据

答案：AC

[**解题要点**] 投资估算在建设工程的投资决策、造价控制、筹集资金等方面都有重要作用。

(1) 项目建议书阶段的投资估算，是项目主管部门审批项目建议书的依据之一，也是编制项目规划、确定建设规模的参考依据。

(2) 项目可行性研究阶段的投资估算，是项目投资决策的重要依据，也是研究、分析、计算项目投资经济效果的重要条件。政府投资项目的可行性研究报告被批准后，其投资估算额将作为设计任务书中下达的投资限额，即建设项目投资的最高限额，不能随意突破。

3. 关于建筑设计对工业项目造价的影响，下列说法正确的有（　　）。

A. 建筑周长系数越高，单位面积造价越低

B. 单跨厂房柱间距不变，跨度越大，单位面积造价越低

C. 多跨厂房跨度不变，中跨数目越多，单位面积造价越高

D. 超高层建筑采用框架结构和剪力墙结构比较经济

E. 大中型工业厂房一般选用砌体结构来降低工程造价

答案：BD

[**解题要点**] 通常情况下，建筑周长系数越低，设计越经济，选项 A 错误；对于单跨厂房，当柱间距不变时，跨度越大单位面积造价越低，选项 B 正确；对于多跨厂房，当跨度不变时，中跨数目越多越经济，选项 C 错误；对于高层或者超高层结构，框架结构和剪力墙结构比较经济，选项 D 正确；对于大中型工业厂房一般选用钢筋混凝土结构，选项 E 错误。

4. 当采用类似工程预算法编制建筑工程概算时，需要进行差异调整，通常包括（　　）。

A. 建筑结构差异调整　　B. 利润率调整

C. 价差调整　　D. 税率调整

E. 规费率调整

答案：AC

[**解题要点**] 类似工程预算法对条件有所要求，也就是可比性，即拟建工程项目在建筑面积、结构构造特征要与已建工程基本一致，如层数相同、面积相似、结构相似、工程地点相似等，采用此方法时必须对建筑结构差异和价差进行调整。

5. 在进行建设项目总概算编制时，设计总概算文件通常包括（　　）。

A. 编制说明　　B. 各单项工程综合概算书

C. 工程建设其他费用概算表　　D. 项目分年投资计划表

E. 主要建筑安装材料汇总表

答案：ABCE

［**解题要点**］建设项目总概算是设计文件的重要组成部分，是预计整个建设项目从筹建到竣工交付使用所花费的全部费用的文件。它是由各单项工程综合概算、工程建设其他费用、建设期利息、预备费和经营性项目的铺底流动资金概算所组成，按照主管部门规定的统一表格进行编制而成的。设计总概算文件应包括：编制说明、总概算表、各单项工程综合概算书、工程建设其他费用概算表、主要建筑安装材料汇总表。独立装订成册的总概算文件宜加封面、签署页（扉页）和目录。

6. 关于投资决策阶段流动资金的估算，下列说法中正确的有（　　）。

A. 流动资金周转额的大小与生产规模及周转速度直接相关

B. 分项详细估算时，需要计算各类流动资产和流动负债的年周转次数

C. 当年发生的流动资金借款应按半年计息

D. 流动资金借款利息应计入建设期贷款利息

E. 不同生产负荷下的流动资金按100%生产负荷下的流动资金乘以生产负荷百分比计算

答案：AB

［**解题要点**］当年发生的流动资金借款应按全年计算利息，故选项C错误；流动资金利息应计入生产期间财务费用，项目计算期末收回全部流动资金（不含利息），故选项D错误；在不同生产负荷下的流动资金，应按不同生产负荷所需的各项费用金额，故选项E错误。

7. 关于生产能力指数 x 的取值范围，下列说法正确的是（　　）。

A. 若拟建项目规模与已建类似项目规模的比值为0.02～50，且拟建项目生产规模的改变仅靠改变设备规模来达到时，x 的取值为0.8～0.9

B. 若拟建项目规模与已建类似项目规模的比值为0.5～2，x 的取值近似为1

C. 若拟建项目规模与已建类似项目规模的比值为0.02～50，且拟建项目生产规模的改变仅靠改变设备规模来达到时，x 的取值为0.6～0.7

D. 若拟建项目规模与已建类似项目规模的比值为0.02～50，且拟建项目生产规模的改变靠改变相同规格设备的数量达到时，x 的取值为0.8～0.9

E. 若拟建项目规模与已建类似项目规模的比值为0.02～50，且拟建项目生产规模的改变靠改变相同规格设备的数量达到时，x 的取值为0.6～0.7

答案：BCD

［**解题要点**］若拟建项目规模和已建类似项目规模的比值为0.5～2，x 的取值近似为1；若拟建项目规模与已建类似项目规模的比值为0.02～50，且拟建项目生产规模的改变仅靠改变设备规模来达到时，x 的取值为0.6～0.7；若是靠改变相同规格设备的数量达到时，x 的取值为0.8～0.9。

8. 在编制建设投资估算表时，按形成资产法分类，下列费用属于建设投资组成部分的有（　　）。

A. 固定资产费用　　B. 无形资产费用

C. 其他资产费用　　D. 流动资产费用

E. 预备费

答案：ABCE

［**解题要点**］按概算法分类，建设投资由工程费用、工程建设其他费用和预备费三部分构成。按形成资产法分类，建设投资由形成固定资产的费用、形成无形资产的费用、形成其他资产的费用和预备费四部分组成。

9. 根据《工程造价改革工作方案》（建办标〔2020〕38号）的要求，建设工程的各阶段计价应逐渐进行市场化改革，概算编制的市场化改革应包括的内容有（　　）。

A. 根据设计深度的不同合理选择概算编制方法

B. 主要依据概算指标或概算定额进行编制

C. 充分利用市场化的造价数据

D. 充分利用数智化技术

E. 由双方交易形成的合同价格逐渐代替工程概算

答案：ACD

[解题要点] 根据《工程造价改革工作方案》（建办标〔2020〕38 号）的要求，建设工程的各阶段计价应逐渐进行市场化改革，以保证计价结果的准确性并反映市场的实际供需状况，以达到合理管控工程造价的目标，概算编制的市场化改革应包括三方面的内容：①根据设计深度的不同合理选择概算编制方法；②充分利用市场化的造价数据；③充分利用数智化技术。

10. 关于建筑设计中柱网布置的选择原则，下列说法中正确的有（　　）。

A. 对于单跨厂房，当跨度不变时，中跨数目越多越经济

B. 对于多跨厂房，当柱间距不变时，跨度越大单位面积造价越低

C. 对于单跨厂房，当柱间距不变时，跨度越大单位面积造价越低

D. 对于多跨厂房，当跨度不变时，中跨数目越多越经济

E. 柱网的选择与厂房中吊车的类型及吨位有关

答案：CDE

[解题要点] 柱网的选择与厂房中有无吊车、吊车的类型及吨位、屋顶的承重结构以及厂房的高度等因素有关。对于单跨厂房，当柱间距不变时，跨度越大单位面积造价越低。因为除屋架外，其他结构架分摊在单位面积上的平均造价随跨度的增大而减小。对于多跨厂房，当跨度不变时，中跨数目越多越经济，这是因为柱子和基础分摊在单位面积上的造价减少。

第四章　建设项目发承包阶段合同价款的约定

考纲要求

1. 招标工程量清单的编制；
2. 最高投标限价的编制；
3. 投标报价的编制；
4. 评标及中标价确定；
5. 施工合同价款的约定；
6. 总承包合同价款的约定；
7. 国际工程合同价款的约定。

本章知识架构

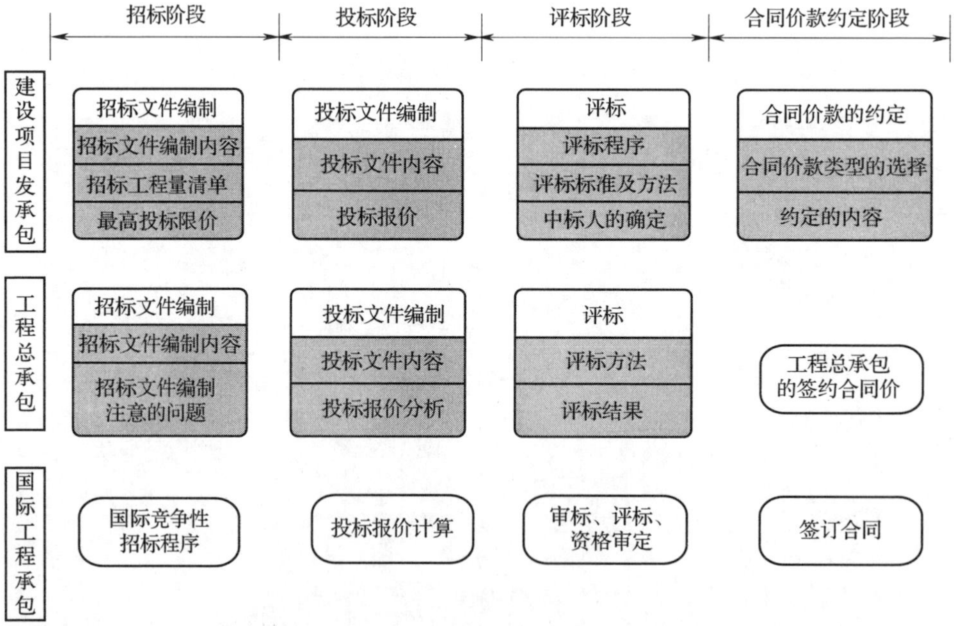

图 4-1　建设项目发承包阶段合同价款的约定的知识框架

考点与题型详解

考点一：建设项目招标文件的构成

点评：此部分内容由于在考试大纲中没有专门的要求，因此相对重要度较低，除了介绍招标文件内容外，还介绍了招标文件澄清和修改的有关要求。

知识要点集成

表 4-1　建设项目施工招标文件的编制

序号	招标文件构成	主要内容
1	招标公告 （或投标邀请书）	当未进行资格预审时，招标文件中应包括招标公告。当进行资格预审时，招标文件中应包括投标邀请书，该邀请书可代替资格预审通过通知书，以明确投标人已具备了在某具体项目某具体标段的投标资格，其他内容包括招标文件的获取、投标文件的递交等
2	投标人须知	投标人须知包括以下 10 个方面的内容：总则；招标文件；投标文件；投标；开标；评标；合同授予；重新招标和不再招标；纪律和监督；需要补充的其他内容
3	评标办法	评标办法可选择经评审的最低投标价法和综合评估法
4	合同条款 及格式	包括本工程拟采用的通用合同条款、专用合同条款以及各种合同附件的格式
5	工程量清单 （最高投标限价）	工程量清单是表现拟建工程名称和相应数量的明细清单，以满足工程项目具体量化和计量支付的需要。是招标人编制最高投标限价和投标人编制投标价的重要依据。如按照规定编制最高投标限价的项目，其最高投标限价应在发布招标文件时一并公布
6	图纸	是指应由招标人提供的用于计算最高投标限价和投标人计算投标报价所必需的各种详细程度的图纸
7	技术标准 和要求	招标文件规定的各项技术标准应符合国家强制性规定。招标文件中规定的各项技术标准均不得要求或标明某一特定的专利、商标、名称、设计、原产地或生产供应者，不得含有倾向或者排斥潜在投标人的其他内容

续表 4-1

序号	招标文件构成	主要内容
8	投标文件格式	提供各种投标文件编制所应依据的参考格式
9	规定的其他材料	如需要其他材料，应在“投标人须知前附表”中予以规定

注：1. 投标人须知正文中的未尽事宜可以通过投标人须知前附表进行进一步明确，由招标人根据招标项目具体特点和实际需要编制和填写，但务必与招标文件的其他章节相衔接，并不得与投标人须知正文的内容相抵触，否则抵触内容无效。

2. 投标人须知中应当确定投标人编制投标文件所需要的合理时间，即投标准备时间，是指自招标文件开始发出之日起至投标人提交投标文件截止之日止，最短不得少于20天。

3. 招标文件的澄清将在规定的投标截止时间15天前以书面形式发给所有购买招标文件的投标人，但不指明澄清问题的来源。如果澄清发出的时间距投标截止时间不足15天，相应推迟投标截止时间。投标人收到澄清后的确认时间，可以采用一个相对的时间，也可以采用一个绝对的时间。

经典考题剖析

一、2021 年考题

1. 关于招标文件的澄清和修改，下列说法正确的是（　　）。

A. 招标文件的澄清仅应发给提出疑问的投标人

B. 招标文件的澄清中应指明澄清问题的来源

C. 招标文件的澄清影响到投标截止时间不足的，应相应推后

D. 发出的招标文件只可澄清不可修改

答案：C

［解析］ 招标文件的澄清应在规定的投标截止时间15天前以书面形式发给所有获取招标文件的投标人，但不指明澄清问题的来源。如果澄清发出的时间距投标截止时间不足15天，相应推迟投标截止时间。

2. 根据《标准施工招标文件》(2007年版)，对于未进行资格预审的招标项目，其施工招标文件的组成内容包括（　　）等。

A. 招标公告　　B. 招标邀请书

C. 投标人须知前附表　　D. 评标办法

E. 拟分包项目情况表

答案：ACD

［解析］ 当未进行资格预审时，招标文件中应包括招标公告。当进行资格预审时，招标文件中应包括投标邀请书。

二、其他年份考题

1. 根据《标准施工招标文件》(2007年版)，关于“分包和偏离问题处理”的内容

应包括于（　　）之中。

A. 招标公告　　B. 投标人须知

C. 评标办法　　D. 合同条款与格式

答案：B

［**解析**］投标人须知总则主要包括项目概况、资金来源和落实情况、招标范围、计划工期和质量要求的描述，对投标人资格要求的规定，对费用承担、保密、语言文字、计量单位等内容的约定，对踏勘现场、投标预备会的要求，以及对分包和偏离问题的处理，故选项B正确。

2. 关于建设工程施工招标文件，下列说法正确的是（　　）。

A. 工程量清单不是招标文件的组成部分

B. 由招标人编制的招标文件只对投标人具有约束力

C. 招标项目的技术要求可以不在招标文件中描述

D. 招标人可以对已发出的招标文件进行必要的修改

答案：D

［**解析**］招标人若对已发出的招标文件进行必要的修改，应当在投标截止时间15天前，招标人可以书面形式修改招标文件，并通知所有已获取招标文件的投标人。

考点二：招标工程量清单

点评：此部分内容应主要掌握招标工程量清单中各项内容的编制要求。

知识要点集成

表4-2　招标工程量清单编制的准备工作

工程阶段	具体内容	目的
初步研究	①熟悉编制依据及设计文件，掌握工程全貌；②熟悉招标文件及图纸，确定工程量清单编审的范围及需要设定的暂估价；③收集相关市场价格信息，为暂估价的确定提供依据；④收集清单规范缺项资料，为补充项目的制定提供依据	通过对各种资料进行认真研究，为工程量清单的编制做准备
现场踏勘	①调查自然地理条件。地理条件主要包括工程所在地的地理环境、气象和水文、地势情况以及自然灾害；②调查施工条件	通过进行现场踏勘，以充分了解施工现场情况及工程特点，选用合理的施工组织设计和施工技术方案

续表 4-2

工程阶段	具体内容		目的
拟订常规施工组织设计	编制主要依据	招标文件中的相关要求，设计文件中的图纸及相关说明，现场踏勘资料，有关定额，现行有关技术标准、施工规范或规则等	根据项目的具体情况编制施工组织设计，拟订工程的施工方案、施工顺序、施工方法等，便于工程量清单的编制及准确计算
	编制注意事项	①估算整体工程量；②拟订施工总方案；③确定施工顺序；④编制施工进度；⑤计算人材机资源需要量；⑥施工平面的设置	

注：1. 整体工程量应根据概算指标或类似工程进行估算，且仅对主要项目加以估算即可，如土石方、混凝土等。

2. 施工总方案只需对重大问题和关键工艺做原则性规定，不需考虑施工步骤。

表 4-3　招标工程量清单的编制内容

清单构成		招标工程量清单的编制	
		编制主要内容	注意事项
分部分项工程量清单	项目编码	分部分项工程量清单的项目编码，应根据拟建工程的工程量清单项目名称设置	同一招标工程的项目编码不得有重码
	项目名称	分部分项工程量清单的项目名称应按专业工程计量规范附录的项目名称结合拟建工程的实际确定	应是在单位工程的施工过程中以其本身构成该单位工程实体的分项工程
	项目特征描述	分部分项工程量清单项目特征应依据专业工程计量规范附录中规定的项目特征，并结合拟建工程项目的实际予以描述	若采用标准图集或施工图纸能够全部或部分满足项目特征描述的要求，项目特征描述可直接采用详见××图集或××图号的方式
	计量单位	分部分项工程量清单的计量单位与有效位数应遵守清单计价规范规定	当附录中有两个或两个以上计量单位的，应结合拟建工程项目的实际选择其中一个确定
	工程量的计算	分部分项工程量清单中所列工程量应按专业工程计量规范规定的工程量计算规则计算。另外，对补充项的工程量计算规则必须符合下述原则：一是其计算规则要具有可计算性，二是计算结果要具有唯一性	工程量计算的原则及方法：①计算口径一致；②按工程量计算规则计算；③按图纸计算；④按一定顺序计算

续表 4-3

清单构成	招标工程量清单的编制	
	编制主要内容	注意事项
措施项目清单	措施项目清单指为完成工程项目施工，发生于该工程施工准备和施工过程中的技术、生活、安全、环境保护等方面的项目清单。措施项目分单价措施项目和总价措施项目	措施项目清单应根据拟建工程的实际情况列项，若出现《建设工程工程量清单计价规范》GB 50500—2013 中未列的项目，可根据工程实际情况补充
其他项目清单	其他项目清单是应招标人的特殊要求而发生的与拟建工程有关的其他费用项目和相应数量的清单。主要包括暂列金额、暂估价、计日工和总承包服务费，当出现未包含在表格中的内容的项目时，可根据实际情况补充	编制计日工表格时，一定要给出暂定数量，并且需要根据经验，尽可能估算一个比较贴近实际的数量，且尽可能把项目列全，以消除因此而产生的争议
规费、税金项目清单	规费、税金项目清单应按照规定的内容列项，当出现规范中没有的项目，应根据省级政府或有关部门的规定列项。规费、税金的计算基础和费率均应按国家或地方相关部门的规定执行	税金项目清单除规定的内容外，如国家税法发生变化或增加税种，应对税金项目清单进行补充
工程量清单总说明	工程概况，工程招标及分包范围，工程量清单编制依据，工程质量、材料、施工等的特殊要求，其他需要说明的事项	—

经典考题剖析

一、2023 年考题

1. 关于分部分项工程项目清单的编制，下列说法正确的是（　　）。

A. 同一标段工程的项目编码不得有重码

B. 常规工程的项目特征无需描述

C. 项目特征描述不得直接采用“详见××图号”的方式

D. 工程量应在实体工程量基础上增加施工损耗量

答案：A

［解析］分部分项工程项目清单的项目编码，应根据拟建工程的工程项目清单项目名称设置，同一招标工程的项目编码不得有重码。

2. 关于招标人编制招标工程量清单的准备工作，下列说法正确的有（　　）。

A. 应认真研究设计文件，发现问题及时提出

B. 应进行现场踏勘

C. 应拟订考虑施工步骤的施工总方案

D. 应拟订常规的施工组织设计

E. 应调查了解当地政府对施工现场管理的要求

答案：ABDE

［解析］ 在招标工程量清单编制的准备阶段，应熟悉设计文件，掌握工程全貌，便于清单项目列项的完整、工程量的准确计算及清单项目的准确描述，对设计文件中出现的问题应及时提出；为了选用合理的施工组织设计和施工技术方案，需进行现场踏勘，以充分了解施工现场情况及工程特点，了解当地政府有关部门对施工现场管理的一般要求、特殊要求及规定等；作为招标人，仅需拟订常规的施工组织设计即可，施工总方案只需对重大问题和关键工艺做出原则性的规定，不需考虑施工步骤。

二、2022 年考题

1. 招标工程量清单编制的准备工作包括：①拟订常规施工组织设计；②现场踏勘；③计算工程量；④审查复核；⑤列项，正确的排列顺序是（　　）。

A. ②①⑤③④　　B. ②①③④⑤

C. ①②③④⑤　　D. ②③⑤①④

答案：A

［解析］ 招标工程量清单编制的相关工作步骤为：①需进行招标工程量清单编制准备工作，包括：初步研究；现场踏勘；拟订常规施工组织设计。②招标工程量清单中各部分清单的正式编制工作，其中分部分项工程项目清单的编制，包括项目编码、项目名称、项目特征、计量单位和工程量在内的五项内容，工程量的计算需要在列项之后进行。③工程量清单总说明的编制。④进行招标工程量清单汇总：在分部分项工程项目清单、措施项目清单、其他项目清单、规费和税金项目清单编制完成以后，经审查复核，与工程量清单封面及总说明汇总并装订，由相关责任人签字和盖章，形成完整的招标工程量清单文件。

2. 关于招标工程量清单中的暂列金额，下列说法正确的是（　　）。

A. 是由招标人暂定但不包含在合同中的一笔款项

B. 应包含规费和税金

C. 一般应按分部分项工程项目费的 5%确定

D. 不同专业预留的暂列金额应分别列项

答案：D

［解析］ 暂列金额是指招标人暂定并包括在合同中的一笔款项，用于工程合同签订时尚未确定或者不可预见的所需材料、工程设备、服务的采购，施工中可能发生的工程变更、合同约定调整因素出现时的合同价款调整以及发生的索赔、现场签证确认等的费用。此项费用由招标人填写其项目名称、计量单位、暂定金额等。若不能详列，也可只列暂定金额总额。暂列金额由招标人支配，实际发生后才得以支付，因此，在确定暂列

金额时应根据施工图纸的深度、暂估价设定的水平、合同价款约定调整的因素以及工程实际情况合理确定。一般可按分部分项工程项目清单的10%～15%确定，不同专业预留的暂列金额应分别列项。

3. 在招标工程量清单总说明中，应对招标工程做出合理说明的内容有（　　）。

A. 基础及结构类型　　B. 施工场地的地表情况

C. 施工平面布置　　D. 工程分包范围

E. 工程质量要求

答案：ABDE

［**解析**］工程量清单总说明包括以下内容：①工程概况。工程概况中要对建设规模（基础及结构类型）、工程特征、计划工期、施工现场实际情况（施工场地的地表情况）、自然地理条件、环境保护要求等做出描述。②工程招标及分包范围。③工程量清单编制依据。④工程质量、材料、施工等的特殊要求。⑤其他需要说明的事项。

三、2021年考题

编制招标工程量清单时，下列措施项目应列入“总价措施项目清单与计价表”的是（　　）。

A. 脚手架　　B. 混凝土模板及支架

C. 施工场地硬化　　D. 施工排水降水

答案：C

［**解析**］施工现场操作场地的硬化费用属于文明施工费，因此应列入“总价措施项目清单与计价表”。

四、其他年份考题

1. 下列费用属于建设工程招标工程量清单中其他项目清单编制内容的有（　　）。

A. 暂列金额　　B. 暂估价

C. 计日工　　D. 总承包服务费

E. 措施费

答案：ABCD

［**解析**］其他项目清单包括暂列金额、暂估价（包括材料暂估单价、工程设备暂估单价、专业工程暂估价）、计日工和总承包服务费。

2. 编制招标工程量清单时，应根据施工图纸的深度、暂估价设定的水平、合同价款约定调整因素以及工程实际情况合理确定的清单项目是（　　）。

A. 措施项目清单　　B. 暂列金额

C. 专业工程暂估价　　D. 计日工

答案：B

［**解析**］在确定暂列金额时应根据施工图纸的深度、暂估价设定的水平、合同价款约定调整的因素以及工程实际情况合理确定。

考点三：最高投标限价的编制

点评：主要内容为最高投标限价编制应遵循的规则以及各项编制的注意事项。

知识要点集成

表 4-4 最高投标限价与标底、无标底招标的比较

特点比较	优点	缺点
设标底招标	—	1. 易泄露，失去公平公正性； 2. 较难考虑施工方案、技术措施对造价的影响； 3. 标底成为左右工程造价的杠杆； 4. 不能反映投标人实力的竞争
无标底招标	—	1. 容易出现围标串标现象； 2. 低价中标，牺牲工程质量，或先低价中标，再高额索赔； 3. 评标缺乏基准
最高投标限价招标	1. 防止恶性哄抬报价； 2. 避免了暗箱操作、寻租等违法活动的产生； 3. 投标人自主报价，符合市场规律，形成公平竞争	1. 若“最高限价”大幅高于市场平均价时，可能诱导投标人串标围标； 2. 若最高限价远远低于市场平均价，就会影响招标效率

注：1. 招标人不得规定最低投标限价。
2. 招标人可以自行决定是否编制标底，两个招标项目只能有一个标底，标底必须保密。招标人设有最高投标限价的，应当在招标文件中明确最高投标限价或者最高投标限价的计算方法。

表 4-5 最高投标限价的编制内容

项目	编制内容	注意事项
分部分项工程费	工程量清单综合单价 $=\dfrac{\sum\text{定额项目合价}+\text{未计价材料}}{\text{工程量清单项目工程量}}$	综合单价中应包括招标文件中要求投标人所承担的风险内容及其范围（幅度）产生的风险费用
措施项目费	区分可计算工程量的和不宜计算工程量的措施项目用两种不同方式计算	安全文明施工费应当按照国家或省级、行业建设主管部门的规定标准计价，该部分不得作为竞争性费用

续表 4-5

项目	编制内容	注意事项
其他项目费	暂列金额	根据工程特点、工期长短，按有关计价规定进行估算，可以分部分项工程费的10%～15%为参考
	暂估价	材料、设备暂估单价应按照工程造价管理机构发布的工程造价信息单价计算，未公布单价的，参考市场价格估算；专业工程暂估价应分不同专业，按有关计价规定估算
	计日工	人工单价和施工机械台班单价应按工程造价管理机构公布的单价计算；材料应按工程造价管理机构发布的工程造价信息中的材料单价计算，未发布单价的材料，其价格应按市场调查确定的单价计算
	总承包服务费	1. 仅要求对分包的专业工程进行总承包管理和协调时，按分包专业工程估算造价的1.5%计算； 2. 要求对分包的专业工程进行总承包管理和协调，并提供配合服务时，按分包的专业工程估算造价的3%～5%计算； 3. 招标人自行供应材料的，按招标人供应材料价值的1%计算
规费、税金	税金=（人工费+材料费+施工机具使用费+企业管理费+利润+规费）×增值税税率	

注：1. 编制最高投标限价时应遵循的规定：

（1）最高投标限价应在招标文件中公布，对所编制的最高投标限价不得进行上浮或下调。在公布最高投标限价时，除公布最高投标限价的总价外，还应公布各单位工程的分部分项工程费、措施项目费、其他项目费、规费和税金。

（2）投标人经复核认为招标人公布的最高投标限价未按照《建设工程工程量清单计价规范》GB 50500—2013 的规定进行编制的，应在最高投标限价公布后5天内向招标投标监督机构和工程造价管理机构投诉。工程造价管理机构受理投诉后，应立即对最高投标限价进行复查，组织投诉人、被投诉人或其委托的最高投标限价编制人等单位人员对投诉问题逐一核对。当最高投标限价复查结论与原公布的最高投标限价误差大于±3%时，应责成招标人改正。当重新公布最高投标限价时，若重新公布之日起至原投标截止期不足15天的应延长投标截止期。

2. 综合单价中的风险因素：

（1）对于技术难度较大和管理复杂的项目，可考虑一定的风险费用，并纳入综合单价中。

（2）对于工程设备、材料价格的市场风险，应依据招标文件的规定，工程所在地或行业工程造价管理机构的有关规定，以及市场价格趋势考虑一定率值的风险费用，纳入综合单价中。

（3）税金、规费等法律、法规、规章和政策变化的风险和人工单价等风险费用不应纳入综合单价。

表 4-6 最高投标限价的市场化编制发展趋势

改革内容	改革要点
编制方法改革	优化招标工程量清单的编制方法。为便于市场化计价，招标工程量清单在编制时，可参考市场常用做法，在现行国标工程量清单基础上，调整清单项目划分，优化清单工作内容和特征描述，合理确定清单综合单价组成内容，简化清单综合单价分析表
编制依据改革	针对不同类型项目的特点，分别可按照参考定额、参照历史数据、市场询价、工程造价指标定价等多种清单组价方式

注：1. 措施费在以往主要是以费率形式计取的基础上，可以采用总体报价的形式计取。

2. 采用参考类似工程、市场询价方式确定价格的，最终选定价格数据应保证数据来源达到一定数量标准（通常不应少于 3 个），施工危险性较大的部分，采用数据来源中最高价进行编制。

经典考题剖析

一、2023 年考题

1. 关于最高投标限价的公布时间，下列说法中正确的是（　　）。

A. 与招标文件一并发布

B. 开标时公布

C. 评标时公布

D. 在公示中标通知人时一并公布

答案：A

［**解析**］招标人设有最高投标限价的，应当在招标文件中明确最高投标限价（或者最高投标限价的计算方法），招标人不得规定最低投标限价。

2. 根据《建设工程工程量清单计价规范》GB 50500—2013，招标人在编制最高投标限价时，下列风险因素，应考虑纳入综合单价的是（　　）。

A. 人工单价波动风险

B. 技术复杂项目的管理风险

C. 法律法规变化风险

D. 税率变化风险

答案：B

［**解析**］为使最高投标限价与投标报价所包含的内容一致，综合单价中应包括招标文件中要求投标人所承担的风险内容及其范围（幅度）产生的风险费用。

（1）对于技术难度较大和管理复杂的项目，可考虑一定的风险费用，并纳入综合单价中。

（2）对于工程设备、材料价格的市场风险，应依据招标文件的规定，工程所在地或行业工程造价管理机构的有关规定，以及市场价格趋势考虑一定率值的风险费用，纳入到综合单价中。

（3）税金、规费等法律、法规、规章和政策变化的风险和人工单价等风险费用不应纳入综合单价。

二、2022 年考题

1. 在编制最高投标限价时，对于招标人自行采购材料的，其总承包服务费按招标人提供材料价值的（　　）计算。

A. 1%　　　　B. 1.5%

C. 3%　　　　D. 5%

答案：A

［**解析**］总承包服务费应按照省级或行业建设主管部门的规定计算，在计算时可参考以下标准：①招标人仅要求对分包的专业工程进行总承包管理和协调时，按分包的专业工程估算造价的 1.5%计算。②招标人要求对分包的专业工程进行总承包管理和协调，并同时要求提供配合服务时，根据招标文件中列出的配合服务内容和提出的要求，按分包的专业工程估算造价的 3%～5%计算。③招标人自行供应材料的，按招标人供应材料价值的 1%计算。

2. 关于编制最高投标限价时应注意的问题，下列说法正确的是（　　）。

A. 材料价格必须采用工程造价信息平台发布的价格

B. 总价措施项目费应按造价主管部门规定的取费标准取费

C. 施工机械应选择同类机械租赁市场价格最高的机械

D. 竞争性措施项目应在常规的施工组织设计或施工方案基础上编制

答案：D

［**解析**］材料价格应是通过工程造价信息平台发布的材料价格，工程造价信息未发布材料单价的材料，其材料价格应通过市场调查确定。施工机械设备的选型直接关系到综合单价水平，应根据工程项目特点和施工条件，本着经济适用的原则确定。对于竞争性的措施费用的确定，招标人应首先编制常规的施工组织设计或施工方案，然后经科学论证后再进行合理确定措施项目与费用。不可竞争的措施项目和规费、税金等费用的计算均属于强制性的条款，编制最高投标限价时应按国家有关规定计算。

三、2021 年考题

1. 关于最高投标限价的公布，下列说法正确的是（　　）。

A. 应在发布招标文件时一并发布

B. 应在开标时公布

C. 应在评标时公布

D. 不应公布

答案：A

［**解析**］最高投标限价应当依据工程量清单、工程计价有关规定和市场价格

信息等编制，并不得进行上浮或下调。招标人应当在招标文件中公布最高投标限价的总价，以及各单位工程的分部分项工程费、措施项目费、其他项目费、规费和税金。

2. 关于最高投标限价的编制，下列说法正确的是（　　）。

A. 不得依据各级建设行政管理部门发布的定额编制

B. 暂估单价的材料费应计入其他项目工程费

C. 采用费率计算的措施项目费应包含规费和税金

D. 综合单价中应考虑一定的材料价格波动风险

答案：D

［**解析**］为使最高投标限价与投标报价所包含的内容一致，综合单价中应包括招标文件中要求投标人所承担的风险内容及其范围（幅度）产生的风险费用。对于技术难度较大和管理复杂的项目，可考虑一定的风险费用，并纳入综合单价中。

四、其他年份考题

关于编制最高投标限价时总承包服务费的可参考标准，下列说法正确的是（　　）。

A. 招标人仅要求对分包专业工程进行总承包管理和协调时，按分包专业工程估算造价的0.5%计算

B. 招标人仅要求对分包专业工程进行总承包管理和协调时，按分包专业工程估算造价的1%计算

C. 招标人要求对分包专业工程进行总承包管理和协调，且要求提供配合服务时，按分包专业工程估算造价的1%～3%计算

D. 招标人要求对分包专业工程进行总承包管理和协调，且要求提供配合服务时，按分包专业工程估算造价的3%～5%计算

答案：D

［**解析**］总承包服务费应按照省级或行业建设主管部门的规定计算，在计算时可参考以下标准：

（1）招标人仅要求对分包的专业工程进行总承包管理和协调时，按分包的专业工程估算造价的1.5%计算。

（2）招标人要求对分包的专业工程进行总承包管理和协调，并同时要求提供配合服务时，根据招标文件中列出的配合服务内容和提出的要求，按分包的专业工程估算造价的3%～5%计算。

（3）招标人自行供应材料的，按招标人供应材料价值的1%计算。

考点四：投标报价的编制

点评：投标报价部分考核计算题的概率较小，考生应注意掌握各种流程、报价原则、风险分担方案以及各个环节的编制要求。

知识要点集成

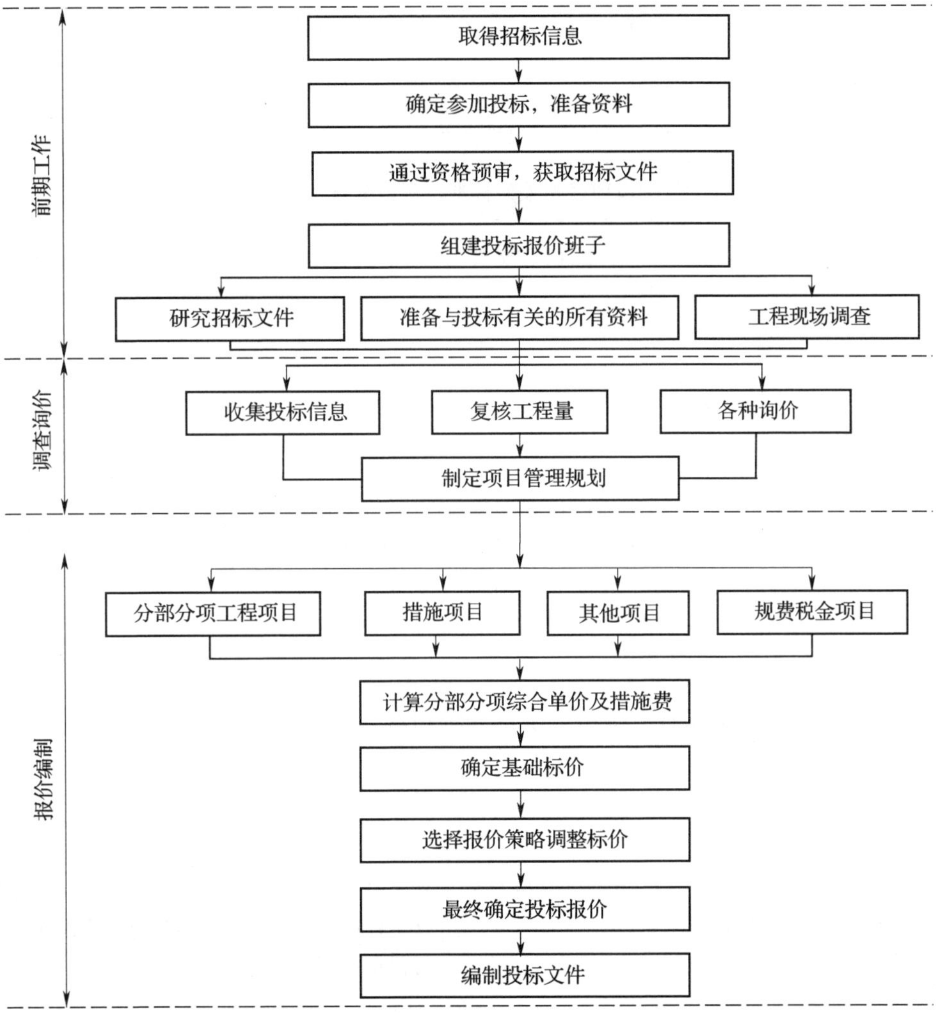

图 4-2　施工投标报价流程图

注：1. 研究招标文件时主要对投标人须知、合同条件、技术规范、图纸和工程量清单等重点内容进行分析，研究投标人须知的重点在于防止投标被否决。

2. 通过咨询公司所得到的询价资料比较可靠，但需要支付一定的咨询费用。

3. 对分包人的询价应注意以下几点：分包标函是否完整；分包工程单价所包含的内容；分包人的工程质量、信誉及可信赖程度；质量保证措施；分包报价。

4. 复核工程量时，即使有误，投标人也不能修改工程量清单。对工程量清单存在的错误，可以向招标人提出，由招标人统一修改并把修改情况通知所有投标人；针对工程量清单中工程量的遗漏或错误，是否向招标人提出修改意见取决于投标策略。通过工程量计算复核还能准确确定订货及采购物资的数量，防止由于超量或少购等带来的浪费、积压或停工待料。

表 4-7 招标工程量清单、最高投标限价、投标报价的编制依据的比较

招标工程量清单	最高投标限价	投标报价
建设工程工程量清单计价规范以及各专业工程计量规范		
国家或省级、行业建设主管部门颁发的计价依据、标准和办法		
—		企业定额
建设工程设计文件及相关资料		
与建设项目相关的标准、规范等技术资料		
拟订的招标文件	拟订的招标文件及招标工程量清单	招标文件、工程量清单及其补充通知、答疑纪要
施工现场情况、地勘水文资料、工程特点及常规施工方案		施工现场情况、工程特点及拟订的投标施工组织设计或施工方案
—	工程造价管理机构发布的工程造价信息；工程造价信息没有发布的，按照市场价	市场价格信息或工程造价管理机构发布的工程造价信息
其他相关资料		

表 4-8 分部分项工程和单价措施项目综合单价确定的步骤和方法

步骤	工作内容	注意事项
确定计算基础	计算基础主要包括消耗量指标和生产要素单价	计算时应采用企业定额或参照与本企业实际水平相近的国家、地区、行业计价依据和计价标准，并通过调整来确定清单项目的人材机单位用量
分析每一清单项目的工程内容	结合施工现场情况和拟订的施工方案确定完成各清单项目实际应发生的工程内容	必要时可参照《建设工程工程量清单计价规范》GB 50500—2013 中提供的工程内容
计算工程内容的工程数量与清单单位含量	每一项工程内容都应根据企业定额的工程量计算规则计算其工程数量，当企业定额的工程量计算规则与清单的工程量计算规则相一致时，可直接以工程量清单中的工程量作为工程内容的工程数量	清单单位含量是指每一计量单位的清单项目所分摊的工程内容的工程数量 $\text{清单单位含量}=\dfrac{\text{某工程内容的企业定额工程量}}{\text{清单工程量}}$

续表 4-8

步骤	工作内容	注意事项
人工、材料、机具费计算	根据定额和预先确定的各种生产要素的单位价格计算人工费、材料费和施工机具使用费	招标人提供的其他项目清单中列示了材料暂估价时，应根据招标人提供的价格计算材料费，并在分部分项工程量清单与计价表中表现出来
计算综合单价	企业管理费和利润的计算可按照规定的取费基数以及一定的费率取费计算	

注：1. 发承包双方对工程施工阶段的风险宜采用如下分摊原则：

(1) 对于市场价格波动导致的风险，发承包双方应当在招标文件中或在合同中对此类风险的范围和幅度予以明确约定，进行合理分摊；一般采取的方式是承包人承担 5%以内的材料、工程设备价格风险，10%以内的施工机具使用费风险；

(2) 对于法律、法规、规章或有关政策出台导致工程税金、规费、人工费发生变化，承包人不应承担此类风险，应按照有关调整规定执行；

(3) 对于承包人根据自身技术水平、管理、经营状况能够自主控制的风险，如承包人的管理费、利润的风险，由承包人全部承担。

2. 措施项目的内容应根据招标人提供的措施项目清单和投标人投标时拟订的施工组织设计或施工方案确定。

表 4-9　投标文件的编制和递交

项目	要求	
投标文件编制的内容	投标函及投标函附录、法定代表人身份证明或附有法定代表人身份证明的授权委托书、联合体协议书、投标保证金、已标价工程量清单、施工组织设计、项目管理机构、拟分包项目情况表、资格审查材料、规定的其他材料	
投标文件递交时需遵循的规定	投标保证金	投标保证金除现金外，可以是银行出具的银行保函、保兑支票、银行汇票或现金支票。投标保证金的数额不得超过项目估算价的 2%。依法必须进行招标的项目的境内投标单位，以现金或者支票形式提交的投标保证金应当从其基本账户转出。出现下列情况的，投标保证金将不予返还： 1. 投标人在规定的投标有效期内撤销或修改其投标文件； 2. 中标人在收到中标通知书后，无正当理由拒签合同协议书或未按招标文件规定提交履约担保
	投标有效期	投标有效期从投标截止时间起开始计算，主要用作组织评标委员会评标、招标人定标、发出中标通知书，以及签订合同等工作。一般项目投标有效期为 60～90 天。投标保证金的有效期应与投标有效期保持一致

续表 4-9

<table>
<tr><th>项目</th><th colspan="2">要求</th></tr>
<tr><td>联合体投标需遵循的规定</td><td colspan="2">1. 联合体各方应按招标文件提供的格式签订联合体协议书，联合体各方应当指定牵头人，授权其代表所有联合体成员负责投标和合同实施阶段的主办、协调工作，并应当向招标人提交由所有联合体成员法定代表人签署的授权书；
2. 联合体各方签订共同投标协议后，不得再以自己名义单独投标，也不得组成新的联合体或参加其他联合体在同一项目中投标。联合体各方在同一招标项目中以自己名义单独投标或者参加其他联合体投标的，相关投标均无效；
3. 招标人接受联合体投标并进行资格预审的，联合体应当在提交资格预审申请文件前组成。资格预审后联合体增减、更换成员的，其投标无效；
4. 由同一专业的单位组成的联合体，按照资质等级较低的单位确定资质等级；
5. 联合体投标的，应当以联合体各方或者联合体中牵头人的名义提交投标保证金。以联合体中牵头人名义提交的投标保证金，对联合体各成员具有约束力</td></tr>
<tr><td>串通投标</td><td>属于投标人串通投标的情形</td><td>1. 投标人之间协商投标报价等投标文件的实质性内容；
2. 投标人之间约定中标人；
3. 投标人之间约定部分投标人放弃投标或者中标；
4. 属于同一集团、协会、商会等组织成员的投标人按照该组织要求协同投标；
5. 投标人之间为谋取中标或者排斥特定投标人而采取的其他联合行动</td></tr>
<tr><td>串通投标</td><td>视为投标人串通投标的情形</td><td>1. 不同投标人的投标文件由同一单位或者个人编制；
2. 不同投标人委托同一单位或者个人办理投标事宜；
3. 不同投标人的投标文件载明的项目管理成员为同一人；
4. 不同投标人的投标文件异常一致或者投标报价呈规律性差异；
5. 不同投标人的投标文件相互混装；
6. 不同投标人的投标保证金从同一单位或者个人的账户转出</td></tr>
</table>

经典考题剖析

一、2023 年考题

1. 关于投标人在投标报价前对招标工程量清单中工程量的复核，下列说法正确的是（　　）。

A. 工程量的复核结果影响投标策略

B. 复核工程量的目的是修改工程量清单

C. 发现工程量有错误应立即向招标人提出修改意见

D. 应重点复核计日工数量

答案：A

［解析］复核工程量的准确程度，将影响承包人的经营行为：一是根据复核后的工程量与招标文件提供的工程量之间的差距，从而考虑相应的投标策略，决定报价裕度；二是根据工程量的大小采取合适的施工方法，选择适用、经济的施工机具设备、投入使用相应的劳动力数量等。

2. 下列关于招标工程量清单中的事项，投标人在工程投标报价时应重点关注的是（　　）。

A. 暂列金额的合理性

B. 材料暂估价与市场价的差异

C. 计日工暂估数量的合理性

D. 总承包服务费的服务内容

答案：D

［解析］投标报价时，总承包服务费应根据招标人在招标文件中列出的分包专业工程内容和供应材料、设备情况，按照招标人提出的协调、配合与服务要求和施工现场管理需要自主确定。而暂列金额必须按照招标人在招标工程量清单中列明的金额填写；暂估价材料投标人必须按照招标人提供的暂估单价租价；计日工中暂估数量不影响施工过程中的结算，因此这三项都不是工程投标报价时重点关注的内容。

3. 某招标项目估算价为2000万元，根据《招标投标法》的规定，该项目最高投标保证金为（　　）万元。

A. 20　　B. 30

C. 40　　D. 50

答案：C

［解析］最高投标保证金＝2 000×2%＝40（万元）。

4. 关于投标有效期的确定，下列说法正确的有（　　）。

A. 从招标文件开始发出之日起算　　B. 应考虑资格预审的时间

C. 应考虑评标需要的时间　　D. 应考虑确定中标人需要的时间

E. 应考虑签订合同需要的时间

答案：CDE

［解析］投标有效期是招标人对投标人发出的邀约作出承诺的期限，也是投标人就其提交的投标文件承担相关义务的期限。投标有效期从投标截止时间起开始计算，主要用作组织评标委员会评标、招标人定标、发出中标通知书以及签订合同等工作，一般考虑以下因素：

（1）组织评标委员会完成评标需要的时间；

（2）确定中标人需要的时间；

（3）签订合同需要的时间。

二、2022 年考题

1. 关于投标报价与最高投标限价编制的相同之处，下列说法正确的是（ ）。

A. 采用相同的工料机消耗量 B. 采用相同的规费和利润标准

C. 考虑相同的风险因素 D. 基于相同的施工方案

答案：C

［**解析**］为使最高投标限价与投标报价所包含的内容一致，综合单价中应包括招标文件中要求投标人所承担的风险内容及其范围（幅度）产生的风险费用。

2. 某项目拟采用工程量清单招标签订单价合同，关于该工程投标综合单价的编制，下列说法正确的是（ ）。

A. 应以招标工程量清单特征描述为准，即使其与图纸不符

B. 不应计入已列出暂估价的材料价格

C. 一般不考虑工程设备的价格风险

D. 应考虑±10%以内的材料价格、施工机具使用费风险

答案：A

［**解析**］在招标投标过程中，当出现招标工程量清单特征描述与设计图纸不符时，投标人应以招标工程量清单的项目特征描述为准，确定投标报价的综合单价。当施工中施工图纸或设计变更与招标工程量清单项目特征描述不一致时，发承包双方应按实际施工的项目特征，依据合同约定重新确定综合单价。根据工程特点和工期要求，一般采取的方式是承包人承担 5% 以内的材料、工程设备价格风险，10% 以内的施工机具使用费风险。

3. 根据现行工程量清单计价规范，投标人应按招标文件提供金额编制报价的项目是（ ）。

A. 安全文明施工费 B. 暂列金额

C. 计日工 D. 规费

答案：B

［**解析**］暂列金额应按照招标人提供的其他项目清单中列出的金额填写，不得变动。

4. 下列投标人的行为，属于投标人相互串通投标的有（ ）。

A. 不同投标人之间约定中标人

B. 不同投标人的投标文件相互混装

C. 投标人之间约定部分投标人放弃投标

D. 不同投标人委托同一单位办理投标事宜

E. 不同投标人的投标文件异常一致

答案：AC

［**解析**］有下列情形之一的，属于投标人相互串通投标：①投标人之间协商投标报价等投标文件的实质性内容；②投标人之间约定中标人；③投标人之间约定部分投标人放弃投标或者中标；④属于同一集团、协会、商会等组织成员的投标人照该组织要求协同投标；⑤投标人之间为谋取中标或者排斥特定投标人而采取的其他联合行动。选项 A、C 均为视为投标人相互串通投标的情况。

三、2021 年考题

1. 投标人编制投标报价前需仔细研究招标文件，因而下列可能直接影响报价的完整性的是（　　）。

A. 忽视对监理方式的了解

B. 忽视对工程变更合同条款的分析

C. 忽视合同条款中有无工期奖罚的规定

D. 忽视技术标准的要求

答案：D

[解析] 工程技术标准是按工程类型来描述工程技术和工艺内容特点，对设备、材料、施工和安装方法等所规定的技术要求，有的是对工程质量进行检验、试验和验收所规定的方法和要求。它们与工程量清单中各子项工作密不可分，报价人员应在准确理解招标人要求的基础上对有关工程内容进行报价。任何忽视技术标准的报价都是不完整、不可靠的，有时可能导致工程承包重大失误和亏损。

2. 下列清单项目中，投标人不得自主报价的是（　　）。

A. 总价措施项目　　B. 总承包服务费

C. 专业工程暂估价　　D. 计日工

答案：C

[解析] 投标报价时暂估价不得变动和更改。暂估价中的材料、工程设备暂估价必须按照招标人提供的暂估单价计入清单项目的综合单价；专业工程暂估价必须按照招标人提供的其他项目清单中列出的金额填写。

3. 某分项工程招标工程量清单数量为 1 000m^3，该分项工程的主要材料是 X 材料，X 材料在招标人提供的其他项目清单中的暂估价为 100 元/m^3。已知投标人的企业定额中，每 100m^3 分项工程的 X 材料消耗量为 102m^2。投标人调查的 X 材料市场价为 110 元/m^2，则投标人用企业定额编制的该分项工程的工程量清单综合单价分析表中，计列的 X 材料暂估合价为（　　）。

A. 100 元　　B. 102 元

C. 10.2 万元　　D. 11.22 万元

答案：C

[解析] 投标报价时，材料暂估合价应按照企业定额中的消耗量与招标人提供的材料暂估单价相乘计算得到。因此 X 材料暂估合价＝102×100×10＝10.2（万元）。

4. 投标人对招标工程量清单中工程量复核的目的在于（　　）。

A. 据此选择投标策略　　B. 据此修改招标工程量清单

C. 据此采取合适的施工方法　　D. 据此确定采购物资的数量

E. 据此确定基础标价

答案：ACD

[解析] 复核工程量的准确程度，将影响承包人的经营行为：一是根据复核后的工程量与招标文件提供的工程量之间的差距，从而考虑相应的投标策略，决定报价裕度；二是根据工程量的大小采取合适的施工方法，选择适用、经济的施工机具设备、投入使

用相应的劳动力数量等。通过工程量计算复核还能准确地确定订货及采购物资的数量，防止由于超量或少购等带来的浪费、积压或停工待料。

四、其他年份考题

1. 投标人复核招标工程量清单时发现了遗漏，是否向招标人提出修改意见取决于（　　）。

A. 招标文件规定是否允许提出增补

B. 遗漏工程量的大小

C. 投标人的投标策略

D. 遗漏项目是否在工程量计算规范附录中有列项

答案：C

[解析] 针对招标工程量清单中工程量的遗漏或错误，是否向招标人提出修改意见取决于投标策略。投标人可以向招标人提出，由招标人统一修改并把修改情况通知所有投标人；也可以运用一些报价的技巧提高报价的质量，争取在中标后能获得更大的收益。

2. 投标报价的分包询价，投标人应注意的问题有（　　）。

A. 分包标函是否完整

B. 分包单价所包含的内容

C. 分包人是否自专用施工机具

D. 分包人可信赖程度

E. 分包人的质量保证措施

答案：ABDE

[解析] 选择合适的分包人，对分包人询价应注意以下几点：分包标函是否完整；分包工程单价所包含的内容；分包人的工程质量、信誉及可信赖程度；质量保证措施；分包报价。

3. 关于施工总承包建设工程投标文件的内容，下列说法正确的是（　　）。

A. 不包括施工组织设计

B. 应提供投标人的法定代表人身份证明或附有法定代表人身份证明的授权委托书

C. 应包括深化设计图纸

D. 不包括拟分包项目情况表

答案：B

[解析] 投标文件应当包括法定代表人身份证明或附有法定代表人身份证明的授权委托书、已标价工程量清单、施工组织设计、项目管理机构、拟分包项目情况表、资格审查资料等，因此选项A、D错误，选项B正确；图纸包含在招标文件中，因此选项C错误。

4. 投标人在投标前期研究招标文件时，对合同形式进行分析的主要内容为（　　）。

A. 承包商任务

B. 计价方式

C. 付款办法

D. 合同价款调整

答案：B

[解析] 合同形式分析的内容是主要分析承包方式（如分项承包、施工承包、

设计与施工总承包和管理承包等）；计价方式（如固定合同价格、可调合同价格和成本加酬金确定的合同价格等），故选项B正确。选项A、C、D均属于合同条款分析的内容。

5. 投标人在递交投标文件后，其投标保证金按规定不予退还的情形有（　　）。

A. 投标人在投标有效期内撤销投标文件的

B. 投标人拒绝延长投标有效期的

C. 投标人在投标截止日前修改投标文件的

D. 中标后无故拒签合同协议书的

E. 中标后未按招标文件规定提交履约担保的

答案：ADE

［**解析**］出现下列情况的，投标保证金将不予返还：①投标人在规定的投标有效期内撤销或修改其投标文件；②中标人在收到中标通知书后，无正当理由拒签合同协议书或未按招标文件规定提交履约担保。

考点五：评标与中标价的确定

点评：本考点中，除“经评审的最低投标价法”可能出现计算题外，其他内容以考核基本概念为主。考生还应注意“评定分离”方法的有关内容。

知识要点集成

表4-10　清标

概念	对投标人的投标报价是否响应招标文件、违反国家有关规定，以及报价的合理性、算术性错误等进行审查并出具意见的活动
时间	开标后且评标前
内容	1. 对招标文件的实质性响应； 2. 错漏项分析； 3. 分部分项工程项目清单综合单价的合理性分析； 4. 措施项目清单的完整性和合理性分析，以及其中不可竞争性费用正确分析； 5. 其他项目清单完整性和合理性分析； 6. 不平衡报价分析； 7. 暂列金额、暂估价正确性复核； 8. 总价与合价的算术性复核及修正建议

- 初步评审
  - 评审标准
    - 形式评审标准
    - 资格评审标准
    - 响应性评审标准
    - 施工组织设计和项目管理机构评审标准
  - 投标文件的澄清和说明
    - 评标委员会可以书面方式要求投标人对投标文件中含义不明确的内容作必要的澄清、说明或补正，但是澄清、说明或补正不得超出投标文件的范围或者改变投标文件的实质性内容。其目的是有利于评标委员会对投标文件的审查、评审和比较
  - 报价有算术错误的修正
    - （1）投标文件中的大写金额与小写金额不一致的，以大写金额为准；
    - （2）总价金额与依据单价计算出的结果不一致的，以单价金额为标准修正总价，但单价金额小数点有明显错误的除外
  - 经初步评审后否决投标的情况
    - （1）投标文件未经投标单位盖章和单位负责人签字；
    - （2）投标联合体没有提交共同投标协议；
    - （3）投标人不符合国家或者招标文件规定的资格条件；
    - （4）同一投标人提交两个以上不同的投标文件或者投标报价，但招标文件要求提交备选投标的除外；
    - （5）投标报价低于成本或者高于招标文件设定的最高投标限价；
    - （6）投标文件没有对招标文件的实质性要求和条件做出响应；
    - （7）投标人有串通投标、弄虚作假、行贿等违法行为

图 4-3　初步评审

注：1. 应注意掌握初步评审四项评审标准内容的区别。

2. 澄清、说明或补正包括投标文件中含义不明确、对同类问题表述不一致或者有明显文字和计算错误的内容，但评标委员会不得向投标人提出带有暗示性或诱导性的问题，并且不接受投标人主动提出的澄清、说明或补正。

3. 报价有算术错误的，评标委员会按原则进行修正，经投标人书面确认后具有约束力。投标人不接受修正价格的，其投标被否决。

4. 不同文字文本投标文件的解释发生异议的，以中文文本为准。

表 4-11　详细评审

详细评审方法	适用范围	评审标准
经评审的最低投标价法	一般适用于具有通用技术、性能标准或者招标人对其技术、性能没有特殊要求的招标项目	1. 标准施工招标文件规定的主要的量化因素包括单价遗漏和付款条件等，招标人可以根据需要，进一步删减、补充或细化量化因素和标准； 2. 世界银行贷款项目采用此种评标方法时，通常考虑的量化因素和标准包括：一定条件下的优惠、工期提前的效益和同时投多个标段的评标修正
综合评估法	不宜采用经评审的最低投标价法的招标项目	施工组织设计；项目管理机构；投标报价；其他评分因素

注：1. 根据经评审的最低投标价法完成详细评审后，评标委员会应当拟订一份“价格比较一览表”，“价格比较一览表”应当载明投标人的投标报价、对商务偏差的价格调整和说明以及已评审的最终投标价。经评审的投标价相等时，投标报价低的优先；投标报价也相等的，优先条件由招标人事先在招标文件中确定。

2. 根据综合评估法完成评标后，评标委员会应当拟订一份“综合评估比较表”，连同书面评标报告提交招标人。“综合评估比较表”应当载明投标人的投标报价、所做的任何修正、对商务偏差的调整、对技术偏差的调整、对各评审因素的评估以及对每一投标的最终评审结果。综合评分相等时，以投标报价低的优先；投标报价也相等的，优先条件由招标人事先在招标文件中确定。

表 4-12　中标人的确定

<table>
<tr><th>主要工作</th><th colspan="2">主要内容</th><th>注意事项</th></tr>
<tr><td>中标候选人的公示</td><td colspan="2">依法必须招标项目的中标候选人公示应当载明以下内容：
1. 中标候选人排序、名称、投标报价、质量、工期（交货期），以及评标情况；
2. 中标候选人按照招标文件要求承诺的项目负责人姓名及其相关证书名称和编号；
3. 中标候选人响应招标文件要求的资格能力条件；
4. 提出异议的渠道和方式；
5. 招标文件规定公示的其他内容</td><td>依法必须进行招标的项目，招标人应当自收到评标报告之日起 3 日内公示中标候选人，公示期不得少于 3 日。应对中标候选人全部名单及排名进行公示，而不是只公示排名第一的中标候选人。同时，对有信誉条件的项目，在投标报名或开标时提供的作为资格条件或业绩信誉情况，应一并进行公示，但不含投标人的各评分要素的得分情况</td></tr>
<tr><td>中标人的确定原则</td><td colspan="2">使用国有资金投资或者国家融资的项目，招标人应当确定排名第一的中标候选人为中标人</td><td>招标人可以授权评标委员会直接确定中标人</td></tr>
<tr><td rowspan="3">评定分离</td><td rowspan="3">将招投标程序中的“评标委员会评标”与“招标人定标”作为相对独立的两个环节进行分离</td><td>定标委员会组建</td><td>成员为 5 人以上单数，本单位在编人员不得少于成员总数的$\frac{2}{3}$，招标人的法定代表人或者主要负责人参加定标委员会的，由其直接担任组长</td></tr>
<tr><td>定标委员会指责</td><td>按照招标文件确定的定标因素进行定标并对定标活动及其结果负责，必要时可以要求评标委员会予以澄清或说明，但不得改变已确定的评标结果</td></tr>
<tr><td>定标方法</td><td>价格竞争定标法、票决定标法、集体议事法等。价格竞争定标法可以引申出多种定标方法，比如：最低投标价法、次低价法、第 N（事先约定的数字）低价法、平均值法等</td></tr>
<tr><td>中标人提交履约担保</td><td colspan="2">履约担保有现金、支票、汇票、履约担保书和银行保函等形式，履约保证金不得超过中标合同金额的 10%。中标后的承包人应保证其履约保证金在发包人颁发工程接收证书前一直有效</td><td>招标人要求中标人提供履约保证金或其他形式履约担保的，招标人应当同时向中标人提供工程款支付担保。中标后的承包人应保证其履约保证金在发包人颁发工程接收证书前一直有效。发包人应在工程接收证书颁发后 28 天内把履约保证金退还给承包人</td></tr>
</table>

注：1. 排名第一的中标候选人不符合中标条件的，招标人可以按照评标委员会提出的中标候选人名单排序依次确定其他中标候选人为中标人。依次确定其他中标候选人与招标人预期差距较大，或者对招标人明显不利的，招标人可以重新招标。

2. 定标方法中的集体议事法实质是赋予招标人的法定代表人或者主要负责人个人定标权。

表 4-13 合同价款类型的选择

合同计价方式的选择	适用工程
单价方式	实行工程量清单计价的工程
总价方式	建设规模较小，技术难度较低，工期较短的建设工程
成本加酬金方式	紧急抢险、救灾以及施工技术特别复杂的建设工程

注：1. 招标人和中标人应当自中标通知书发出之日起 30 日内，根据招标文件和中标人的投标文件订立书面合同。

2. 招标人与中标人签订合同后 5 日内，应当向中标人和未中标的投标人退还投标保证金及银行同期存款利息。

3. 合同价就是中标价，因为中标价是指评标时经过算术修正的、并在中标通知书中载明招标人接受的投标价格。

经典考题剖析

一、2023 年考题

1. 下列关于评标委员会成员的说法中，正确的是（　　）。

A. 成员的名单应在开标后、评标前确定

B. 成员的名单应随中标候选人一并公示

C. 成员对中标人有决定权

D. 成员中技术、经济等方面专家不得少于三分之二

答案：D

[解析] 评标委员会成员名单一般应于开标前确定，而且该名单在中标结果确定前应当保密。评标委员会在评标过程中是独立的，任何单位和个人都不得非法干预、影响评标过程和结果。评标委员会由招标人或其委托的招标代理机构熟悉相关业务的代表，以及有关技术、经济等方面的专家组成，成员人数为五人以上单数，其中技术、经济等方面的专家不得少于成员总数的三分之二。

2. 某项目采用综合评估法评标，其中投标报价部分总分值为 35 分，评标基准价为投标人报价的算数平均值，偏差率＝（投标人报价－评标基准价）/评标基准价×100%。当投标报价＞评标基准价时，投标报价得分＝35－偏差率×100×2；当投标报价≤评标基准价时，投标报价得分＝35＋偏差率×100×1。本项目有甲、乙、丙、丁四个通过初评的投标人，投标报价分别为 7 000 万元、7 300 万元、7 200 万元、6 900 万元。该项目投标报价得分最高的投标人是（　　）。

A. 甲　　B. 乙　　C. 丙　　D. 丁

答案：A

[解析]

（1）评标基准价＝（7 000＋7 300＋7 200＋6 900）/4＝7 100（万元）。

（2）偏差率计算：甲为－1.41%，乙为 2.42，丙为 1.41，丁为－2.42。

（3）投标报价得分：甲＝35－1.41＝33.59，乙＝35－2.42×2＝30.16，丙＝35－

1.41×2=32.58，丁=35−2.42=32.58。

因此，甲得分最高。

3. 下列评标中遇到的情形，评标委员会可直接否决其投标的有（ ）。

A. 投标文件中的大、小写金额不一致
B. 投标文件未经投标单位盖章
C. 投标文件中存在不平衡报价
D. 投标报价高于最高投标限价
E. 投标人不接受评标委员会的算术修正价格

答案：BDE

［解析］未能在实质上响应的投标，评标委员会应当否决其投标。具体情形包括：

（1）投标文件未经投标单位盖章和单位负责人签字；

（2）投标联合体没有提交共同投标协议；

（3）投标人不符合国家或者招标文件规定的资格条件；

（4）同一投标人提交两个以上不同的投标文件或者投标报价，但招标文件允许提交备选投标的除外；

（5）投标报价低于成本或者高于招标文件设定的最高投标限价，对报价是否低于工程成本的异议，评标委员会可以参照国务院有关主管部门和省、自治区、直辖市有关主管部门发布的有关规定进行评审；

（6）投标文件没有对招标文件的实质性要求和条件作出响应；

（7）投标人有串通投标、弄虚作假、行贿等违法行为。

二、2022 年考题

1. 某建筑工程招标采用经评审的最低投标价法评标，招标文件对同时投多个标段的评标修正率为 3%，甲、乙同时投Ⅰ、Ⅱ标段，其报价如下表所示，若投标人甲已中标Ⅰ标段，不考虑其他量化因素，则甲、乙Ⅱ标段的评标价格应分别为（ ）万元。

投标人价格	Ⅰ标段	Ⅱ标段
甲报价/万元	7 000	6 500
乙报价/万元	7 200	6 000

A. 6 290，6 000
B. 6 290，5 820
C. 6 305，6 000
D. 6 305，5 820

答案：C

［解析］甲在Ⅰ标段中标，给予 3%的评标优惠。所以，甲在Ⅱ标段的评标价格为 6 500×（1−3%）=6 305（万元）。

乙未在Ⅰ标段中标，因此，评标价为 6 000 万元。

2. 关于履约担保的说法正确的是（ ）。

A. 中标人提供履约担保的，招标人应同时向中标人提供工程款支付担保
B. 履约担保金额最高不超过中标价的 5%
C. 履约担保的有效期自提交之日起到合同约定中标人主要义务履行完毕为止
D. 发包人应在缺陷责任期满后 28 天内将履约担保退还给承包人

答案：A

［**解析**］招标人要求中标人提供履约担保的，招标人应当同时向中标人提供工程款支付担保。中标后的承包人应保证其履约担保在发包人颁发工程接收证书前一直有效。发包人应在工程接收证书颁发后 28 天内将履约担保退还给承包人。履约担保金额最高不得超过中标合同金额的 10%。履约担保的有效期自合同生效之日起至合同约定的中标人主要义务履行完毕止。

3. 下列对投标文件进行评审的工作中，属于初步评审工作的有（　　）。

A. 进行不平衡报价分析　　B. 审查类似项目业绩

C. 分析报价构成的合理性　　D. 修正有算术错误的报价

E. 评审工期提前的效益，修正报价

答案：BCD

［**解析**］初步评审标准通常包括四个方面：①形式评审标准；②资格评审标准；③响应性评审标准；④施工组织设计和项目管理机构评审标准。审查类似项目业绩属于资格评审标准，分析报价构成的合理性属于响应性评审。初步评审后，允许投标人对投标文件进行澄清和说明，并对有算术错误的报价进行修正。

三、2021 年考题

1. 某市政工程招标采用经评审的最低投标价法评标，招标文件规定对同时投多个标段的评标修正率为 4%，现甲、乙同时投Ⅰ、Ⅱ标段，甲的报价分别为 8 000 万元、7 000 万元，乙的报价分别为 8 500 万元、6 800 万元。已知投标人甲已经中标Ⅰ标段，在不考虑其他量化因素的情况下，投标人甲、乙Ⅱ标段的评标价分别为（　　）万元。

A. 6 720，6 528　　B. 6 720，6 800

C. 7 280，6 800　　D. 7 280，7 072

答案：B

［**解析**］投标人甲在Ⅱ标段可享受 4%的评标优惠。

投标人甲Ⅱ标段评标价＝7 000×（1－4%）＝6 720（万元），投标人乙Ⅱ标段评标价＝6 800（万元）。

2. 招标发包的建设工程，其签约合同价为（　　）。

A. 中标价　　B. 最高投标限价

C. 中标后商务谈判价　　D. 经评审的合理价

答案：A

［**解析**］签约合同价是指合同双方签订合同时在协议书中列明的合同价格，对于以单价合同形式招标的项目，工程量清单中各种价格的总计即为合同价。合同价就是中标价，因为中标价是指评标时经过算术修正的、并在中标通知书中载明招标人接受的投标价格。

3. 依法必须招标的项目，对于中标候选人的公示内容有（　　）。

A. 全部投标人名单及排名

B. 中标候选人响应招标文件要求的资格能力条件

C. 中标候选人各评分要素得分

D. 中标候选人的投标报价

E. 中标候选人承诺的项目负责人姓名

答案：BDE

［解析］依法必须招标项目的中标候选人公示应当载明以下内容：中标候选人排序、名称、投标报价、质量、工期（交货期），以及评标情况；中标候选人按照招标文件要求承诺的项目负责人姓名及其相关证书名称和编号；中标候选人响应招标文件要求的资格能力条件；提出异议的渠道和方式；招标文件规定公示的其他内容。

四、其他年份考题

1. 根据《建设工程造价咨询规范》GB/T 51095—2015，下列投标文件的评审内容，属于清标工作的是（　　）。

A. 营业执照的有效性

B. 营业执照、资质证书、安全生产许可证的一致性

C. 投标函上签字与盖章的合法性

D. 投标文件是否实质性响应招标文件

答案：D

［解析］清标工作主要包含下列内容：

（1）对招标文件的实质性响应；

（2）错漏项分析；

（3）分部分项工程项目清单项目综合单价的合理性分析；

（4）措施项目清单的完整性和合理性分析，以及其中不可竞争性费用的正确性分析；

（5）其他项目清单完整性和合理性分析；

（6）不平衡报价分析；

（7）暂列金额、暂估价正确性复核；

（8）总价与合价的算术性复核及修正建议；

（9）其他应分析和澄清的问题。

2. 根据《评标委员会和评标方法暂行规定》等，评标委员会评标发现的投标报价算术错误，应由（　　）进行修正。

A. 评标委员会　　B. 招标监督机构

C. 招标人　　D. 投标人

答案：A

［解析］投标报价有算术错误的，评标委员会对投标报价进行修正。

3. 某招标工程采用综合评估法评标，报价越低的报价得分越高。评分因素、权重及各投标人得分情况见下表，则推荐的第一中标候选人应为（　　）。

评分因素	权重/%	投标人得分		
		甲	乙	丙
施工组织设计	30	90	100	80
项目管理机构	20	80	90	100
投标报价	50	100	90	80

A. 甲　　B. 乙　　C. 丙　　D. 甲或乙

答案：A

［**解析**］甲得分＝27＋16＋50＝93，乙得分＝30＋18＋45＝93，丙得分＝24＋20＋40＝84，甲和乙评分相等，应以投标报价低的优先。

4. 关于招标人与中标人合同的签订，下列说法正确的有（　　）。

A. 双方按照招标文件和投标文件订立书面合同

B. 双方在投标有效期内并在自中标通知书发出之日起 30 日内签订施工合同

C. 招标人要求中标人按中标价下浮 3%后签订施工合同

D. 中标人无正当理由拒绝签订合同的，招标人可不退还其投标保证金

E. 招标人在与中标人签订合同后 5 日内，向所有投标人退还投标保证金

答案：ABD

［**解析**］招标人和中标人应当在投标有效期内并在自中标通知书发出之日起 30 日内，按照招标文件和中标人的投标文件订立书面合同；中标人无正当理由拒签合同的，招标人取消其中标资格，其投标保证金不予退还，若给招标人造成的损失超过投标保证金数额的，中标人还应当对超过部分予以赔偿。综上，选项 A、B 和 D 正确。

考点六：工程总承包合同价款的约定

点评：此部分的主要考点为工程总承包合同价款约定与施工合同价款约定的区别。

知识要点集成

表 4-14　工程项目管理总承包分类

总承包类型	承担工程项目建设程序中的工作							
	可行性研究	项目决策	方案设计	初步设计	施工图设计	材料设备采购	施工	试运行
设计采购施工总承包 Engineering，Procurement，Construction			●	●	●	●	●	●
交钥匙总承包 Turnkey	●	●	●	●	●	●	●	●
设计-施工总承包 Design-Build			●	●	●		●	
设计-采购总承包 Engineering，Procurement			●	●	●	●		
采购-施工总承包 Procurement，Construction						●	●	

表 4-15　工程总承包模式的选择及招标文件的编制要求

<table>
<tr><td>招标时点选择</td><td colspan="2">采用工程总承包方式的企业投资项目，应在核准或者备案后进行工程总承包项目发包。采用工程总承包方式的政府投资项目，原则上应在初步设计审批完成后进行工程总承包项目发包</td></tr>
<tr><td rowspan="2">总承包模式选择</td><td>与招标时点有关</td><td>可行性研究报告批准后发包的，宜采用设计采购施工总承包（EPC）模式；初步设计批准后发包的，宜采用设计施工总承包（DB）模式；方案设计批准后发包的，都可以采用</td></tr>
<tr><td>不适合采用 EPC，适合 DB 的情况</td><td>1. 投标人没有足够的时间或信息仔细审核发包人要求，或没有足够的时间或信息进行设计、风险评估和估价；
2. 施工涉及实质性地下工程或投标人无法检查地区其他区域的工程；
3. 发包人要密切监督或控制承包人的工作，或审查大部分施工图纸</td></tr>
<tr><td colspan="3">招标文件组成</td></tr>
<tr><td colspan="2">内容</td><td>编制要点</td></tr>
<tr><td colspan="2">招标公告（或投标邀请书）</td><td>—</td></tr>
<tr><td colspan="2">投标人须知</td><td>除投标人须知前附表另有规定外，总承包投标有效期均为 120 天</td></tr>
<tr><td colspan="2">评标办法</td><td>可选择综合评估法或经评审的最低投标价法</td></tr>
<tr><td colspan="2">合同条款及格式</td><td>合同的主要条款可选择《标准设计施工总承包招标文件》中的通用合同条款和《建设项目工程总承包合同（示范文本）》（GF－2020－0216）。但应注意的是，《建设项目工程总承包合同（示范文本）》（GF－2020－0216）是推荐使用的非强制性使用文本</td></tr>
<tr><td colspan="2">项目清单</td><td>根据不同的发承包阶段，分为可行性研究或方案设计后清单、初步设计后清单</td></tr>
<tr><td colspan="2">发包人要求</td><td>发包人要求应尽可能清晰准确，列明项目的目标、范围、设计和其他技术标准，对于可以进行定量评估的工作，发包人要求不仅应明确，并且要规定偏离的范围和计算方法，以及检验、试验、试运行的具体要求</td></tr>
<tr><td colspan="2">发包人提供的资料</td><td>根据工程总承包发包时点的不同，发包人提供的资料可能包括可行性研究报告、方案设计文件或者初步设计文件等</td></tr>
<tr><td colspan="2">投标文件格式</td><td>—</td></tr>
<tr><td colspan="2">规定的其他资料</td><td>—</td></tr>
</table>

表 4-16 工程总承包招投标文件的编制内容

序号	招标文件的编制内容	投标文件的编制内容
1	招标公告（或投标邀请书）	投标函及投标函附录
2	投标人须知	法定代表人身份证明或附有法定代表人身份证明的授权委托书
3	评标办法	联合体协议书（如接受联合体投标）
4	合同条款及格式	投标保证金
5	项目清单	价格清单
6	发包人要求	承包人建议书
7	发包人提供的资料	承包人实施计划
8	投标文件格式	资格审查资料
9	规定的其他资料	投标人须知前附表规定的其他资料

表 4-17 工程总承包投标文件内容及投标报价

编制内容	基本组成	编制要点
总承包投标文件	投标函及投标函附录；法定代表人身份证明或附有法定代表人身份证明的授权委托书；联合体协议书（如接受联合体投标）；投标保证金；投标报价。由投标人根据招标文件中的项目清单自主确定；承包人建议书；承包人实施计划；资格审查资料；投标人须知前附表规定的其他资料	1. 投标报价由投标人根据招标文件中的项目清单自主确定； 2. 承包人建议书包括图纸、工程详细说明、设备方案、分包方案、对发包人要求错误的说明等； 3. 承包人实施计划包括概述、总体实施方案、项目实施要点、项目管理要点等
投标报价组成	工程费用、工程建设其他费用、预备费	根据招标文件、发包人要求、项目清单、补充通知、招标答疑、可行性研究、方案设计或初步设计文件、本企业积累的同类或类似工程的价格自主确定投标报价，但不得低于成本

注：1. 可行性研究报告批准或方案设计后发包，由发包人负责可行性研究勘察和初步勘察；承包人负责详细勘察和施工勘察以及初步设计和施工图设计、专项设计工作；初步设计后发包的，由发包人负责详细勘察；承包人负责施工勘察以及施工图设计、专项设计工作。

2. 初步设计后发包，发包人提供的工程费用项目清单应仅作为承包人投标报价的参考，投标人对项目清单内容可增加或减少并应对项目进行细化。

3. 当约定了合同价款调整事项时，预备费应按招标文件中列出的金额填写，不得变动，并列入投标总价中。

表 4-18 工程总承包评标办法

评审程序	综合评估法	经评审的最低投标价法
初步评审标准	形式评审标准	除包括与综合评估法下相同的三项评审标准外，还包括承包人建议书评审标准和承包人实施方案评审标准
	资格评审标准	
	响应性评审标准	
详细评审标准	承包人建议书评分标准	详细评审标准主要是将招标文件中确定需要考虑的量化因素按照既定的量化标准进行折算，从而得到各标书经评审的投标价。考虑的量化因素主要有付款条件
	资信业绩评分标准	
	承包人实施方案评分标准	
	投标报价评分标准	
评审结果	除招标人授权评标委员会直接确定中标人外，评标委员会按照得分由高到低的顺序推荐中标候选人	除招标人授权评标委员会直接确定中标人外，评标委员会按照经评审的价格由低到高的顺序推荐中标候选人

注：企业投资项目的工程总承包宜采用总价合同，政府投资项目的工程总承包应当合理确定合同价格形式。采用总价合同的，除合同约定可以调整的情形外，合同总价一般不予调整。发包人承担的风险主要包括：

（1）主要工程材料、设备、人工价格与招标时基期价相比，波动幅度超过合同约定幅度的部分；

（2）因国家法律法规政策变化引起的合同价格的变化；

（3）不可预见的地质条件造成的工程费用和工期的变化；

（4）因发包人原因产生的工程费用和工期的变化；

（5）不可抗力造成的工程费用和工期的变化。

表 4-19 工程总承包的签约合同价

合同价形式	主要特征	风险分担方式
总价合同	工程总承包中最基本、也是最常用的合同价格形式。也是《建设项目工程总承包计价规范》T/CCEAS 001—2022 推荐使用的合同价格形式，在这种合同价格形式下，除根据合同约定的在工程实施过程中需进行增加的款项外，合同价格不予调整	发包人承担的风险主要包括： 1. 主要工程材料、设备、人工价格与招标时基期价相比，波动幅度超过合同约定幅度的部分； 2. 国家法律法规、政策变化引起合同价格变化； 3. 不可预见的地质条件造成的工程费用和工期的变化； 4. 发包人原因产生的工程费用和工期的变化； 5. 不可抗力造成的工程费用和工期的变化

续表 4-19

合同价形式	主要特征	风险分担方式
单价合同	在总承包招标时提供模拟工程量清单，模拟工程量清单是在方案设计、初步设计阶段以及施工图纸不完备的情况下，参照类似工程项目或者标准化清单编制本项目清单，并估算工程量用以招标	模拟工程量清单形成的单价合同工程量是不固定的，单价是固定的，结算时工程量按实际结算。因此在单价合同下，工程总承包合同的风险分担方式与施工合同基本相似

注：1. 企业投资项目的工程总承包宜采用总价合同，政府投资项目的工程总承包应合理确定合同价格形式。

2. 为了避免视为兼营从高适用税率，应在合同中对设计、采购、施工的委托范围和造价、税率、支付等条件分别约定。

3. 除总价合同与单价合同外，总承包项目还可以使用平方米单价、费率下浮、限额总价、混合计价等不同的合同计价方式。

经典考题剖析

一、2023 年考题

1. 下列工程总承包的类型中，总包方能承担项目可行性研究工作的是（　　）。

A. EPC 总承包　　B. 交钥匙总承包

C. 设计施工总承包　　D. 设计采购总承包

答案：B

［解析］EPC 总承包即工程总承包人按照合同约定，承担工程项目的设计、采购、施工、试运行服务等工作，并对承包工程的质量、安全、工期、造价全面负责；交钥匙总承包的范围包括：①项目前期的投资机会研究、项目发展策划、建设方案及可行性研究和经济评价。②工程勘察、总体规划方案和工程设计。③工程采购和施工。④项目动用准备和生产运营组织。⑤项目维护及物业管理的策划与实施等。

2. 工程 EPC 总承包模式下，下列风险中应由承包人承担的是（　　）。

A. 因国家政策变化引起的合同价格变化

B. 勘察设计深度不足造成的工程费用变化

C. 材料价格波动幅度超出合同约定幅度的部分

D. 不可抗力造成的工程费用变化

答案：B

［解析］工程 EPC 总承包模式下，发包人承担的风险主要包括：① 主要工程材料、设备、人工价格与招标时基期价相比，波动幅度超过合同约定幅度的部分；② 因国家法律法规政策变化引起的合同价格的变化；③ 不可预见的地质条件造成的工程费用和工期的变化；④ 因发包人原因产生的工程费用和工期的变化；⑤ 不可抗力造成的工程费用和工期的变化。

选项 A、C、D 均为发包人应承担的风险。

二、2022 年考题

EPC 总承包模式下，工程总承包人应承担的工作范围是（　　）。

A. 可行性研究、设计、采购、施工、试运转、项目维护

B. 设计、采购、施工、试运转、项目维护

C. 设计、采购、施工、试运转

D. 设计、采购、试运转

答案：C

［**解析**］EPC 总承包即工程总承包人按照合同约定，承担工程项目的设计、采购、施工、试运行服务等工作，并对承包工程的质量、安全、工期、造价全面负责。本考核点在 2020 年考试中出现过。

三、2021 年考题

与其他工程总承包方式相比，交钥匙总承包的优越性体现在（　　）。

A. 承包人承担的风险比较小

B. 业主可以深度介入项目管理中

C. 能满足业主的某些特殊要求

D. 更能提高工程设计质量

答案：C

［**解析**］与其他工程总承包方式相比，交钥匙总承包的优越性主要包括：能满足某些业主的特殊要求；承包人承担的风险比较大，但获利的机会比较多，有利于调动总包的积极性；业主介入的程度比较浅，有利于发挥承包人的主观能动性；业主与承包人之间的关系简单。

四、其他年份考题

根据现行《标准设计施工总承包招标文件》关于“合同价格”和“签约合同价”，下列说法正确的是（　　）。

A. 合同价格是指签约合同价

B. 签约合同价中包括了专业工程暂估价

C. 合同价格不包括按合同约定进行的变更价款

D. 签约合同价一般高于中标价

答案：B

［**解析**］“签约合同价”和“合同价格”是两个不同的概念，其中“签约合同价”指中标通知书明确的并在签订合同时于合同协议书中写明的，包括了暂列金额、暂估价的合同总金额；“合同价格”是指承包人按合同约定完成了包括缺陷责任期内的全部承包工作后，发包人应付给承包人的金额，包括在履行合同过程中按合同约定进行的变更和调整。

考点七：国际工程合同价款的约定

点评：考生应关注国际竞争性招标程序与我国公开招标程序中的主要区别，以及承揽国际工程时投标报价计算方法的特殊处理。

知识要点集成

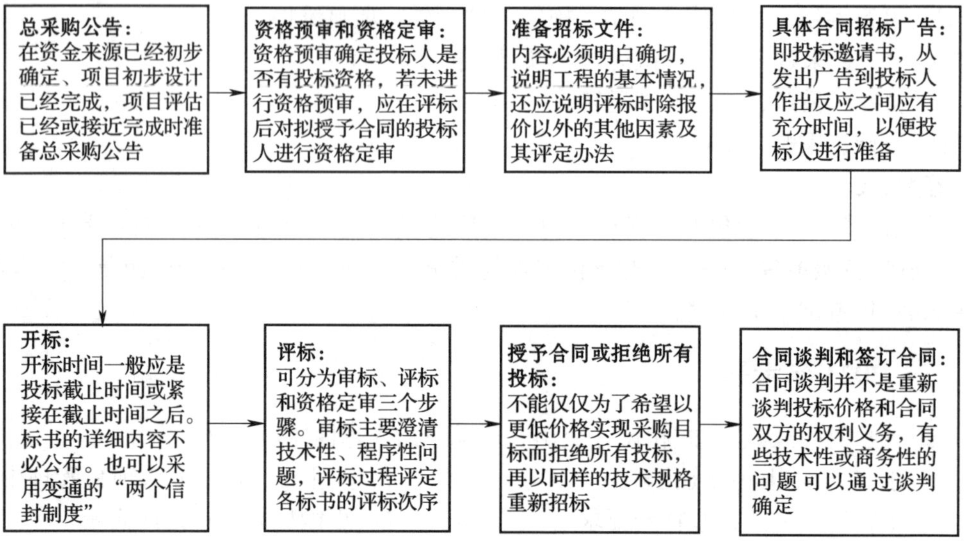

图 4-4 国际工程的国际竞争性招标程序

注：1. 采用“两个信封制度”时，技术标与商务标应分两次开标会分别开启，如果采购合同简单，两个信封也可能在一次会议上先后开启。

2. 资格定审的两种情况：资格预审与正式投标相距时间太长，正式投标时将不得不重新进行资格预审或至少再进行资格定审；如果在投标前未进行过资格预审，则应在评标后对标价最低，并拟授予合同的标书的投标人进行资格定审。

3. 合同价格不容谈判，也不得在谈判中要求投标人承担额外任务，可谈判的内容包括：

(1) 设备、货物或工程的数量增减，总价也随之增减；

(2) 非重大差异，如技术规格差异，交货或完工时间提前或推迟，工程款付款的多少及支付条件，损失赔偿规定，价格调整条款及所依据的指数。

表 4-20 承揽国际工程时投标报价的计算

项目		特殊处理
直接费	人工工日单价	是指国内派出工人和工程所在国招募的工人每个工作日的平均工资单价，是以两种工人完成工日所占比例进加权得到的平均工资单价
	材料、设备单价	材料、设备的来源渠道有三种，即当地采购、国内采购和第三国采购
	施工机械台班单价	在计算施工机械台班单价时，其中基本折旧费的计算一般应根据当时的工程情况考虑 5 年折旧期，较大工程甚至一次折旧完毕。因此，也就不计算大修理费用

续表 4-20

项目		特殊处理
间接费	现场管理费、投标费用、保函手续费、保险费、税金、经营业务费、总部管理费	注意区分现场管理费和总部管理费的内容。总部管理费是指上级单位管理部门或公司总部对现场施工项目经理部收取的管理费，一般按工程直接费的3%～5%收取
其他费用	分包费	一种情况是将分包费列入直接费中，即考虑间接费时包含了对分包商的管理费；另一种情况是将分包费与直接费、间接费平行并列，在估算分包费时适当加入对分包商的管理费即可
	暂定金额	承包人无权使用此金额，而是按工程师的指示来决定是否动用
	开办费	正式开始之前的各项现场准备工作所需的费用。在招标文件没有特殊要求的情况下，开办费一般单独列项
利润和风险费		承包人的报价中一定要认真预测利润率和风险费率，这既涉及承包人能否在竞争中夺标，又涉及承包人的盈利或亏损。如果工程所在国规定利润要交纳所得税，则应在计算利润时加以考虑

注：在国际工程投标报价中，还应注意工程所在国的当地成分要求，即是否要求必须雇佣一定比例的当地工人；是否要求必须将一定比例的工程分包给当地承包商完成；是否要求必须取得工程所在国认可的资质等。

经典考题剖析

一、2023 年考题

1. 关于国际工程投标报价中的暂定金额，下列说法正确的是（　　）。

A. 由投标人根据项目特点自主报价

B. 应分项计入各工程量清单项目单价中

C. 可供工程实施中不可预料事件使用

D. 包含工程保险费用

答案：C

[**解析**] 暂定金额是指发包人在招标文件中并在工程量清单中以备用金标明的金额，是供任何部分施工，或提供货物、材料、设备及服务，或供不可预料事件使用的一项金额。投标人的投标报价中只能把暂定金额列入工程总报价，不能以间接费的方式分摊进入各项目单价中。

2. 在计算国际工程投标报价时，下列费用中应计入国内派出人工工日单价的有（　　）。

A. 国际差旅费　　B. 国外津贴

C. 人身意外保险费　　D. 劳务单位管理费

E. 社会福利费

答案：ABCD

［**解析**］国内派出工人出国期间的总费用包括出国准备到回国休整结束后的全部费用。主要包括：①国外岗位工资；②派出工人的企业收取的管理费；③服装费、卧具及住房费；④国内、国际差旅费；⑤国外津贴、补贴费和伙食费；⑥奖金及加班工资；⑦劳保福利费；⑧工资预涨费，每年上涨率一般可按5%～10%估计；⑨保险费，按当地工人保险费标准计算。同时，承包工程中一般保险项目有工程保险、第三者责任险、人身意外保险、材料和永久设备运输保险、施工机械设备保险，其中后三种险已计入人工、材料和永久设备、施工机械单价中，不能重复计算。

二、2022年考题

1. 关于世界银行贷款项目国际竞争性招标工程的评标，下列步骤及顺序正确的是（　　）。

A. 资格预审、评标、资格定审　　B. 评标、定标、资格后审

C. 审标、资格预审、评标　　D. 审标、评标、资格定审

答案：D

［**解析**］评标是国际竞争性招标程序中的一项工作，主要有审标、评标、资格定审三个步骤，其中审标是先将各投标人提交的标书就一些技术性、程序性的问题加以澄清并初步筛选；评标按招标文件所明确规定的标准和评标方法，评定各标书的评标价；如果未经资格预审，则应对评标价最低的投标人进行资格定审。

2. 某企业进行国际工程投标报价时，将分包费列入直接费中，该分包工程的管理费应计入（　　）。

A. 直接费　　B. 间接费

C. 暂定金额　　D. 分包费

答案：B

［**解析**］在国际工程标价中，对分包费的处理有两种方法：一种方法是将分包费列入直接费中，即考虑间接费时包含了对分包商的管理费；另一种方法是将分包费与直接费、间接费平行并列，在估算分包费时适当加入对分包商的管理费即可。

三、2021年考题

关于国际竞争性招投标项目的开标，下列做法正确的是（　　）。

A. 不允许投标人或其代表出席开标会议

B. 不应拒绝开启未附投标保证金的标书

C. 应全部读出标书的详细内容

D. 开标时不允许记录和录音

答案：B

［**解析**］招标人应规定时间当众开标。应允许投标人或其代表出席开标会议，对每

份标书都应当众读出其投标人、报价和交货或完工期；如果要求或允许提出替代方案，也应读出替代方案的报价及完工期。标书是否附有投标保证金或保函也应当众读出。不能因为标书未附投标保证金或保函而拒绝开启。

四、其他年份考题

1. 国际工程投标报价中，对于当地采购的材料，其单价应为（　　）。

A. 市场价格+运杂费

B. 市场价格+运杂费+运输保管损耗费

C. 市场价格+运杂费+采购保管费

D. 市场价格+运杂费+采购保管费+运输保管损耗费

答案：D

［**解析**］国际工程中，当地材料商供应到现场的材料、设备单价一般以材料商的报价为依据，并考虑材料预涨费（当工期较长时）的因素，综合计算单价。自行采购的材料、设备单价的计算公式为：

材料、设备单价=市场价格+运杂费+采购保管费+运输保管损耗费

2. 国际竞争性招标投标过程中只对标书的报价和其他因素进行评比不对投标人资格进行评审的工作是（　　）。

A. 清标　　B. 审标

C. 评标　　D. 定标

答案：C

［**解析**］评标只是对标书的报价和其他因素，以及标书是否符合招标程序要求和技术要求进行评比，而不是对投标人是否具备实施合同的经验、财务能力和技术能力的资格进行评审。对投标人的资格审查应在资格预审或定审中进行。

难 题 解 析

一、单项选择题

1. 下列各项中，属于招标文件中投标人须知的是（　　）。

A. 综合评估法下的评标指标选择　　B. 通用合同条款

C. 最高投标限价　　D. 投标报价编制的要求

答案：D

［**解题要点**］投标人须知中包括对投标文件的要求，主要包括投标文件的组成，投标报价编制的要求，投标有效期和投标保证金的规定，需要提交的资格审查资料，是否允许提交备选投标方案，以及投标文件编制所应遵循的标准格式要求。

2. 在招标工程量清单编制的准备工作中，下列各项中属于“初步研究”工作的是（　　）。

A. 现场踏勘

B. 估算整体工程量

C. 拟订常规施工组织设计

D. 对清单规范中缺项的新材料、新技术、新工艺，收集足够的基础资料

答案：D

[解题要点] 初步研究阶段应对各种资料进行认真研究，为工程量清单的编制做准备。主要包括：

(1) 熟悉《建设工程工程量清单计价规范》GB 50500—2013、专业工程量计算规范、当地计价规定及相关文件；熟悉设计文件，掌握工程全貌，便于清单项目列项的完整、工程量的准确计算及清单项目的准确描述，对设计文件中出现的问题应及时提出。

(2) 熟悉招标文件、招标图纸，确定工程量清单编审的范围及需要设定的暂估价；收集相关市场价格信息，为暂估价的确定提供依据。

(3) 对《建设工程工程量清单计价规范》GB 50500—2013 缺项的新材料、新技术、新工艺，收集足够的基础资料，为补充项目的制定提供依据。

3. 招标人要求总承包人对专业工程进行统一管理和协调的，总承包人可计取总承包服务费，其取费基数为（　　）。

A. 专业工程估算造价　　B. 投标报价总额

C. 分部分项工程费　　D. 分部分项工程费与措施费之和

答案：A

[解题要点] 总承包服务费应按照省级或行业建设主管部门的规定计算，在计算时可参考以下标准：

(1) 招标人仅要求对分包的专业工程进行总承包管理和协调时，按分包的专业工程估算造价的1.5%计算。

(2) 招标人要求对分包的专业工程进行总承包管理和协调，并同时要求提供配合服务时，根据招标文件中列出的配合服务内容和提出的要求，按分包的专业工程估算造价的3%～5%计算。

(3) 招标人自行供应材料的，按招标人供应材料价值的1%计算。

因此，选项 A 正确。

4. 根据住房城乡建设部颁布的《建筑工程施工发包与承包计价管理办法》(住建部令第 16 号)，下列项目招标时应当设有最高投标限价的是（　　）。

A. 非国有资金投资的建筑工程

B. 利用国际组织或者外国政府援助性资金的项目

C. 大型基础设施、公用事业等涉及公共利益、公共安全的项目

D. 国有资金投资的建筑工程

答案：D

[解题要点] 最高投标限价是指根据国家或省级建设行政主管部门颁发的有关计价依据和办法，依据拟订的招标文件和招标工程量清单，结合工程具体情况发布的招标工程的最高投标限价。根据住房城乡建设部颁布的《建筑工程施工发包与承包计价管理办法》(住建部令第 16 号）的规定，国有资金投资的建筑工程招标的，应当设有最高投标限价；非国有资金投资的建筑工程招标的，可以设有最高投标限价或者招标标底。

5. 工程量的大小是投标报价最直接的依据，复核工程量的准确程度，对承包商经营行为的主要影响是（　　）。

A. 对工程量清单进行修改

B. 准确地确定订货及采购物资的数量

C. 向招标人提出工程量清单存在的错误

D. 决定投标报价中应考虑的风险范围

答案：B

[解题要点] 工程量的大小是投标报价最直接的依据。复核工程量的准确程度，将影响承包人的经营行为：一是根据复核后的工程量与招标文件提供的工程量之间的差距，从而考虑相应的投标策

略，决定报价裕度；二是根据工程量的大小采取合适的施工方法，选择适用、经济的施工机具设备、投入使用相应的劳动力数量等。通过工程量计算复核还能准确地确定订货及采购物资的数量，防止由于超量或少购等带来的浪费、积压或停工待料。

6. 招标人和中标人按照招标文件和中标人的投标文件订立书面合同的时间规定是（　　）。

A. 在投标有效期内并在自中标通知书发出之日起 30 天内

B. 在投标有效期内并在自中标通知书收到之日起 30 天内

C. 在投标有效期内并在自中标通知书发出之日起 15 天内

D. 在投标有效期内并在自中标通知书收到之日起 15 天内

答案：A

[**解题要点**] 招标人和中标人应当在投标有效期内并在自中标通知书发出之日起 30 日内，按照招标文件和中标人的投标文件订立书面合同。招标人最迟应当在与中标人签订合同后 5 日内，向中标人和未中标的投标人退还投标保证金及银行同期存款利息。

7. 下列关于签约合同价与中标价关系的表述，正确的是（　　）。

A. 合同价即为中标人在投标文件中的投标价格

B. 签约合同价是在中标价的基础上经双方谈判后确认的价格

C. 发包人应根据中标人的投标报价签订合同

D. 合同价即为评标时经过算术修正的、并在中标通知书中载明招标人接受的投标价格

答案：D

[**解题要点**] 签约合同价是指合同双方签订合同时在协议书中列明的合同价格，对于以单价合同形式招标的项目，工程量清单中各种价格的总计即为合同价。合同价就是中标价，因为中标价是指评标时经过算术修正的，并在中标通知书中载明招标人接受的投标价格。

8. 根据世界银行国际竞争性招标的程序，可以在确定中标人后进行谈判的是（　　）。

A. 合同价格

B. 技术性或商务性问题

C. 合同双方的权利和义务

D. 要求投标人承担额外的任务

答案：B

[**解题要点**] 根据世界银行国际竞争性招标的程序，合同价格是不容谈判的，也不得在谈判中要求投标人承担额外的任务。但有些技术性或商务性的问题是可以而且应该在谈判中确定的。例如：①原招标文件中规定采购的设备、货物或工程的数量可能有所增减，合同总价也随之可按单价计算而有增减。②投标人的投标，对原招标文件中提出的各种标准及要求，总会有一些非重大性的差异。如技术规格上某些的差别，交货或完工时间提前或推迟，工程预付款的多少及支付条件，损失赔偿的具体规定，价格调整条款及所依据的指数的确定等，都应在谈判中进一步明确。

9. 投标人在投标前期研究招标文件时，对合同形式进行分析的主要内容为（　　）。

A. 承包商任务

B. 计价方式

C. 付款办法

D. 合同价款调整

答案：B

[**解题要点**] 合同形式分析的内容是主要分析承包方式（如分项承包、施工承包、设计与施工总承包和管理承包等）；计价方式（如固定合同价格、可调合同价格和成本加酬金确定的合同价格等），故选项 B 正确。选项 A、C、D 均属于合同条款分析的内容。

10. 工程量大小是投标报价最直接的依据。下列关于复核工程量的表述，正确的是（　　）。

A. 复核工程量的目的是对招标工程量清单进行修正

B. 针对招标工程量清单中工程量的遗漏，通常应向招标人提出修改意见

C. 通过工程量计算复核能准确地确定订货及采购物资的数量

D. 核算清单细目后，投标人应按各清单细目汇总主要工程总量

答案：C

［**解题要点**］工程量清单作为招标文件的组成部分，是由招标人提供的。工程量的大小是投标报价最直接的依据。复核工程量的准确程度，将影响承包人的经营行为：一是根据复核后的工程量与招标文件提供的工程量之间的差距，从而考虑相应的投标策略，决定报价裕度；二是根据工程量的大小采取合适的施工方法，选择适用、经济的施工机具设备、投入使用相应的劳动力数量等。通过工程量计算复核还能准确地确定订货及采购物资的数量，防止由于超量或少购等带来的浪费、积压或停工待料。

11. 进行措施项目报价时，措施项目内容的确定依据主要是（　　）。

A. 招标人提供的措施项目清单

B. 招标人提供的措施项目清单和常规施工组织设计

C. 招标人提供的措施项目清单及在招标过程中的补充通知和答疑纪要

D. 招标人提供的措施项目清单和投标人投标时拟定的施工组织设计

答案：D

［**解题要点**］允许投标人根据自身编制的施工组织设计对措施项目清单列项进行调整，所以措施项目的内容应依据招标人提供的措施项目清单和投标人投标时拟定的施工组织设计或施工方案确定。

12. 关于工程量清单编制总说明的内容，下列说法中正确的是（　　）。

A. 建设规模是指工程投资总额

B. 工程特征是指结构类型及主要施工方案

C. 环境保护要求包括避免材料运输影响周边环境的防护要求

D. 施工现场实际情况是指自然地理条件

答案：C

［**解题要点**］建设规模是指建筑面积，故选项A错误；工程特征应说明基础及结构类型、建筑层数、高度、门窗类型及各部位装饰、装修做法，故选项B错误；环境保护要求，是针对施工噪声及材料运输可能对周围环境造成的影响和污染所提出的防护要求，因此选项C正确；施工现场实际情况是指施工场地的地表状况，故选项D错误。

13. “投标保证金应当从投标人基本账户转出”的规定适合于下列何种情况（　　）。

A. 境外投标单位以现金形式提交的投标保证金

B. 境内投标单位以支票形式提交的投标保证金

C. 境内投标单位以银行保函形式提交的投标保证金

D. 境内投标单位以银行汇票形式提交的投标保证金

答案：B

［**解题要点**］投标保证金除现金外，可以是银行出具的银行保函、保兑支票、银行汇票或现金支票。投标保证金的数额不得超过项目估算价的2%，具体标准可遵照各行业规定。依法必须进行招标的项目的境内投标单位，以现金或者支票形式提交的投标保证金应当从其基本账户转出。

14. 我国某世界银行贷款项目采用经评审的最低投标价法评标，招标文件规定借款国国内投标人有7.5%的评标优惠，若投标工期提前，则按每月25万美元进行报价修正，现国内甲投标人报价5 000万美元，承诺较投标要求工期提前2个月，则甲投标人评标价为（　　）万美元。

A. 5 000　　　　B. 4 625

C. 4 600　　　　D. 4 575

答案：A

［**解题要点**］评标价＝5 000×（1－7.5%）－2×25＝4 575（万美元）。

15. 下列评标时所遇情形中，评标委员会应当否决其投标的是（　　）。

A. 投标文件中大写金额与小写金额不一致

B. 投标文件中总价金额与依据单价计算出的结果不一致

C. 投标文件未经投标单位盖章和单位负责人签字

D. 对不同文字文本投标文件的解释有异议的

答案：C

［**解题要点**］未能在实质上响应的投标，评标委员会应当否决其投标。具体情形包括：

（1）投标文件未经投标单位盖章和单位负责人签字。

（2）投标联合体没有提交共同投标协议。

（3）投标人不符合国家或者招标文件规定的资格条件。

（4）同一投标人提交两个以上不同的投标文件或者投标报价，但招标文件要求提交备选投标的除外。

（5）投标报价低于成本或者高于招标文件设定的最高投标限价。

（6）投标文件没有对招标文件的实质性要求和条件做出响应。

（7）投标人有串通投标、弄虚作假、行贿等违法行为。

综上可知选项 C 正确。

16. 下列有关投标文件编制时应遵循的规定，表述正确的是（　　）。

A. 在招标文件事先允许的情况下，投标人可以提出比招标文件要求更能吸引招标人的承诺

B. 投标文件应对招标文件有关投标有效期、质量要求、招标范围等实质性内容做出响应

C. 投标文件的改动之处应加盖单位章并有投标人的法定代表人或其授权的代理人签字确认

D. 允许投标人递交备选投标方案的，各投标人递交的备选投标方案均可予以考虑

答案：B

［**解题要点**］投标文件编制时应遵循的规定包括：

（1）投标文件应按“投标文件格式”进行编写，如有必要，可以增加附页，作为投标文件的组成部分。其中，投标函附录在满足招标文件实质性要求的基础上，可以提出比招标文件要求更能吸引招标人的承诺。

（2）投标文件应当对招标文件有关工期、投标有效期、质量要求、技术标准和要求、招标范围等实质性内容做出响应。

（3）投标文件应由投标人的法定代表人或其委托代理人签字和盖单位章。如果出现改动，改动之处应加盖单位章或由投标人的法定代表人或其授权的代理人签字确认。

（4）除招标文件另有规定外，投标人不得递交备选投标方案。允许投标人递交备选投标方案的，只有中标人所递交的备选投标方案方可予以考虑。评标委员会认为中标人的备选投标方案优于其按照招标文件要求编制的投标方案的，招标人可以接受该备选投标方案。

17. 投标报价的编制过程中，投标人应根据招标人提供的工程量清单编制分部分项工程和措施项目清单与计价表，其他项目清单与计价表，规费、税金项目计价表，分别编制完成后可以得到（　　）。

A. 投标总价　　B. 建设项目投标报价汇总表

C. 单项工程投标报价汇总表　　D. 单位工程投标报价汇总表

答案：D

［**解题要点**］投标报价的编制过程：首先应根据招标人提供的工程量清单编制分部分项工程和措施项目清单与计价表，其他项目清单与计价表，规费、税金项目计价表，编制完成后，汇总得到单位工程投标报价汇总表，再逐级汇总，分别得出单项工程投标报价汇总表和建设项目投标报价汇总表。

18. 总承包模式的选择与发包时点有关，方案设计批准后发包的，宜采用的总承包模式为（　　）。

A. 设计采购施工总承包（EPC）模式

B. 设计施工总承包（DB）模式

C. 设计采购施工总承包（EPC）模式或设计施工总承包（DB）模式

D. 交钥匙（Turnkey）总承包模式

答案：C

［**解题要点**］总承包模式的选择同时也与发包时点有关。可行性研究报告批准后发包的，宜采用设计采购施工总承包（EPC）模式；方案设计批准后发包的，可采用设计采购施工总承包（EPC）模式或设计施工总承包（DB）模式；初步设计批准后发包的，宜采用设计施工总承包（DB）模式。

19. 根据《建设工程工程量清单计价规范》GB 50500—2013，关于招标工程量清单中暂列金额的编制，下列说法正确的是（　　）。

A. 应详列其项目名称、计量单位，不列明金额

B. 应列明暂定金额总额，不详列项目名称等

C. 不同专业预留的暂列金额应分别列项

D. 没有特殊要求一般不列暂列金额

答案：C

［**解题要点**］暂列金额由招标人填写其项目名称、计量单位、暂定金额等，若不能详列，也可只列暂定金额总额。不同专业预留的暂列金额应分别列项，故选项C正确。

20. 根据《国际复兴开发银行贷款和国际开发协会信贷采购指南》，资格定审可能在下列哪些阶段实施（　　）。

A. 资格预审时或正式投标时

B. 正式投标时或评标完成后

C. 资格预审时或评标完成后

D. 资格预审时或开标时

答案：B

［**解题要点**］资格预审一结束，就应将招标文件发给预审合格的投标人，其间的时间间隔不宜太长。因为相距时间太长，原来已合格的可能不再合格，原来不合格的可能又具备了合格条件，这样，正式投标时将不得不重新进行资格预审或至少再进行资格定审。如果在投标前未进行过资格预审，则应在评标后对标价最低、并拟授予合同的标书的投标人进行资格定审，以便审定其是否有足够的人力、财力、资源有效地实施采购合同。

21. 在国际工程投标报价中，下列各项属于其他费用的是（　　）。

A. 税金

B. 贷款利息

C. 风险费

D. 开办费

答案：D

［**解题要点**］国际工程投标报价由直接费、间接费、其他费用、利润和风险费组成。其中其他费用包括分包费、暂定金额、开办费等。

22. 关于世界银行贷款项目的投标资格审查，下列说法中正确的是（　　）。

A. 凡采购大而复杂的工程宜采用资格预审

B. 资格定审有利于缩小投标人的范围

C. 资格预审的标准应严于资格定审

D. 资格定审的标准应严于资格预审

答案：A

［**解题要点**］凡采购大而复杂的工程，以及在例外情况下，采购专为用户设计的复杂设备或特殊服务，在正式投标前宜先进行资格预审，对投标人是否有资格和能力承包这项工程或制造这种设备先期进行审查，以便缩小投标人的范围。

23. 在编制工程总承包招标文件时，下列各项中属于“发包人要求”应描述的是（　　）。

A. 应规定偏离的范围和计算方法

B. 应根据发包时间的不同考虑包括可行性研究报告、方案设计或初步设计文件

C. 定位放线的基准点、基准线和基准标高

D. 水文地质、工程地质、地形等勘察资料

答案：A

[解题要点] 发包人要求应尽可能清晰准确，列明项目的目标、范围、功能需求、设计和其他技术标准，对于可以进行定量评估的工作，发包人要求不仅应明确，并且要规定偏离的范围和计算方法，以及检验、试验、试运行的具体要求。主要包括：项目的内容、范围、规模、标准、功能、质量、安全、节约能源、生态环境保护、工期、验收等的明确要求。对于承包人负责提供的有关设备和服务，对发包人人员进行培训和提供一些消耗品等，在发包人要求中应一并明确规定。

24. 下列关于最高投标限价编制注意事项的表述，正确的是（　　）。

A. 施工机械设备选型应根据工程项目特点和施工条件，按经济适用、先进高效的原则确定

B. 采用的市场价格则应通过调查、分析确定，有可靠的信息来源

C. 规费、税金在编制最高投标限价时可纳入竞争性部分

D. 对于竞争性的措施费用的确定，招标人应先征询潜在投标人的施工组织设计或施工方案

答案：B

[解题要点] 编制最高投标限价时，应该正确、全面地选用行业和地方的计价依据、标准、办法和市场化的工程造价信息。其中采用的材料价格应是通过工程造价信息平台发布的材料价格，工程造价信息未发布材料单价的材料，其材料价格应通过市场调查确定。未采用发布的工程造价信息时，需在招标文件或答疑补充文件中对最高投标限价采用的与造价信息不一致的市场价格予以说明，采用的市场价格则应通过调查、分析确定，有可靠的信息来源。

25. 根据《标准施工招标文件》（2007 年版），进行了资格预审的施工招标文件不包括（　　）。

A. 招标公告　　B. 投标人须知

C. 评标办法　　D. 合同条款与格式

答案：A

[解题要点] 当进行资格预审时，招标文件中应包括投标邀请书，该邀请书可代替资格预审通过通知书，以明确投标人已具备了在某具体项目某具体标段的投标资格。

26. 相较于在劳务市场招募零散劳动力，承包人选用成建制劳务公司的劳务具有（　　）的特点。

A. 价格低，管理强度低　　B. 价格高，管理强度低

C. 价格低，管理强度高　　D. 价格高，管理强度高

答案：B

[解题要点] 成建制的劳务公司，相当于劳务分包，一般费用较高，但素质较可靠，工效较高。

二、多项选择题

1. 根据《招标投标法实施条例》，关于依法必须招标项目中标候选人的公示，下列说法中正确的有（　　）。

A. 应公示中标候选人

B. 公示对象是全部中标候选人

C. 公示期不得少于 3 日

D. 公示在开标后的第二天发布

E. 对有业绩信誉条件的项目，其业绩信誉情况应一并进行公示

答案：ABCE

[解题要点] 按照《招标投标法实施条例》的规定：①招标人应当自收到评标报告之日起 3 日内公示中标候选人，公示期不得少于 3 日；②公示的对象是全部中标候选人；③对有业绩信誉条件的项目，在投标报名或开标时提供的作为资格条件或业绩信誉情况，应一并进行公示；④公示在开标后的当天发布，因此答案为 ABCE。

2. 根据《标准施工招标文件》（2007 年版）的规定，下列各项中属于投标人须知的是（　　）。

A. 评标委员会的组建方法　　B. 拟采用的定标方式

C. 最高投标限价　　D. 图纸

E. 技术标准和要求

答案：AB

［**解题要点**］投标人须知中的评标部分应说明评标委员会的组建方法，评标原则和采取的评标办法。最高投标限价、图纸、技术标准和要求均属于招标文件中单独列项的内容。

3. 根据《建设工程工程量清单计价规范》GB 50500—2013，关于分部分项工程项目清单的编制，下列说法中正确的有（　　）。

A. 项目编码应按照计算规范附录给定的编码

B. 项目名称应按照计算规范附录给定的名称

C. 项目特征描述应满足确定综合单价的需要

D. 补充项目应有两个或两个以上的计量单位

E. 工程量计算应按一定顺序依次进行

答案：CE

［**解题要点**］关于选项 A，分部分项工程量清单的项目编码，应根据拟建工程的工程量清单项目名称设置；关于选项 B，分部分项工程量清单的项目名称应按专业工程计量规范附录的项目名称结合拟建工程的实际确定；关于选项 D，当附录中有两个或两个以上计量单位的，应结合拟建工程项目的实际选择其中一个确定。

4. 根据《标准施工招标文件》(2007 年版）的规定，采用综合评估法时，下列各项中属于评标分值构成的是（　　）。

A. 施工组织设计　　B. 项目管理机构

C. 投标报价　　D. 工期提前的效益

E. 单价遗漏

答案：ABC

［**解题要点**］综合评估法是指评标委员会对满足招标文件实质性要求的投标文件，按照规定的评分标准进行打分，并按得分由高到低顺序推荐中标候选人，或根据招标人授权直接确定中标人，但投标报价低于其成本的除外。综合评分相等时，以投标报价低的优先；投标报价也相等的，优先条件由招标人事先在招标文件中确定。综合评估法下评标分值构成分为四个方面，即施工组织设计、项目管理机构、投标报价、其他评分因素。

5. 投标有效期从投标截止时间起开始计算，主要用作组织评标委员会评标、招标人定标、发出中标通知书以及签订合同等工作，一般考虑的因素包括（　　）。

A. 招标准备需要的时间

B. 组织评标委员会完成评标需要的时间

C. 选定中标人后谈判需要的时间

D. 确定中标人需要的时间

E. 签订合同需要的时间

答案：BDE

［**解题要点**］投标有效期是招标人对投标人发出的邀约做出承诺的期限，一般考虑以下因素：①组织评标委员会完成评标需要的时间；②确定中标人需要的时间；③签订合同需要的时间。

6. 关于最高投标限价的市场化发展趋势，下列表述中正确的是（　　）。

A. 统一定额已经不是编制最高投标限价的法定依据

B. 措施费应以费率形式计取

C. 人材机价格根据地方发布的人工定额价、材料信息价和机械台班价取定

D. 在编制方法和编制依据两个方面进行改革

E. 以指标和指数体系作为最高投标限价的编制、复核和合同价款调整的参考

答案：ADE

[解题要点] 统一定额已经不是编制最高投标限价的法定依据，最高投标限价也逐渐走向由市场决定的发展方向。为实现最高投标限价的能真正反映市场实际价格水平的目的，可以在编制方法和编制依据两个方面进行改革。编制依据的改革是指倡导多元化组价形式，明确统一定额的参考地位，针对不同类型项目的特点，分别可按照参考定额、参照历史数据、市场询价、工程造价指标定价等多种清单组价方式。价格组成应与招标工程量清单要求相匹配。

7. 与其他工程总承包方式相比较，交钥匙总承包的优越性有（　　）。

A. 有利于满足业主的特殊要求

B. 有利于降低总包商承担的风险

C. 有利于调动总包商的积极性

D. 有利于简化业主与承包商之间的关系

E. 有利于加大业主的介入程度

答案：ACD

[解题要点] 交钥匙总承包的优越性有：①能满足某些业主的特殊要求。②承包商承担的风险比较大，但获利的机会比较多，有利于调动总包的积极性。③业主介入的程度比较浅，有利于发挥承包商的主观能动性。④业主与承包商之间的关系简单。

8. 在招标工程量清单编制的准备工作中需进行现场踏勘，下列各项中属于施工条件的是（　　）。

A. 地质构造及特征、承载能力

B. 工程现场通信线路的连接和铺设

C. 市政给排水管线位置、管径、压力

D. 工程现场临近建筑物与招标工程的间距

E. 气象、水文情况

答案：BCD

[解题要点] 现场踏勘是施工条件的内容包括工程现场周围的道路、进出场条件、交通限制情况；工程现场施工临时设施、大型施工机具、材料堆放场地安排情况；工程现场临近建筑物与招标工程的间距、结构形式、基础埋深、新旧程度、高度；市政给排水管线位置、管径、压力，废水、污水处理方式，市政、消防供水管道管径、压力、位置等；现场供电方式、方位、距离、电压等；工程现场通信线路的连接和铺设；当地政府有关部门对施工现场管理的一般要求、特殊要求及规定等。

9. 在“评定分离”的实施方案中，下列关于定标委员会工作职责的表述正确的是（　　）。

A. 可以改变已确定的评标结果

B. 从评标委员会推荐的中标候选人中择优确定中标人

C. 可以采用招标文件中未明确的定标因素进行定标

D. 可以要求评标委员会予以澄清或说明

E. 对定标活动及其结果负责

答案：BDE

[解题要点] 评标委员会负责对投标文件进行评审，对投标人的技术、质量、安全、工期的控制能力等因素提供技术咨询建议，推荐不排序中标候选人；定标委员会的职责是根据评标委员会的评标报告，综合考虑报价、技术、信用、招标人的清标和前期考察结果等因素，按照招标文件规定的定标程序和规则，从评标委员会推荐的中标候选人中择优确定中标人。定标委员会应当按照招标文件确定的定标因素进行定标并对定标活动及其结果负责，必要时可以要求评标委员会予以澄清或说明，但不得改变已确定的评标结果。

10. 根据《建设工程工程量清单计价规范》GB 50500—2013，关于投标文件措施项目计价表的编制，下列说法正确的有（　　）。

A. 单价措施项目计价表应采用综合单价方式计价

B. 总价措施项目计价表应包含规费和建筑业增值税

C. 不能精确计量的措施项目应编制总价措施项目计价表

D. 总价措施项目的内容确定与招标人拟订的措施清单无关

E. 总价措施项目的内容确定与投标人投标时拟订的施工组织设计无关

答案：AC

［**解题要点**］对于不能精确计量的措施项目，应编制总价措施项目清单与计价表，选项 C 正确；措施项目的内容应依据招标人提供的措施项目清单和投标人投标时拟订的施工组织设计或施工方案确定，选项 D、E 错误。

第五章 建设项目施工阶段合同价款的调整和结算

考纲要求

1. 工程合同价款的调整；
2. 工程索赔的处理原则和计算；
3. 工程价款的支付与结算；
4. 工程合同价款纠纷及造价鉴定；
5. 工程总承包和国际工程合同价款结算。

本章知识架构

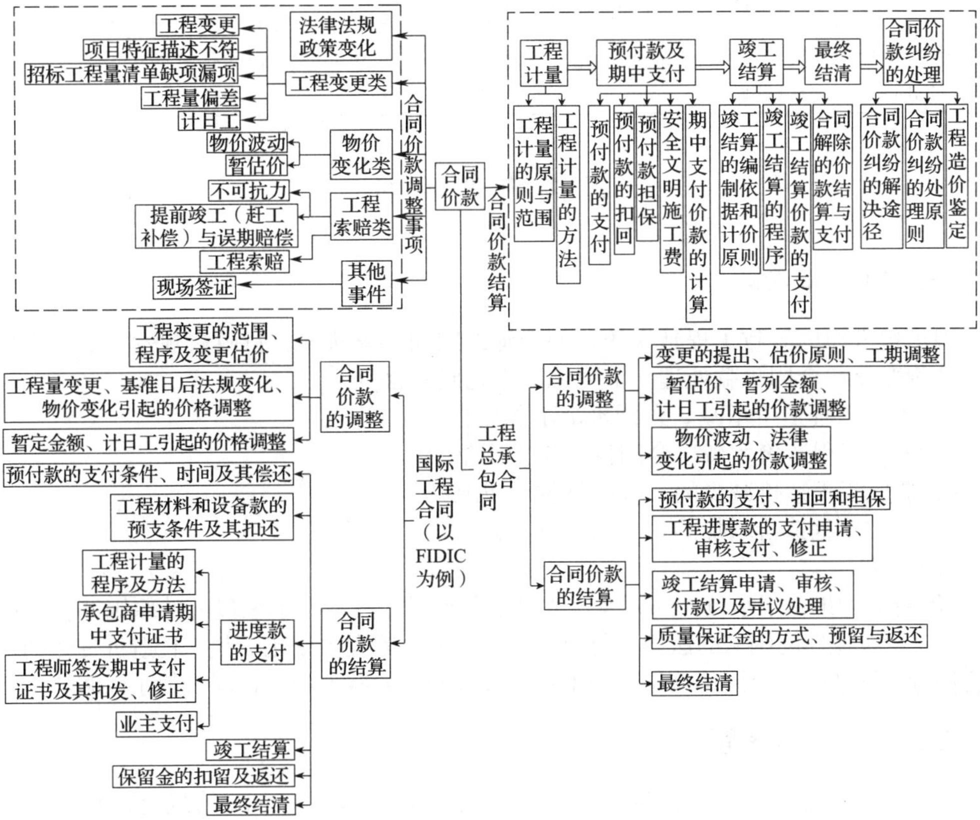

图 5-1 建设工程施工阶段合同价款的调整和结算知识框架

考点与题型详解

考点一：法规变化类合同价款调整事项

点评：此考点内容不多，主要注意基准日的确定以及工期延误时的处理。

知识要点集成

表 5-1 法律法规变化引起的合同价款调整

知识要点	具体说明	
风险承担者	因国家法律、法规、规章和政策发生变化影响合同价款的风险，发承包双方可以在合同中约定由发包人承担	
基准日的确定	实行招标的建设工程	一般以施工招标文件中规定的提交投标文件的截止时间前的第 28 天作为基准日
	不实行招标的建设工程	一般以建设工程施工合同签订前的第 28 天作为基准日
合同价款的调整方法	合同当事人应当依据法律、法规、规章和有关政策的规定调整合同价款。 如果有关价格（如人工、材料和工程设备等价格）的变化已经包含在物价波动事件的调价公式中，则不再予以考虑	
承包人原因导致工期延误的处理	在工程延误期间国家的法律、行政法规和相关政策发生变化引起工程造价变化的，造成合同价款增加的，合同价款不予调整；造成合同价款减少的，合同价款予以调整	

经典考题剖析

一、2023 年考题

因承包人原因导致工程延误的，关于延误期间国家法律、行政法规发生变化带来的工程造价变化与合同价款处理，下列说法中正确的是（　　）。

A. 不论工程造价增减，合同价款不予调整
B. 不论工程造价增减，合同价款应予调整
C. 造成工程造价减少的，合同价款予以调减
D. 造成工程造价增加的，合同价款予以调增

答案：C

[**解析**] 如果由于承包人的原因导致的工期延误，按不利于承包人的原则调整合同价款。在工程延误期间国家的法律、行政法规和相关政策发生变化引起工程造价变化的，造成合同价款增加的，合同价款不予调整；造成合同价款减少的，合同价款予以调整。

二、其他年份考题

根据现行《建设工程工程量清单计价规范》GB 50500—2013 的规定，对于不实行招标的建设工程，以建设工程施工合同签订前的第（　　）天作为基准日。

A. 28　　B. 30　　C. 35　　D. 42

答案：A

［**解析**］对于实行招标的建设工程，一般以施工招标文件中规定的提交投标文件的截止时间前的第 28 天作为基准日；对于不实行招标的建设工程，一般以建设工程施工合同签订前的第 28 天作为基准日，因此正确选项为 A。

考点二：工程变更类合同价款调整事项

点评：在所有的调价原因中，“工程变更引起的合同价款调整”是最重要的几个原因之一，也是历年考核的重点内容。

知识要点集成

表 5-2　不同合同文本中工程变更范围的差异

施工合同示范文本	标准施工招标文件
1. 增加或减少合同中任何工作，或追加额外的工作； 2. 取消合同中任何工作，但转由他人实施的工作除外； 3. 改变合同中任何工作的质量标准或其他特性； 4. 改变工程的基线、标高、位置和尺寸； 5. 改变工程的时间安排或实施顺序	1. 取消合同中任何一项工作，但被取消的工作不能转由发包人或其他人实施； 2. 改变合同中任何一项工作的质量或其他特性； 3. 改变合同工程的基线、标高、位置或尺寸； 4. 改变合同中任何一项工作的施工时间或改变已批准的施工工艺或顺序； 5. 为完成工程需要追加的额外工作

工程变更的价款调整方法

- 1. 分部分项工程费的调整
  - (1) 已标价工程量清单中有适用于变更工程项目的，且工程变更导致的该清单项目的工程数量变化不足 15%时，采用该项目的单价；
  - (2) 已标价工程量清单中没有适用、但有类似于变更工程项目的，可在合理范围内参照类似项目的单价或总价调整；
  - (3) 已标价工程量清单中没有适用也没有类似于变更工程项目的，由承包人根据变更工程资料、计量规则和计价办法、工程造价管理机构发布的信息（参考）价格和承包人报价浮动率，提出变更工程项目的单价或总价，报发包人确认后调整；
    实行招标的工程：承包人报价浮动率 $L=$（1－中标价/招标控制价）×100%
    不实行招标的工程：承包人报价浮动率 $L=$（1－报价值/施工预算值）×100%
  - (4) 已标价工程量清单中没有适用也没有类似于变更工程项目，且工程造价管理机构发布的信息（参考）价格缺失的，由承包人根据变更工程资料、计量规则、计价办法和通过市场调查等的有合法依据的市场价格提出变更工程项目的单价或总价，报发包人确认后调整
- 2. 措施项目费的调整
  - (1) 安全文明施工费，按照实际发生变化的措施项目调整，不得浮动；
  - (2) 采用单价计算的措施项目费，按照实际发生的措施项目按分部分项工程费的调整方法确定单价；
  - (3) 按总价（或系数）计算的措施项目费，除安全文明施工费外，按照实际发生变化的措施项目调整，但应考虑承包人报价浮动因素
- 3. 删减工程或工作的补偿
  - 如果发包人提出的工程变更，因非承包人原因删减了合同中的某项原定工作或工程，致使承包人发生的费用或（和）得到的收益不能被包括在其他已支付或应支付的项目中，也未被包含在任何替代的工作或工程中，则承包人有权提出并得到合理的费用及利润补偿

图 5-2　工程变更的价款调整方法

表 5-3 各类变更事件引起的合同价款调整

<table>
<tr><th>事件</th><th colspan="4">合同价款的调整方法</th></tr>
<tr><td>项目特征描述不符</td><td colspan="4">若在合同履行期间，出现设计图纸（含设计变更）与招标工程量清单任一项目的特征描述不符，且该变化引起该项目的工程造价增减变化的，发承包双方应当按照实际施工的项目特征，重新确定相应工程量清单项目的综合单价，调整合同价款</td></tr>
<tr><td rowspan="4">招标工程量清单缺项漏项</td><td>清单缺项漏项的责任</td><td colspan="3">招标工程量清单是否准确和完整，其责任应当由提供工程量清单的发包人负责</td></tr>
<tr><td>分部分项工程费的调整</td><td colspan="3">分部分项工程出现缺项漏项，造成新增工程清单项目的，应按照工程变更事件中关于分部分项工程费的调整方法，调整合同价款</td></tr>
<tr><td rowspan="2">措施项目费的调整</td><td>分部分项工程出现缺项漏项，引起措施项目发生变化的</td><td colspan="2">按照工程变更事件中关于措施项目费的调整方法，在承包人提交的实施方案被发包人批准后，调整合同价款</td></tr>
<tr><td>招标工程量清单中措施项目缺项</td><td colspan="2">承包人应将新增措施项目实施方案提交发包人批准后，按照工程变更事件中的有关规定调整合同价款</td></tr>
<tr><td rowspan="3">工程量偏差</td><td rowspan="2">综合单价的调整原则</td><td>实际工程量与招标工程量清单出现偏差超过15%</td><td>增加部分的工程量的综合单价应予调低</td><td>若 $P_0>P_2\times(1+15\%)$，
P_1 按照 $P_2\times(1+15\%)$ 调整；
若 $P_0\leqslant P_2\times(1+15\%)$，
$P_1=P_0$</td></tr>
<tr><td>当工程量减少15%以上</td><td>减少后剩余部分的工程量的综合单价应予调高</td><td>若 $P_0<P_2\times(1-L)\times(1-15\%)$，
P_1 按照 $P_2\times(1-L)\times(1-15\%)$ 调整；
若 $P_0\geqslant P_2\times(1-L)\times(1-15\%)$，
$P_1=P_0$</td></tr>
<tr><td>总价措施项目费的调整</td><td>当工程量偏差超过15%，且该变化引起措施项目相应发生变化</td><td colspan="2">该措施项目是按系数或单一总价方式计价，工程量增加的，措施项目费调增；工程量减少的，措施项目费调减</td></tr>
<tr><td rowspan="2">计日工</td><td>计日工费用的产生</td><td colspan="3">发包人通知承包人以计日工方式实施的零星工作，承包人应予执行</td></tr>
<tr><td>计日工费用的计算</td><td colspan="3">承包人应按照确认的计日工现场签证报告中核实的工程数量和承包人已标价工程量清单中的计日工单价计算，提出应付价款；已标价工程量清单中没有该类计日工单价的，由发承包双方按工程变更的有关的规定商定计日工单价计算</td></tr>
</table>

注：发包人通知承包人以计日工方式实施的零星工作，承包人应予执行。采用计日工计价的任何一项变更工作，承包人应在该项变更的实施过程中，按合同约定提交以下报表和有关凭证送发包人复核：

(1) 工作名称、内容和数量；

(2) 投入该工作所有人员的姓名、工种、级别和耗用工时；

(3) 投入该工作的材料名称、类别和数量；

(4) 投入该工作的施工设备型号、台数和耗用台时；

(5) 发包人要求提交的其他资料和凭证。

经典考题剖析

一、2023 年考题

1. 下列施工合同约定调整合同价款的事项中，属于工程变更类型的是（　　）。

A. 法律法规变化　　B. 追加额外工作

C. 物价波动　　D. 误期赔偿

答案：B

[解析] 发承包双方按照合同约定调整合同价款的若干事项，可以分为五类：

(1) 法规变化类，主要包括法律法规变化事件；

(2) 工程变更类，主要包括工程变更、项目特征不符、工程量清单缺项、工程量偏差、计日工等事件；

(3) 物价变化类，主要包括物价波动、暂估价事件；

(4) 工程索赔类，主要包括不可抗力、提前竣工（赶工补偿）、误期赔偿、索赔等事件；

(5) 其他类，主要包括现场签证。追加额外工作属于工程量清单缺项，应属于工程变更类。

2. 某工程招标工程量清单中现浇混凝土板的工程量为 1 600m^2，施工中由于设计变更调增为 2 100m^2，该项目最高投标限价综合单价为 400 元/m^2，投标报价为 480 元/m^2。合同约定实际工程量与招标工程量偏差超过＋15％时，按照现行工程量清单计价规范调整综合单价，该清单项目的结算金额应为（　　）万元。

A. 96.60　　B. 98.72

C. 100.28　　D. 100.80

答案：C

[解析]

工程量变动幅度＝（2 100－1 600）/1 600＝31.25％＞15％

400×（1＋15％）＝430＜480 元/m^2，因此应将新单价调低至 430 元/m^2。

结算金额＝1 600×（1＋15％）×480＋（2 100－1 600×1.15）×430＝100.28（万元）。

3. 关于建设工程施工过程中合同价款的调整，下列说法正确的有（　　）。

A. 工程变更引起分部分项工程项目发生变化的，优先适用已标价工程量清单中的单价

B. 工程变更项目参考类似项目单价的前提包括：采用的材料、施工工艺和方法基本相似，不增加关键线路上工程的施工时间

C. 工程变更引起措施项目发生变化的，除安全文明施工费外，其他不做调整

D. 招标工程量清单缺漏项造成新增清单项目的，适用工程变更事件的规定

E. 招标工程量清单项目特征描述与设计图纸不符的，适用工程变更事件的规定

答案：BDE

[解析] 采用类似的项目单价的前提是其采用的材料、施工工艺和方法基本相似，

不增加关键线路上工程的施工时间。清单漏项以及项目特征不符都属于工程变更类事件，因此适用工程变更事件的规定。

二、2022 年考题

1. 根据现行工程量清单计价规范，工程变更引起措施项目发生变化的，关于安全文明施工费的调整，下列说法正确的是（　　）。

A. 安全文明施工费按费率计算的计费费率不得调整

B. 签约合同价约定的安全文明施工费金额不得调整

C. 按照承包人实际发生的金额进行调整

D. 按照监理工程师确认的金额进行调整

答案：C

［**解析**］工程变更引起措施项目发生变化的，承包人提出调整措施项目费的，应事先将拟实施的方案提交发包人确认，并详细说明与原方案措施项目相比的变化情况。拟实施的方案经发承包双方确认后执行，并应按照下列规定调整措施项目费：①安全文明施工费，按照实际发生变化的措施项目调整，不得浮动；②采用单价计算的措施项目费，按照实际发生变化的措施项目按前述分部分项工程费的调整方法确定单价；③按总价（或系数）计算的措施项目费，除安全文明施工费外，按照实际发生变化的措施项目调整，但应考虑承包人报价浮动因素。

2. 某工程项目招标工程量清单的工程量为 1 000m^3，施工中变更为 800m^3，该项目最高投标限价综合单价为 500 元/m^3，投标报价为 450 元/m^3，投标人报价浮动率为 4%。合同约定，实际工程量与招标工程量偏差超过 15%时允许调整综合单价。依据工程量清单计价规范的相关规定，调整后的综合单价应为（　　）元/m^3。

A. 408　　　　B. 450

C. 495　　　　D. 500

答案：B

［**解析**］此题主要考核工程量偏差带来的价款调整问题。此题中市场价为干扰项。最高投标限价相应综合单价记作 P_2=500 元/m^3，原投标报价记作 P_0=450 元/m^3，结算单价记作 P_1。因为 800÷1 000=80%，工程量减少超过 15%，所以结算单价可能调高或不变。

P_2×（1－L）×（1－15%）=500×（1－4%）×（1－15%）=408（元/m^3）

因为 408＜450，即 P_2×（1－L）×（1－15%）＜P_0，所以 P_1 不进行调整，按原来的投标报价 450 元/m^3 进行调整。

3. 采用计日工计价的变更工作，承包人应在该项变更实施过程中，按合同约定提交的资料有（　　）。

A. 发生变更的理由陈述

B. 变更工作的名称、内容和数量

C. 投入该工作所有人员的姓名、工种、级别和耗用工时

D. 投入该工作的材料名称、类别和数量

E. 投入该工作的设备型号、台数和耗用台时

答案：BCDE

［解析］采用计日工计价的任何一项变更工作，承包人应在该项变更的实施过程中，按合同约定提交以下报表和有关凭证送发包人复核：①工作名称、内容和数量；②投入该工作所有人员的姓名、工种、级别和耗工时；③投入该工作的材料名称、类别和数量；④投入该工作的施工设备型号、台数和耗用台时；⑤发包人要求提交的其他资料和凭证。

三、2021 年考题

1. 下列因工程变更引起的价款调整，需考虑承包人报价浮动率的是（　　）。

A. 已标价工程量清单中有适用于变更工程项目的桩基增量工程

B. 已标价工程量清单中有适用于变更工程项目的脚手架增量工程

C. 已标价工程量清单中没有类似于变更工程项目的桩基增量工程

D. 已标价工程量清单中有类似于变更工程项目的脚手架增量工程

答案：C

［解析］当已标价工程量清单中有适用于或类似于变更工程项目的单价时，均不需要考虑承包人报价浮动率。

2. 某实行招标的工程，施工图预算为 8 000 万元，最高投标限价为 7 800 万元。若承包人签约合同价为 7 500 万元，则该承包人的报价浮动率为（　　）。

A. 3.85%　　B. 4.00%　　C. 6.25%　　D. 6.67%

答案：A

［解析］报价浮动率＝1－7 500/7 800＝3.85%。

四、其他年份考题

1. 根据《建设工程施工合同（示范文本）》（GF－2017－0201），下列变化应纳入工程变更范围的有（　　）。

A. 改变墙体厚度　　B. 工程设备价格上涨

C. 转由他人实施土石方工程　　D. 提高地基沉降控制标准

E. 增加排水沟长度

答案：ADE

［解析］此题主要考查工程变更的范围。工程设备价格上涨属于物价波动事件，不属于变更，故选项 B 错误；取消合同中任何工作属于变更，但转由他人实施的工作不属于变更，故选项 C 错误。

2. 根据《建设工程工程量清单计价规范》GB 50500—2013，当实际增加的工程量超过清单工程量 15%以上，且造成按总价方式计价的措施项目发生变化的，应将（　　）。

A. 综合单价调高，措施项目费调增

B. 综合单价调高，措施项目费调减

C. 综合单价调低，措施项目费调增

D. 综合单价调低，措施项目费调减

答案：C

[解析] 综合单价的调整原则为：当工程量增加 15%以上时，其增加部分的工程量的综合单价应予调低；当工程量减少 15%以上时，减少后剩余部分的工程量的综合单价应予调高；工程量增加的，措施项目费调增；工程量减少的，措施项目费调减，故选项 C 正确。

考点三：物价变化类合同价款调整事项

点评： 本考点中“采用价格指数调整价格差额”和“采用造价信息调整价格差额”的内容都比较重要，出现计算题的可能较大。

知识要点集成

表 5-4 因物价波动引起的合同价款调整方法

<table>
<tr><th colspan="2">方法</th><th>具体说明</th><th>适用对象</th></tr>
<tr><td rowspan="5">采用价格指数调整价格差额</td><td>价格调整公式</td><td>$\Delta P=P_0\left[A+\left(B_1\times\frac{F_{t1}}{F_{01}}+B_2\times\frac{F_{t2}}{F_{02}}+B_3\times\frac{F_{t3}}{F_{03}}+\cdots+B_n\times\frac{F_{tn}}{F_{0n}}\right)-1\right]$</td><td rowspan="4">适用于施工中所用的材料品种较少，但每种材料使用量较大的土木工程，如公路、水坝等</td></tr>
<tr><td>权重的确定</td><td>价格调整公式中的各可调因子、定值和变值权重，以及基本价格指数及其来源在投标函附录价格指数和权重表中约定；在计算调整差额时得不到现行价格指数的，可暂用上一次价格指数计算，并在以后的付款中再按实际价格指数进行调整；按变更范围和内容所约定的变更，导致原定合同中的权重不合理时，由承包人和发包人协商后进行调整</td></tr>
<tr><td rowspan="2">工期延误后的价格调整</td><td>发包人原因导致工期延误：
采用计划进度日期（或竣工日期）与实际进度日期（或竣工日期）的两个价格指数中较高者作为现行价格指数</td></tr>
<tr><td>承包人原因导致工期延误：
采用计划进度日期（或竣工日期）与实际进度日期（或竣工日期）的两个价格指数中较低者作为现行价格指数</td></tr>
<tr><td>人工单价的调整</td><td>人工单价发生变化时，发承包双方应按省级或行业建设主管部门或其授权的工程造价管理机构发布的人工成本文件调整合同价款</td><td>—</td></tr>
</table>

续表 5-4

<table>
<tr><th colspan="2">方法</th><th colspan="3">具体说明</th><th>适用对象</th></tr>
<tr><td rowspan="4">采用造价信息调整价格差额</td><td rowspan="3">材料和工程设备价格的调整</td><td>承包人投标报价中材料单价低于基准单价</td><td>工程施工期间材料单价涨幅以基准单价为基础超过合同约定的风险幅度值时，或材料单价跌幅以投标报价为基础超过合同约定的风险幅度值时</td><td rowspan="3">超过部分按实调整</td><td rowspan="4">适用于使用的材料品种较多，相对而言每种材料使用量较小的房屋建筑与装饰工程</td></tr>
<tr><td>承包人投标报价中材料单价高于基准单价</td><td>工程施工期间材料单价跌幅以基准单价为基础超过合同约定的风险幅度值时，或材料单价涨幅以投标报价为基础超过合同约定的风险幅度值时</td></tr>
<tr><td>承包人投标报价中材料单价等于基准单价</td><td>工程施工期间材料单价涨、跌幅以基准单价为基础超过合同约定的风险幅度值时</td></tr>
<tr><td>施工机具台班单价的调整</td><td colspan="3">施工机具台班单价或施工机械使用费发生变化超过省级或行业建设主管部门或其授权的工程造价管理机构规定的范围时，按照其规定调整合同价款</td></tr>
</table>

注：各可调因子的基本价格指数，指基准日的价格指数；各可调因子的现行价格指数指根据进度付款、竣工付款和最终结清等约定的付款证书相关周期最后一天的前 42 天的各可调因子的价格指数。

表 5-5　暂估价引起的合同价款调整方法

<table>
<tr><th>项　目</th><th>性质</th><th colspan="2">合同价款调整方法</th></tr>
<tr><td rowspan="2">给定暂估价的材料、工程设备</td><td>不属于依法必须招标的项目</td><td colspan="2">由承包人按照合同约定采购，经发包人确认后以此为依据取代暂估价，调整合同价款</td></tr>
<tr><td>属于依法必须招标的项目</td><td colspan="2">由发承包双方以招标的方式选择供应商。依法确定中标价格后，以此为依据取代暂估价，调整合同价款</td></tr>
<tr><td rowspan="3">给定暂估价的专业工程</td><td>不属于依法必须招标的项目</td><td colspan="2">按照工程变更事件的合同价款调整方法，确定专业工程价款，并以此为依据取代专业工程暂估价，调整合同价款</td></tr>
<tr><td rowspan="2">属于依法必须招标的项目</td><td>承包人不参加投标的专业工程，应由承包人作为招标人。与组织招标工作有关的费用应当被认为已经包括在承包人的签约合同价（投标总报价）中</td><td rowspan="2">以中标价为依据取代专业工程暂估价，调整合同价款</td></tr>
<tr><td>承包人参加投标的专业工程，应由发包人作为招标人，与组织招标工作有关的费用由发包人承担。同等条件下，应优先选择承包人中标</td></tr>
</table>

经典考题剖析

一、2023 年考题

1. 某施工项目投标截止日期为 2022 年 8 月 1 日，施工合同约定工程价款结算时采用价格指数法调整，人工、钢材、混凝土等权重系数及价格指数如下表所示，则 2022 年 9 月份的综合调价指数为（　　）。

权重系数	人工	钢材	混凝土	定值部分
	0.25	0.15	0.30	0.30
2022 年 7 月指数	1.00	1.10	0.90	—
2022 年 8 月指数	1.02	1.10	1.00	—
2022 年 9 月指数	1.05	1.21	1.08	—

A. 1.044　　B. 1.046　　C. 1.068　　D. 1.088

答案：D

［**解析**］应选择 2022 年 7 月为基期。

9 月份的综合调价指数$=0.30+0.25\times\frac{1.05}{1.00}+0.15\times\frac{1.21}{1.10}+0.30\times\frac{1.08}{0.90}=1.088$。

2. 对于依法必须招标的暂估价专业工程的招投标，下列说法中正确的是（　　）。

A. 应由发包人作为招标人，承包人应参加投标

B. 应由承包人作为招标人，承包人不应参加投标

C 承包人不参加投标的，应由承包人作为招标人

D. 承包人作为招标人的，招标工作费用应另行支付

答案：C

［**解析**］属于依法必须招标的项目。发包人在招标工程量清单中给定暂估价的专业工程，依法必须招标的，应当由发承包双方依法组织招标选择专业分包人，并接受建设工程招标投标管理机构的监督。

（1）除合同另有约定外，承包人不参加投标的专业工程，应由承包人作为招标人，但拟定的招标文件、评标方法、评标结果应报送发包人批准。与组织招标工作有关的费用应当被认为已经包括在承包人的签约合同价（投标总报价）中。

（2）承包人参加投标的专业工程，应由发包人作为招标人，与组织招标工作有关的费用由发包人承担。同等条件下，应优先选择承包人中标。

二、2022 年考题

施工合同约定由发包人承担材料价格波动±5%以外的风险，已知某项材料投标人投标报价 520 元/m^3，基准期发布的价格为 510 元/m^3，施工期该材料的造价信息发布价为 560 元/m^3，若采用造价信息调整价差，则该材料的实际结算价为（　　）元/m^3。

A. 524.0　　B. 534.0　　C. 534.5　　D. 544.5

答案：B

[解析] 由于施工期造价信息价上涨，因此以基准价和投标价之间较高的价格 520 元/m^3 为基础计算合同约定的风险幅度值。520×（1+5%）=546<560，因此该材料每立方米应上调 560−546=14（元/ m^3）。则该材料的实际结算价=520+14=534（元/ m^3）。

三、2021 年考题

1. 关于采用价格指数法调整价格差额，下列说法正确的是（　　）。

A. 按现行价格计价的变更费用应计入调价基数

B. 缺少价格指数时可按对应可调因子的信息价格替代

C. 定值和变值权重一经约定就不得调整

D. 基本价格指数是指最高投标限价编制时的指数

答案：B

[解析] 价格调整公式中的各可调因子、定值和变值权重，以及基本价格指数及其来源在投标函附录价格指数和权重表中约定。价格指数应首先采用工程造价管理机构提供的价格指数，缺乏价格指数时，可采用工程造价管理机构提供的价格代替。

2. 某项目施工合同约定，承包人承担的钢筋价格风险幅度为±5%，超出部分采用造价信息法调差，已知钢筋的承包人投标价格、基准期造价信息发布价格分别为5 700 元/t、6 100 元/t，2021 年 7 月的造价信息发布价格为 5 600 元/t，则该月钢筋结算价格为（　　）元/t。

A. 5 233　　B. 5 505　　C. 5 600　　D. 5 700

答案：D

[解析] 5 700×（1−5%）=5 415<5 600，因此应按照原投标价格 5 700 元/t 结算。

四、其他年份考题

1. 某市政工程施工合同中约定：①基准日为 2020 年 2 月 20 日；②竣工日期为 2020 年 7 月 30 日；③工程价款结算时人工单价、钢材、商品混凝土及施工机具使用费采用价格指数法调差，各项权重系数及价格指数见下表，工程开工后，由于发包人原因导致原计划 7 月施工的工程延误至 8 月实施，2020 年 8 月承包人当月完成清单子目价款 3 000 万元，当月按已标价工程量清单价格确认的变更金额为 100 万元，则本工程 2020 年 8 月的价格调整金额为（　　）万元。

权重系数	人工	钢材	商品混凝土	施工机具使用费	定值部分
	0.15	0.10	0.30	0.10	0.35
2020 年 2 月指数	100.0	85.0	113.4	110.0	—
2020 年 7 月指数	105.0	89.0	118.6	113.0	—
2020 年 8 月指数	104.0	88.0	116.7	112.0	—

A. 60.18　　B. 67.46　　C. 76.27　　D. 88.94

答案：D

[解析] 价格调整金额=（3 000+100）×（0.35+0.15×105/100+0.10×89/85+0.30×118.6/113.4+0.10×113/110−1）=88.94（万元）。

2. 关于承包人原因导致的工期延误期间合同价款的调整，下列说法正确的有（　　）。

A. 国家政策变化引起工程造价增加的，应调增合同价款

B. 国家政策变化引起工程造价降低的，应调减合同价款

C. 使用价格调整公式调价时，以计划进度日期指数为现行价格指数

D. 使用价格调整公式调价时，以实际进度日期指数为现行价格指数

E. 使用价格调整公式调价时，以计划进度日期与实际进度日期两个指数中较低者作为调价指数

答案：BE

［**解析**］如果由于承包人的原因导致的工期延误，按不利于承包人的原则调整合同价款。在工程延误期间国家的法律、行政法规和相关政策发生变化引起工程造价变化的，造成合同价款增加的，合同价款不予调整；造成合同价款减少的，合同价款予以调整；由于承包人原因导致工期延误的，则对于计划进度日期（或竣工日期）后续施工的工程，在使用价格调整公式时，应采用计划进度日期（或竣工日期）与实际进度日期（或竣工日期）的两个价格指数中较低者作为现行价格指数。

考点四：工程索赔类合同价款调整事项

点评：本考点的重要性与“工程变更类合同价款调整事项”类似，是最重要的调价事项之一。

知识要点集成

表 5-6　工期及不可抗力索赔事件的处理

<table>
<tr><th>索赔事件</th><th>具体内容</th><th colspan="2">处理方法</th></tr>
<tr><td rowspan="4">不可抗力</td><td>不可抗力的范围</td><td colspan="2">一般包括因战争、敌对行动（无论是否宣战）、入侵、外敌行为、军事政变、恐怖主义、骚动、暴动、空中飞行物坠落或其他非合同当事人责任或原因造成的罢工、停工、爆炸、火灾等，以及当地气象、地震、卫生等部门规定的情形</td></tr>
<tr><td rowspan="3">不可抗力造成损失的承担</td><td>发包人承担的费用损失</td><td>1. 合同工程本身的损害、因工程损害导致第三方人员伤亡和财产损失以及运至施工场地用于施工的材料和待安装的设备的损害；
2. 发包人人员伤亡由其所在单位负责，并承担相应费用；
3. 停工期间，承包人应发包人要求留在施工场地的必要的管理人员及保卫人员的费用；
4. 工程所需清理、修复费用</td></tr>
<tr><td>承包人承担的费用损失</td><td>1. 承包人人员伤亡由其所在单位负责，并承担相应费用；
2. 承包人的施工机械设备损坏及停工损失</td></tr>
<tr><td>工期的处理</td><td>因发生不可抗力事件导致工期延误的，工期相应顺延。发包人要求赶工的，承包人应采取赶工措施，赶工费用由发包人承担</td></tr>
</table>

续表 5-6

索赔事件	具体内容	处理方法	
提前竣工（赶工补偿）与误期赔偿	提前竣工（赶工补偿）	赶工费用	发包人应当依据相关工程的工期定额合理计算工期，压缩的工期天数不得超过定额工期的 20%，超过的，应在招标文件中明示增加的赶工费用
		提前竣工奖励	如果承包人的实际竣工日期早于计划竣工日期，承包人有权向发包人提出并得到提前竣工天数和合同约定的每日历天应奖励额度的乘积计算的提前竣工奖励。双方应当在合同中约定提前竣工奖励的最高限额。提前竣工奖励列入竣工结算文件中，与结算款一并支付
	误期赔偿	如果承包人的实际进度迟于计划进度，发包人有权向承包人索取并得到实际延误天数和合同约定的每日历天应赔偿额度的乘积计算的误期赔偿费。一般来说，双方还应当在合同中约定误期赔偿费的最高限额。误期赔偿费列入竣工结算文件中，并应在结算款中扣除。若部分合同工程产生了工期延误，误期赔偿费按照已颁发工程接收证书的工程造价占合同价款的比例幅度予以扣减	

注：赶工费用的主要内容包括：

（1）人工费的增加，例如新增加投入人工的报酬，不经济使用人工的补贴等；

（2）材料费的增加，例如可能造成不经济使用材料而损耗过大，材料提前交货可能增加的费用、材料运输费的增加等；

（3）施工机具使用费的增加，例如可能增加机械设备投入，不经济的使用机械等。

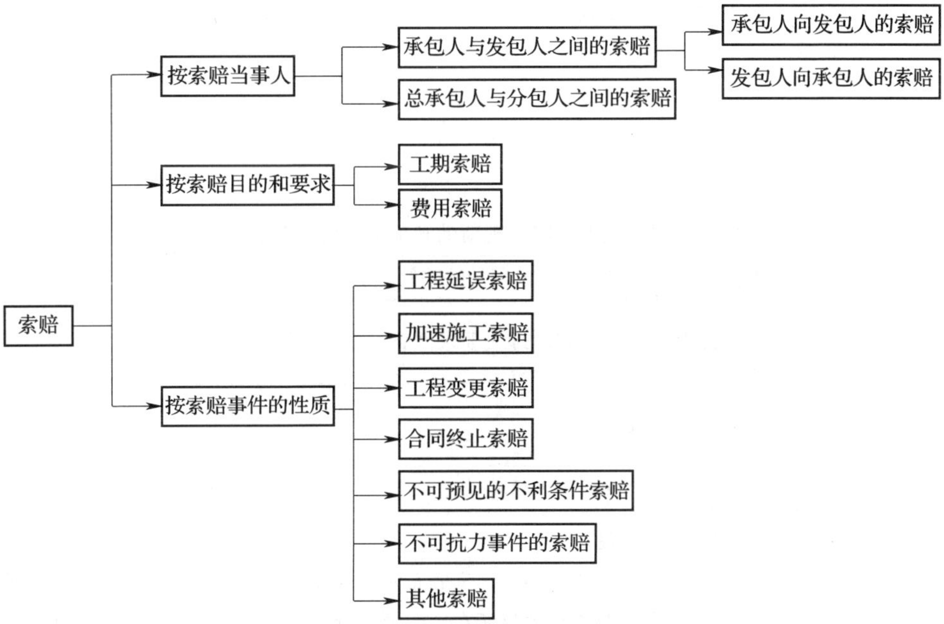

图 5-3　工程索赔的分类

注：工程索赔是指在工程合同履行过程中，当事人一方因非己方的原因而遭受经济损失或工期延误，按照合同约定或法律规定，应由对方承担责任，而向对方提出工期和（或）费用补偿要求的行为。

表 5-7 《标准施工招标文件》（2007 年版）中承包人的索赔事件及可补偿内容

序号	条款号	索赔事件	可补偿内容		
			工期	费用	利润
1	1.6.1	迟延提供图纸	√	√	√
2	1.10.1	施工中发现文物、古迹	√	√	
3	2.3	延迟提供施工场地	√	√	√
4	4.11	施工中遇到不利物质条件	√	√	
5	5.2.4	提前向承包人提供材料、工程设备		√	
6	5.2.6	发包人提供材料、工程设备不合格或迟延提供或变更交货地点	√	√	√
7	8.3	承包人依据发包人提供的错误资料导致测量放线错误	√	√	√
8	9.2.6	因发包人原因造成承包人人员工伤事故		√	
9	11.3	因发包人原因造成工期延误	√	√	√
10	11.4	异常恶劣的气候条件导致工期延误	√		
11	11.6	承包人提前竣工		√	
12	12.2	发包人暂停施工造成工期延误	√	√	√
13	12.4.2	工程暂停后因发包人原因无法按时复工	√	√	√
14	13.1.3	因发包人原因导致承包人工程返工	√	√	√
15	13.5.3	监理人对已经覆盖的隐蔽工程要求重新检查且检查结果合格	√	√	√
16	13.6.2	因发包人提供的材料、工程设备造成工程不合格	√	√	√
17	14.1.3	承包人应监理人要求对材料、工程设备和工程重新检验且检验结果合格	√	√	√
18	16.2	基准日后法律的变化		√	
19	18.4.2	发包人在工程竣工前提前占用工程	√	√	√
20	18.6.2	因发包人的原因导致工程试运行失败		√	√
21	19.2.3	工程移交后因发包人原因出现新的缺陷或损坏的修复		√	√
22	19.4	工程移交后因发包人原因出现的缺陷修复后的试验和试运行		√	
23	21.3.1 (4)	因不可抗力停工期间应监理人要求照管、清理、修复工程		√	
24	21.3.1 (5)	因不可抗力造成工期延误	√		
25	22.2.2	因发包人违约导致承包人暂停施工	√	√	√

注：索赔的依据中应注意以下问题：

（1）国家颁布实施的法律、行政法规。国家颁布实施的相关法律、行政法规，是工程索赔的法律依据。部门规章以及工程项目所在地的地方性法规或地方政府规章，如果在施工合同专用条款中约定为工程合同的适用法律的，也可以作为工程索赔的依据。

（2）工程建设强制性标准。对于不属于强制性标准的其他标准、规范和计价依据，除施工合同中有明确约定外，不能作为工程索赔的依据。

表 5-8　索赔费用和工期的计算

<table>
<tr><th colspan="2">主要知识点</th><th>包括的内容</th><th>具体计算说明</th></tr>
<tr><td rowspan="8">索赔费用的组成</td><td>人工费</td><td>完成合同之外的额外工作所花费的人工费用；超过法定工作时间加班劳动；法定人工费增长；非因承包商原因导致工效降低所增加的人工费用；非因承包商原因导致工程停工的人员窝工费和工资上涨费等</td><td>在计算停工损失中人工费时，通常采用人工单价乘以折算系数计算</td></tr>
<tr><td>材料费</td><td>索赔事件的发生造成材料实际用量超过计划用量而增加的材料费；由于发包人原因导致工程延期期间的材料价格上涨和超期储存费用</td><td>材料费中应包括运输费、保管费，以及合理的损耗费用。如果由于承包商管理不善，造成材料损坏失效，则不能列入索赔款项内</td></tr>
<tr><td>施工机具使用费</td><td>完成合同之外的额外工作所增加的机械使用费；非因承包人原因导致工效降低所增加的机械使用费；由于发包人或工程师指令错误或迟延导致机械停工的台班停滞费</td><td>机械设备台班停滞费的计算：
1. 承包人自有设备：按台班折旧费、人工费与其他费之和计算；
2. 承包人租赁的设备：按台班租金加上每台班分摊的施工机械进退场费计算</td></tr>
<tr><td>现场管理费</td><td>承包人完成合同之外的额外工作以及由于发包人原因导致工期延期期间的现场管理费</td><td>现场管理费索赔金额＝索赔的直接成本费用×现场管理费率；现场管理费率的确定可选用合同百分比法、行业平均水平法、原始估价法或历史数据法</td></tr>
<tr><td>总部（企业）管理费</td><td>发包人原因导致工程延期期间所增加的承包人向公司总部提交的管理费</td><td>1. 按总部管理费的比率计算；
2. 按已获补偿的工程延期天数为基础计算</td></tr>
<tr><td>保险费</td><td colspan="2">因发包人原因导致工程延期时，承包人必须办理工程保险、施工人员意外伤害保险等各项保险的延期手续，对于由此而增加的费用，承包人可以提出索赔</td></tr>
<tr><td>保函手续费</td><td colspan="2">因发包人原因导致工程延期时，承包人必须办理相关履约保函的延期手续，对于由此而增加的手续费，承包人可以提出索赔</td></tr>
<tr><td>利息</td><td>发包人拖延支付工程款利息；发包人迟延退还工程质量保证金的利息；承包人垫资施工的垫资利息；发包人错误扣款的利息等</td><td>具体的利率标准，双方可以在合同中明确约定，没有约定或约定不明的，可以按照中国人民银行发布的同期同类贷款利率计算</td></tr>
</table>

续表 5-8

<table>
<tr><th colspan="2">主要知识点</th><th>包括的内容</th><th>具体计算说明</th></tr>
<tr><td rowspan="2">索赔费用的组成</td><td>利润</td><td>依据施工合同中明确规定可以给予利润补偿的索赔条款，承包人提出费用索赔时都可以主张利润补偿</td><td>索赔利润的计算通常是与原报价单中的利润百分率保持一致</td></tr>
<tr><td>分包费用</td><td>分包费用索赔指的是分包人的索赔费用，一般也包括与上述费用类似的内容索赔</td><td>由于发包人的原因导致分包工程费用增加时，分包人只能向总承包人提出索赔，但分包人的索赔款项应当列入总承包人对发包人的索赔款项中</td></tr>
<tr><td rowspan="6">工期索赔的计算方法</td><td>直接法</td><td colspan="2">如果某干扰事件直接发生在关键线路上，造成总工期的延误，可以直接将该干扰事件的实际干扰时间（延误时间）作为工期索赔费</td></tr>
<tr><td>比例计算法</td><td colspan="2">1. 已知受干扰部分工程的延期时间
$$工期索赔值 = 受干扰部分工期拖延时间 \times \frac{受干扰部分工程的合同价格}{原合同总价}$$
2. 已知额外增加工程量的价格
$$工期索赔值 = 原合同总工期 \times \frac{额外增加的工程量的价格}{原合同总价}$$</td></tr>
<tr><td>网络图分析法</td><td colspan="2">1. 延误的工作为关键工作，则延误的时间为索赔的工期；
2. 延误的工作为非关键工作，当该工作由于延误超过时差限制而成为关键工作时，可以索赔延误时间与时差的差值</td></tr>
<tr><td rowspan="3">共同延误的处理</td><td>初始延误者是发包人原因</td><td>在发包人原因造成的延误期内，承包人既可得到工期延长，又可得到经济补偿</td></tr>
<tr><td>初始延误者是客观原因</td><td>在客观原因发生影响的延误期内，承包人可以得到工期延长，但很难得到费用补偿</td></tr>
<tr><td>初始延误者是承包人原因</td><td>在承包人原因造成的延误期内，承包人既不能得到工期补偿，也不能得到费用补偿</td></tr>
</table>

注：1. 费用索赔的计算方法通常有三种，即实际费用法、总费用法和修正的总费用法。

2. 工期索赔中应当注意的问题：被延误的工作应是处于施工进度计划关键线路上的施工内容。若对非关键路线工作的影响时间较长，超过了该工作可用于自由支配的时间，也会导致进度计划中非关键路线转化为关键路线，其滞后将影响总工期的拖延。

经典考题剖析

一、2023 年考题

1. 某建筑工程施工过程中发生如下时间：①遇到不利物质条件，用工 20 个工日；②异常恶劣天气停工 1 日，窝工 30 个工日。人工工日单价为 200 元/工日，窝工补贴为 100 元/工日，管理费用、利润分别按人工费的 20%、10%计算，不考虑其他费用。根据《标准施工招标文件》（2007 年版）的通用合同条件，承包人可向发包人索赔的金额为（　　）元。

A. 4 800　　　　B. 5 200

C. 8 400　　　　D. 9 100

答案：A

［**解析**］事件 1 可以获得费用补偿，不能获得利润补偿，索赔额＝20×200×（1＋20%）＝4 800（元）。

事件 2 不能获得费用补偿。

承包人可向发包人索赔的金额为 4 800 元。

2. 关于工期“共同延误”的责任处理，下列说法中正确的是（　　）。

A. 由造成拖期的初始延误者对工程拖期负主要责任

B. 在初始延误发生作用期间，其他并发的延误者承担部分拖期责任

C. 初始延误者是发包人的，可给予承包人工期和经济补偿

D. 初始延误是客观原因造成的，可给予承包人工期和经济补偿

答案：C

［**解析**］对于“共同延误”，要具体分析哪一种情况延误是有效的，应依据以下原则：

（1）首先判断造成拖期的哪一种原因是最先发生的，即确定“初始延误”者，它应对工程拖期负责。在初始延误发生作用期间，其他并发的延误者不承担拖期责任。

（2）如果初始延误者是发包人原因，则在发包人原因造成的延误期内，承包人既可得到工期延长，又可得到经济补偿。

3. 根据《标准施工招标文件》（2007 年版）通用合同条件，承包人有权利同时提出工期、费用、利润索赔的事件有（　　）。

A. 发包人延迟提供图纸

B. 施工中发现文物、古迹

C. 施工中遇到不利物质条件

D. 发包人提供的工程设备造成工程不合格

E. 发包人提供的错误资料导致测量放线错误

答案：ADE

［**解析**］与几个选项有关的事件的索赔处理结果如下表所示。

序号	条款号	索赔事件	可补偿内容		
			工期	费用	利润
1	1.6.1	迟延提供图纸	√	√	√
2	1.10.1	施工中发现文物、古迹	√	√	
3	4.11	施工中遇到不利物质条件	√	√	
4	8.3	承包人依据发包人提供的错误资料导致测量放线错误	√	√	√
5	13.6.2	因发包人提供的材料、工程设备造成工程不合格	√	√	√

二、2022 年考题

1. 某项目采用《标准施工招标文件》（2007 年版）合同条件，施工过程中发生下列事件：①遇到不利地质条件，停工 3 天，窝工 30 工日，处理不利地质条件 20 工日；②发生异常恶劣天气，导致停工 2 天，窝工 20 工日。该工程合同约定窝工补贴 160 元/工日，人工工日单价 200 元/工日。不考虑其他因素，承包人应向业主索赔的工期、费用分别为（　　）。

A. 5 天，8 800 元　　B. 3 天，8 800 元

C. 2 天，8 000 元　　D. 5 天，12 000 元

答案：A

［**解析**］不利物质条件下工期索赔 3 天，费用索赔：30×160＋20×200＝8 800（元），异常恶劣的天气导致的停工不能索赔费用，只能索赔工期。

2. 根据《标准施工招标文件》（2007 年版），下列索赔事件中，只可补偿工期费用，不可补偿利润的是（　　）。

A. 工程暂停后因发包人原因无法按时施工

B. 施工中发现文物、古迹

C. 因发包人提供的错误资料导致测量放线结果错误

D. 承包人提前竣工

答案：B

［**解析**］选项中涉及的四个事项可索赔费用情况如下表所示。

序号	条款号	索赔事件	可补偿内容		
			工期	费用	利润
1	1.10.1	施工中发现文物、古迹	√	√	
2	8.3	承包人依据发包人提供的错误资料导致测量放线错误	√	√	√
3	11.6	承包人提前竣工		√	
4	12.4.2	工程暂停后因发包人原因无法按时复工	√	√	√

3. 某工程合同总价 1 000 万元，受索赔事件影响该工程同一关键线路上的 A、B 两个分项工程分别拖延 2 天、3 天，A、B 两个分项工程合同价分别为 300 万元、200 万元，则承包人应向发包人提出的工期索赔为（　　）天。

A. 5　　B. 3　　C. 2.5　　D. 2

答案：A

［**解析**］如果某干扰事件直接发生在关键线路上，造成总工期的延误，可以直接将该

干扰事件的实际干扰时间（延误时间）作为工期索赔值。故：工期索赔＝2＋3＝5（天）。

4. 根据我国《标准施工招标文件》（2007年版），下列索赔事件中，发包人可以同时向承包人补偿工期、费用和利润的有（ ）。

A. 迟延提供施工场地

B. 施工中遇到不利物质条件

C. 发包人提前向承包人提供材料、工程设备

D. 监理人对已覆盖的隐蔽工程要求重新检查且检查结果合格

E. 因发包人原因导致承包人工程返工

答案：ADE

［解析］题目中提及的五个事件可索赔事项如下表所示：

序号	条款号	索赔事件	可补偿内容		
			工期	费用	利润
1	2.3	迟延提供施工场地	√	√	√
2	4.11	施工中遇到不利物质条件	√	√	
3	5.2.4	提前向承包人提供材料、工程设备		√	
4	13.1.3	因发包人原因导致承包人工程返工	√	√	√
5	13.5.3	监理人对已经覆盖的隐蔽工程要求重新检查且检查结果合格	√	√	√

三、2021年考题

1. 因不可抗力造成的下列损失，应由发包人承担的是（ ）。

A. 施工人员伤亡补偿金

B. 施工机械损坏损失

C. 承包人停工损失

D. 修复已完工程增加的费用

答案：D

［解析］因不可抗力事件导致的人员伤亡、财产损失及其费用增加按下列原则进行分担：

（1）合同工程本身的损害、因工程损害导致第三方人员伤亡和财产损失以及运至施工场地用于施工的材料和待安装的设备的损害，由发包人承担；

（2）发包人、承包人人员伤亡由其所在单位负责，并承担相应费用；

（3）承包人的施工机械设备损坏及停工损失，由承包人承担；

（4）停工期间，承包人应发包人要求留在施工场地的必要的管理人员及保卫人员的费用由发包人承担；

（5）工程所需清理、修复费用，由发包人承担。

2. 某施工合同约定，当发生索赔事件时，人工工资、窝工补贴分别按300元/工日、100元/工日计，以人工费为基数的综合费率为40％。在施工过程中发生了如下事件：①因异常恶劣天气导致工程停工3天，人员窝工60个工日；②因该异常恶劣天气导致工程修复用工20个工日，发生材料费5 000元；③复工后又因发包人原因导致停工2天，人员窝工40个工日。承包人可向发包人索赔的费用为（ ）元。

A. 17 400　　B. 19 000　　C. 19 400　　D. 23 400

答案：A

［解析］事件1：不能获得费用补偿。

事件 2：索赔费用=20×300×（1+40%）+5 000=13 400（元）。

事件 3：索赔费用=40×100=4 000（元）。

总索赔费用=13 400+4 000=17 400（元）。

3. 因发包人原因导致工期延误，承包人可向发包人索赔的费用项目有（　　）。

A. 材料超期储存费用

B. 承包人管理不善造成的材料损失费用

C. 总部管理费

D. 履约保函延期手续费

E. 材料涨价价差

答案：ACDE

［**解析**］承包人管理不善造成的材料损失费用应由承包人自己承担，不能向发包人提出索赔。

4. 费用索赔计算的常用方法有（　　）。

A. 比例计算法

B. 实际费用法

C. 总成本法

D. 修正的总费用法

E. 网络图分析法

答案：BCD

［**解析**］索赔费用的计算应以赔偿实际损失为原则，包括直接损失和间接损失。索赔费用的计算方法通常有三种，即实际费用法、总费用法和修正的总费用法。

四、其他年份考题

1. 关于工程索赔的相关论述，下列说法正确的是（　　）。

A. 工程索赔是指承包人向发包人提出工期和（或）费用补偿要求的行为

B. 由于发包人原因导致分包人遭受经济损失，分包人可直接向发包人提出索赔

C. 承包人提出的工期补偿索赔经发包人批准后，可免除承包人非自身原因拖期违约责任

D. 由于不可抗力事件造成合同非正常终止，承包人不能向发包人提出索赔

答案：C

［**解析**］工期索赔一般是指工程合同履行过程中，由于非因自身原因造成工期延误，按照合同约定或法律规定，承包人向发包人提出合同工期补偿要求的行为。工期顺延的要求获得批准后，不仅可以免除承包人承担拖期违约赔偿金的责任，而且承包人还有可能因工期提前获得赶工补偿（或奖励）。

2. 某施工合同中的工程内容由主体工程与附属工程两部分组成，两部分工程的合同额分别为 800 万元和 200 万元。合同中对误期赔偿费的约定是：每延误一个日历天应赔偿 2 万元，且总赔偿费不超过合同总价款的 5%，该工程主体工程按期通过竣工验收，附属工程延误 30 个日历天后通过竣工验收，则该工程的误期赔偿费为（　　）万元。

A. 10　　B. 12　　C. 50　　D. 60

答案：B

[解析] $\left(\frac{200}{800+200}\right)\times 20\ 000\times 30=12$（万元）。

考点五：其他类合同价款调整事项

点评：其他类合同价款调整事项主要指现场签证，此考点在考核中会偶有涉及，知识点也相对比较简单。

知识要点集成

表 5-9　现场签证有关知识点一览表

知识点	内容	
签证主体	现场签证是指发包人或其授权现场代表（包括工程监理人、工程造价咨询人）与承包人或其授权现场代表就施工过程中涉及的责任事件所作的签认证明	
签证事项	合同以外的零星项目、非承包人责任事件工作、合同工程内容因场地条件、地质水文、发包人要求等不一致	
签证内容	有相应计日工单价	列明完成该签证工作所需的人工、材料、工程设备和施工机具台班的数量
	无相应计日工单价	列明完成该签证工作所需的人工、材料、工程设备和施工机具台班的数量及其单价

经典考题剖析

其他年份考题

1. 施工合同履行期间出现现场签证事件时，现场签证要求应由（　　）提出。

A. 发包人　　B. 监理人　　C. 设计人　　D. 承包人

答案：D

[解析] 承包人应发包人要求完成合同以外的零星项目、非承包人责任事件等工作的，发包人应及时以书面形式向承包人发出指令，提供所需的相关资料；承包人在收到指令后，应及时向发包人提出现场签证要求。

2. 关于施工过程中的现场签证，下列说法中正确的是（　　）。

A. 发包人应按照现场签证内容计算价款，在竣工结算时一并支付

B. 没有计日工单价的现场签证，按承包商提出的价格计算并支付

C. 因发包人口头指令实施的现场签证事项，其发生的费用应由发包人承担

D. 经发包人授权的工程造价咨询人，可与承包人做现场签证

答案：D

［解析］承包人应按照现场签证内容计算价款，报送发包人确认后，作为增加合同价款，与进度款同期支付，选项A错误。如果现场签证的工作没有相应的计日工单价，应当在现场签证报告中列明完成该签证工作所需的人工、材料、工程设备和施工机械台班的数量及其单价，选项B错误。合同工程发生现场签证事项，未经发包人签证确认，承包人便擅自实施相关工作的，除非征得发包人书面同意，否则发生的费用由承包人承担。承包人应发包人要求完成合同以外的零星项目、非承包人责任事件等工作的，发包人应及时以书面形式向承包人发出指令，提供所需的相关资料；承包人在收到指令后，应及时向发包人提出现场签证要求，选项C错误。现场签证是指发包人或其授权现场代表包括（工程监理人、工程造价咨询人）与承包人或其授权现场代表就施工过程中涉及的责任事件所作的签认证明，选项D正确。

考点六：工程计量的程序和方法

点评：考生应区分单价合同与总价合同工程计量程序与方法的不同。

知识要点集成

表5-10 不同类型工程合同的计量方法

比较项	单价合同	总价合同	
		以工程量清单方式招标的总价合同	经审定批准的施工图纸及其预算方式发包形成的总价合同
计量方法	施工中工程计量时，若发现招标工程量清单中出现缺项、工程量偏差，或因工程变更引起工程量的增减，应按承包人在履行合同义务中完成的工程量计算	同单价合同	按照工程变更规定引起的工程量增减外，总价合同各项目的工程量应为承包人用于结算的最终工程量
计量周期	承包人应当按照合同约定的计量周期和时间，向发包人提交当期已完工程量报告	应以合同工程经审定批准的施工图纸为依据，发承包双方应在合同中约定工程计量的形象目标或时间节点进行计量	

注：1. 工程计量包括三个原则：

（1）不符合文件要求的工程不予计量；

（2）按合同文件规定的方法、范围、内容和单位计量；

（3）因承包人原因造成的超出合同工程范围施工或返工的工程量，发包人不予计量。

2. 工程计量的范围包括：工程量清单及工程变更所修订的工程量清单的内容；合同文件中规定的各种费用支付项目，如费用索赔、各种预付款、价格调整、违约金等。

3. 工程计量的依据包括：工程量清单及说明、合同图纸、工程变更令及其修订的工程量清单、合同条件、技术规范、有关计量的补充协议、质量合格证书等。

经典考题剖析

一、2022 年考题

1. 根据现行工程量清单计价规范，关于国有资金投资建设工程的工程计量，下列说法正确的是（　　）。

A. 超出合同工程范围施工但没有造成质量问题的工程应予计量

B. 合同文件中约定的各种费用支付项目应不予计量

C. 应区分单价合同与总价合同选择不同的计量方法

D. 成本加酬金合同按照总价合同的计量规定进行计量

答案：C

[解析] 通常区分单价合同和总价合同规定不同的计量方法，成本加酬金合同按照单价合同的计量规定进行计量。

2. 关于工程计量的说法，正确的有（　　）。

A. 应按合同文件规定的方法、范围、内容和单位计量

B. 不符合合同文件要求的工程不予计量

C. 工程验收资料不齐全但满足工程质量要求的，应予计量

D. 因承包人原因超出合同工程范围施工，但有助于提高项目功能的工程量，发包人应予计量

E. 因承包人原因造成返工的工程量，经验收合格的，发包人应予计量

答案：AB

[解析] 工程计量的原则包括下列三个方面：①不符合合同文件要求的工程不予计量。②按合同文件所规定的方法、范围、内容和单位计量。③因承包人原因造成的超合同工程范围施工或返工的工程量，发包人不予计量。

二、2021 年考题

根据现行《标准施工招标文件》（2007 年版），下列已完工程，发包人应予计量的是（　　）。

A. 在工程量清单内，但质量验收资料不齐全的工程

B. 超出合同工程范围的工程

C. 监理人要求再次检验的合格隐蔽工程的挖填土方工程

D. 为抵御台风完成的临时设施加固工程

答案：C

[解析] 当监理人对已经覆盖的隐蔽工程要求重新检查且检查结果合格时，承包人可以获得费用补偿，因此属于发包人应予计量的范围。

考点七：预付款及期中支付

点评：本考点的主要内容是有关预付款和期中支付款额度的确定，基本不涉及有关支付程序的问题。应注意掌握期中支付和施工过程结算的关系。

知识要点集成

表 5-11 预付款

主要知识点		具体说明	
预付款的额度		百分比法	根据《建设工程价款结算暂行办法》的规定，预付款的比例原则上不低于合同金额的 10%，不高于合同金额的 30%
		公式计算法	$工程预付款数额=\dfrac{工程总价\times 材料比例(\%)}{年度施工天数}\times 材料储备定额天数$
预付款的扣回	扣款方法	按合同约定扣款	预付款的扣回方法一般是在承包人完成金额累计达到合同总价的一定比例后，由承包人开始向发包人还款，发包人从每次应付给承包人的金额中扣回工程预付款，发包人至少在合同规定的完工期前将工程预付款的总金额逐次扣回
		起扣点计算法	$T=P-\dfrac{M}{N}$
	担保形式	预付款担保的主要形式为银行保函，也可以是其他形式，如担保公司提供担保或抵押等	
	担保金额	预付款担保的担保金额通常与发包人的预付款是等值的。预付款一般逐月从工程预付款中扣除，预付款担保的担保金额也相应逐月减少，但在预付款全部扣回之前一直保持有效	
安全文明施工费		发包人应在工程开工后的 28 天内预付不低于当年施工进度计划的安全文明施工费总额的 60%，其余部分按照提前安排的原则进行分解，与进度款同期支付	
		发包人没有按时支付安全文明施工费的，承包人可催告发包人支付，发包人在付款期满后的 7 天内仍未支付的，若发生安全事故，发包人应承担连带责任	

注：1. 工程预付款是由发包人按照合同约定，在正式开工前由发包人预先支付给承包人，用于购买工程施工所需的材料和组织施工机械和人员进场的价款。工程预付款额度一般是根据施工工期、建筑安装工作量、主要材料和构件费用占建筑安装工程费的比例以及材料储备周期等因素经测算来确定。

2. 年度施工天数按 365 天日历天计算；材料储备定额天数由当地材料供应的在途天数、加工天数、整理天数、供应间隔天数、保险天数等因素决定。

表 5-12　施工过程结算

主要知识点			具体说明
工程进度款的计算	已完工程的结算价款	已标价工程量清单中的单价项目	承包人应按工程计量确认的工程量与综合单价计算。如综合单价发生调整的，以发承包双方确认调整的综合单价计算进度款
		已标价工程量清单中的总价项目	承包人应按合同中约定的进度款支付分解，分别列入进度款支付申请中的安全文明施工费和本周期应支付的总价项目的金额中
	结算价款的调整	增加金额	承包人现场签证和得到发包人确认的索赔金额列入本周期应增加的金额中
		扣减金额	由发包人提供的材料、工程设备金额，应按照发包人签约提供的单价和数量从进度款支付工程进度款中扣除，列入本周期应扣减的金额中
	工程进度款的支付比例		政府机关、事业单位、国有企业建设工程进度款支付应不低于已完成工程价款的 80%；同时，在确保不超出工程总概（预）算以及工程决（结）算工作顺利开展的前提下，除按合同约定保留不超过工程价款总额 3%的质量保证金外，进度款支付比例可由发承包双方根据项目实际情况自行确定
工程进度款支付的文件	工程进度款支付申请		本周期实际应支付的合同价款＝累计已完成的合同价款－累计已实际支付的合同价款＋本周期合计完成的合同价款－本周期合计应扣减的金额
	工程进度款支付证书		若发承包双方对有的清单项目的计量结果出现争议，发包人应对无争议部分的工程计量结果向承包人出具工程进度款支付证书
	工程进度款支付证书的修正		发现已签发的任何支付证书有错、漏或重复的数额，发包人有权予以修正，承包人也有权提出修正申请。经发承包双方复核同意修正的，应在本次到期的工程进度款中支付或扣除

注：1. 施工过程结算更加强调了对已完工程量要及时进行工程进度款的确认与支付，并应将已经确认的过程结算文件作为竣工结算的依据，以减少工程实践中在竣工时进行全面的竣工结算审核。

2. 本周期合计完成的合同价款内容包括：①本周期已完成单价项目的金额；②本周期应支付的总价项目的金额；③本周期已完成的计日工价款；④本周期应支付的安全文明施工费；⑤本周期应增加的金额。

3. 本周期合计应扣减的金额，内容包括：①本周期应扣回的预付款；②本周期应扣减的金额。

经典考题剖析

一、2023 年考题

1. 关于按照 $T=P-M/N$ 约定的预付款起点，下列说法中正确的是（　　）。

A. M 代表未完成工程的金额

B. 起扣点的金额与预付款金额所占合同总额的比例负相关

C. 起扣点后，每期支付进度款应扣除本期实际发生的材料设备款

D. 该起扣点计算法，有利于发包人资金使用，但对承包人不利

答案：B

［解析］采用起扣点计算方法时，若预付款金额占合同总额比例越高，则相应计算出的起扣点的金额就会越小，因此起扣点的金额与预付款金额所占合同总额的比例负相关。该方法对承包人比较有利，最大限度地占用了发包人的流动资金，但是显然不利于发包人资金使用。

2. 关于建设工程施工过程结算及进度款支付，下列说法中正确的是（　　）。

A. 施工过程结算不应包括承包人现场签证、索赔金额

B. 发包人提供材料的金额，应按发包人实际采购单价和数量从进度款中扣除

C. 发包人对承包人工程进度款支付申请核实确认后，应出具进度款支付证书

D. 发现已签发的任何支付证书有错、漏项的，发承包人双方均有权予以修正

答案：C

［解析］发包人应在收到承包人工程进度款支付申请后，根据计量结果和合同约定对申请内容予以核实，确认后向承包人出具进度款支付证书。若发承包双方对有的清单项目的计量结果出现争议，发包人应对无争议部分的工程计量结果向承包人出具工程进度款支付证书。

二、2022 年考题

1. 某工程合同 12 000 万元，其中主要材料及构件占比 50%。合同约定的工程预付款为 3 600 万元，进度款支付比例为 85%。按起扣点计算的预付款起扣点为（　　）万元。

A. 3 600　　B. 4 800　　C. 7 200　　D. 8 400

答案：B

［解析］起扣点＝12 000－3 600/50%＝4 800（万元）。

2. 关于工程预付款的额度计算和支付，下列说法正确的是（　　）。

A. 采用百分比法，预付款支付比例不得低于签约合同价的 10%

B. 采用百分比法，预付款支付比例不宜高于扣除暂列金额后签约合同价的 30%

C. 采用公式计算法时，预付款 $=\dfrac{\text{年度工程总价}}{\text{年度施工天数}}\times$ 材料储备定额天数

D. 采用公式计算法时，年度施工天数一般按 360 天计算

答案：B

［解析］采用百分比法，包工包料工程的预付款的支付比例不得低于签约合同价（扣除暂列金额）的 10%，不宜高于签约合同价（扣除暂列金额）的 30%。

3. 承包人的进度款支付申请应包括的内容有（　　）。

A. 累计已完成的合同价款　　B. 累计已扣减的合同价款

C. 累计已实际支付的合同价款　　D. 本期合计完成的合同价款

E. 本期施工计划完成情况表

答案：ACD

［**解析**］进度款支付申请的内容包括：

（1）累计已完成的合同价款。

（2）累计已实际支付的合同价款。

（3）本周期合计完成的合同价款，其中包括：①本周期已完成单价项目的金额；②本周期应支付的总价项目的金额；③本周期已完成的计日工价款；④本周期应支付的安全文明施工费；⑤本周期应增加的金额。

（4）本周期合计应扣减的金额，其中包括：①本周期应扣回的预付款；②本周期应扣减的金额。

（5）本周期实际应支付的合同价款。

三、其他年份考题

1. 关于预付款担保的说法，正确的是（　　）。

A. 预付款担保的形式必须为银行保函

B. 预付款担保的担保金额必须高于预付款

C. 在预付款的扣回过程中担保金额保持不变

D. 预付款保函在预付款扣回之前必须保持有效

答案：D

［**解析**］预付款担保的主要形式为银行保函。预付款担保的担保金额通常与发包人的预付款是等值的。预付款一般逐月从工程进度款中扣除，预付款担保的担保金额也相应逐月减少。承包人的预付款保函的担保金额根据预付款扣回的数额相应扣减，但在预付款全部扣回之前一直保持有效。预付款担保也可以采用发承包双方约定的其他形式，如由担保公司提供担保，或采取抵押等担保形式。

2. 由发包人提供的工程材料、工程设备金额，应在合同价款的期中支付和结算中予以扣除，具体的扣除标准是（　　）。

A. 按签约单价和签约数量　　B. 按实际采购单价和实际数量

C. 按签约单价和实际数量　　D. 按实际采购单价和签约数量

答案：A

［**解析**］由发包人提供的材料、工程设备金额，应按照发包人签约提供的单价和数量从进度款支付中扣出，列入本周期应扣减的金额中，故选项 A 正确。

考点八：竣工结算与最终结清

点评：与考点七的原理相同，本考点的主要内容是竣工结算款的内容构成和计算方法。

知识要点集成

表 5-13　竣工结算的编制与审核

<table>
<tr><th colspan="2">主要内容</th><th>具体说明</th></tr>
<tr><td colspan="2">竣工结算的编制依据</td><td>1. 与工程结算有关的法律法规和标准；
2. 工程合同；
3. 发承包双方已确认的过程结算资料；
4. 发承包双方未确认应调整款项的资料；
5. 建设工程设计文件及相关资料；
6. 投标文件；
7. 其他依据</td></tr>
<tr><td>竣工结算的审核</td><td>竣工结算有异议的处理</td><td>审核意见与承包人提交的竣工结算文件不一致的，应提交给承包人复核。承包人应在规定期限内将同意审核意见或不同意见的说明提交工程造价咨询机构。工程造价咨询机构收到承包人提出的异议后，应再次复核，复核后仍有异议的，对于无异议部分办理不完全竣工结算；有异议部分由发承包双方协商解决，协商不成的，按照合同约定的争议解决方式处理</td></tr>
<tr><td rowspan="2">质量争议工程的竣工结算</td><td>已经竣工验收或已竣工未验收但实际投入使用的工程</td><td>按该工程保修合同执行，竣工结算按合同约定办理</td></tr>
<tr><td>已竣工未验收且未实际投入使用的工程以及停工、停建工程</td><td>双方就有争议部分委托有资质的检测鉴定机构进行检测，根据检测结果确定解决方案，或按工程质量监督机构的处理决定执行后办理竣工结算，无争议部分的竣工结算按合同约定办理</td></tr>
<tr><td colspan="2">竣工结算款支付申请的内容</td><td>1. 竣工结算合同价款总额；
2. 累计已实际支付的合同价款；
3. 应扣留的质量保证金；
4. 实际应支付的竣工结算款金额</td></tr>
</table>

注：1.《工程造价改革工作方案》（建办标〔2020〕38 号）中指出，应“加强工程施工合同履约和价款支付监管，引导发承包双方严格按照合同约定开展工程款支付和结算，全面推行施工过程价款结算和支付”。

2. 竣工结算的编制依据中不包括竣工图。

3. 发承包双方在合同工程实施过程中已经确认的工程计量结果和合同价款，在竣工结算办理中应直接进入结算。

4. 接受委托的工程造价咨询机构从事竣工结算审核工作，通常包括准备阶段、审核阶段和审定阶段。竣工结算审核应采用全面审核法，除另有约定外，不得采用重点审核法、抽样审核法或类比审核法。

表 5-14 合同解除的价款结算与支付

合同解除原因	结算与支付	
不可抗力解除合同	支付金额	1. 合同解除之日前已完成工程但尚未支付的合同价款； 2. 合同中约定应由发包人承担的费用； 3. 已实施或部分实施的措施项目应付价款； 4. 承包人为合同工程合理订购且已支付的材料和工程设备货款；发包人一经支付此项货款，该材料和工程设备即成为发包人的财产； 5. 承包人为撤离现场所需的合理费用，包括员工遣送费和临时工程拆除、施工设备运离现场的费用； 6. 承包人为完成合同工程而预期开支的任何合理费用，且该项费用未包括在本款其他各项支付之内
	扣除金额	合同解除之日前发包人应向承包人收回的价款
	差额退还	当发包人应扣除的金额超过了应支付的金额，则承包人应在合同解除后的 56 天内将其差额退还给发包人

表 5-15 质量保证金

缺陷责任	质量保证金的使用
由他人及不可抗力原因造成的缺陷	发包人负责维修，承包人不承担费用
由承包人原因造成的缺陷	承包人负责维修并承担鉴定及维修费用
由发包人原因造成的缺陷	发包人负责维修并承担鉴定及维修费用

注：1. 缺陷责任期从工程通过竣工验收之日起计。缺陷责任期一般为 1 年，最长不超过 2 年，由发承包双方在合同中约定。由于发包人原因导致工程无法按规定期限进行竣工验收的，在承包人提交竣工验收报告 90 天后，工程自动进入缺陷责任期。

2. 质量保证金总预留比例不得高于工程价款结算总额的 3%。在工程项目竣工前，已经缴纳履约保证金的，发包人不得同时预留工程质量保证金。采用工程质量保证担保、工程质量保险等其他方式的，发包人不得再预留质量保证金。

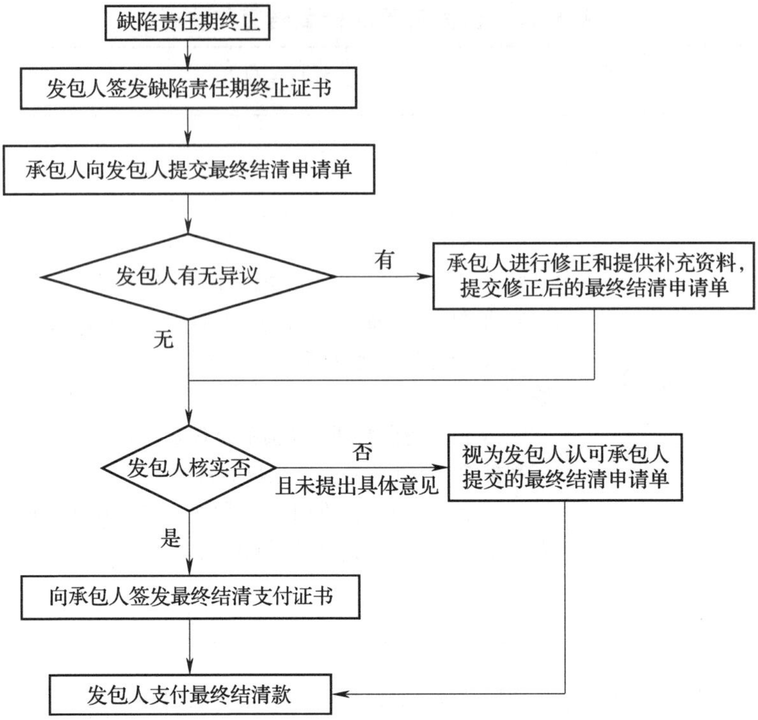

图 5-4 最终结清程序

注：1. 承包人在提交的最终结清申请中，只限于提出工程接收证书颁发后发生的索赔，提出索赔的期限自接收最终支付证书时终止。

2. 最终结清时，如果承包人被扣留的质量保证金不足以抵减发包人工程缺陷修复费用的，承包人应承担不足部分的补偿责任。

经典考题剖析

一、2023 年考题

1. 关于工程施工项目竣工结算款的支付，下列说法中正确的是（　　）。

A. 竣工结算款支付申请金额应包括质量保证金在内的所有未支付款项

B. 合同价款总额中应扣除经双方确认的误期赔偿费

C. 承包人有权获得的延迟支付利息，应自催告发包人支付之日起计算

D. 发包人未按规定支付竣工结算款的，承包人不得直接向人民法院申请拍卖工程

答案：B

[解析] 误期赔偿属于索赔事项。在工程竣工结算时，对于索赔款的结算原则是“施工索赔费用应依据发承包双方确认的索赔事项和金额计算”。因此合同价款总额总应扣除经双方确认的误期赔偿费。

2. 关于建设工程施工质量缺陷责任期，下列说法中正确的是（　　）。

A. 是指承包人履行质量保修的期限　　B. 一般为 1 年，最长不超过 2 年

C. 承诺从竣工验收申请之日起计算　　D. 正常应不属于质量保证金的期限

答案：B

［解析］缺陷责任期从工程通过竣工验收之日起计。缺陷责任期一般为 1 年，最长不超过 2 年，由发、承包双方在合同中约定。由于承包人原因导致工程无法按规定期限进行竣工验收的，缺陷责任期从实际通过竣工验收之日起计。由于发包人原因导致工程无法按规定期限进行竣工验收的，在承包人提交竣工验收报告 90 天后，工程自动进入缺陷责任期。

3. 根据《建设工程工程量清单计价规范》GB 50500—2013，关于编制工程竣工结算文件时的计价原则，下列说法中正确的是（　　）。

A. 采用总价合同的，应在合同总价的基础上进行结算

B. 采用单价合同的，应在合同单价的基础上进行结算

C. 有材料暂估价的，暂估价材料应按照暂估价格进行结算

D. 设有暂列金额的，工程价款调整金额以暂列金额为限进行结算

E. 采用过程结算的，发承包双方已经确认的工程计量结果应直接进入结算

答案：ABE

［解析］采用总价合同的，应在合同总价基础上，对合同约定能调整的内容及超过合同约定范围的风险因素进行调整；采用单价合同的，在合同约定风险范围内的综合单价应固定不变，并应按合同约定进行计量，且应按实际完成的工程量进行计量。此外，发承包双方在合同工程实施过程中已经确认的工程计量结果和合同价款，在竣工结算办理中应直接进入结算。

二、2022 年考题

1. 除工程造价咨询合同另有约定外，工程造价咨询企业竣工结算审核通常采用的方法是（　　）。

A. 全面审核法　　B. 重点审核法

C. 抽样审核法　　D. 抽样审核与类比审核相结合方法

答案：A

［解析］竣工结算审核应采用全面审核法，除委托咨询合同另有约定外，不得采用重点审核法、抽样审核法或类比审核法等其他方法。

2. 关于编制竣工结算文件应遵循的计价原则，下列说法正确的是（　　）。

A. 安全文明施工费应按原合同约定的金额计算

B. 总承包服务费应按承包人实际发生的金额计算

C. 现场签证费用应依据发承包双方签证确认的金额计算

D. 暂列金额应减去工程价款调整金额（不含索赔费用）

答案：C

［解析］在采用工程量清单计价的方式下，工程竣工结算的编制应当遵循下列计价原则：

（1）分部分项工程和措施项目中的单价项目应依据双方确认的工程量与已标价工程量清单的综合单价计算；如发生调整的，以发承包双方确认调整的综合单价计算。

（2）措施项目中的总价项目应依据合同约定的项目和金额计算；如发生调整的，以发承包双方确认调整的金额计算，其中安全文明施工费必须按照国家或省级、行业建设

主管部门的规定计算。

(3) 其他项目应按下列规定计价：①计日工应按发包人实际签证确认的事项计算；②暂估价应按发承包双方按照《建设工程工程量清单计价规范》GB 50500—2013 的相关规定计算；③总承包服务费应依据合同约定金额计算，如发生调整的，以发承包双方确认调整的金额计算；④施工索赔费用应依据发承包双方确认的索赔事项和金额计算；⑤现场签证费用应依据发承包双方签证资料确认的金额计算；⑥暂列金额应减去工程价款调整（包括索赔、现场签证）金额计算，如有余额归发包人。

3. 因不可抗力解除合同的，发包人应向承包人支付的金额中不应包括（　　）。

A. 已实施或部分实施的措施项目应付价款

B. 为合同工程合理订购且已交付的材料和工程设备货款

C. 不可抗力事件发生后的窝工损失费

D. 撤离现场所需的合理费用

答案：C

［解析］由于不可抗力解除合同的，发包人除应向承包人支付合同解除之日前已完成工程但尚未支付的合同价款，还应支付下列金额：①合同中约定应由发包人承担的费用。②已实施或部分实施的措施项目应付价款。③承包人为合同工程合理订购且已交付的材料和工程设备货款。发包人一经支付此项货款，该材料和工程设备即成为发包人的财产。④承包人撤离现场所需的合理费用，包括员工遣送费和临时工程拆除、施工设备运离现场的费用。⑤承包人为完成合同工程而预期开支的任何合理费用，且该项费用未包括在本款其他各项支付之内。

4. 根据《标准施工招标文件》(2007 年版)，关于最终结清的说法正确的是（　　）。

A. 项目竣工验收后，发包人与承包人结清全部剩余工程款项的活动

B. 承包人提交的最终结清申请中，只限于提出工程接收证书颁发后发生的索赔

C. 发包人应在收到最终结清申请单后向承包人签发竣工结算支付证书

D. 质量保证金不足以抵减工程缺陷修复费用的，由发包人承担不足部分

答案：B

［解析］承包人按合同约定接受了竣工结算支付证书后，应被认为已无权再提出在合同工程接收证书颁发前所发生的任何索赔。承包人在提交的最终结清申请中，只限于提出工程接收证书颁发后发生的索赔。提出索赔的期限自接受最终支付证书时终止。

三、2021 年考题

1. 因不可抗力解除承包合同的，发包人应向承包人支付的款项是（　　）。

A. 未完工程的利润补偿　　B. 供应商已交付材料的价款

C. 按“项”计价的措施费总额　　D. 承包人撤离现场的费用

答案：D

［解析］由于不可抗力解除合同的，发包人除应向承包人支付合同解除之日前已完成工程但尚未支付的合同价款，还应支付下列金额：

(1) 合同中约定应由发包人承担的费用。

(2) 已实施或部分实施的措施项目应付价款。

（3）承包人为合同工程合理订购且已交付的材料和工程设备货款。发包人一经支付此项货款，该材料和工程设备即成为发包人的财产。

（4）承包人撤离现场所需的合理费用，包括员工遣送费和临时工程拆除、施工设备运离现场的费用。

（5）承包人为完成合同工程而预期开支的任何合理费用，且该项费用未包括在本款其他各项支付之内。

2. 关于质量保证金的预留和管理，下列说法正确的是（　　）。

A. 无论竣工前是否缴纳履约保证金，均需预留质量保证金

B. 实行国库集中支付的政府投资建设项目，质量保证金预留在财政部门

C. 社会投资项目的质量保证金，应预留在发包方

D. 发包人被撤销的，质量保证金应随交付资产一并移交使用单位

答案：D

［解析］缺陷责任期内，实行国库集中支付的政府投资项目，质量保证金的管理应按国库集中支付的有关规定执行。其他政府投资项目，质量保证金可以预留在财政部门或发包方。缺陷责任期内，如发包人被撤销，质量保证金随交付使用资产一并移交使用单位，由使用单位代行发包人职责。社会投资项目采用预留质量保证金方式的，发承包双方可以约定将质量保证金交由金融机构托管。

四、其他年份考题

1. 承包人按合同约定接受了竣工结算支付证书后，应被认为已无权再提出在（　　）颁发前所发生的任何索赔。

A. 合同工程接收证书　　B. 质量保证金返还证书

C. 缺陷责任期终止证书　　D. 最终支付证书

答案：A

［解析］承包人按合同约定接受了竣工结算支付证书后，应被认为已无权再提出在合同工程接收证书颁发前所发生的任何索赔；承包人在提交的最终结清申请中，只限于提出工程接收证书颁发后发生的索赔。

2. 发包人未按规定程序支付竣工结算款项的，承包人可以（　　）。

A. 催发包人支付　　B. 获得延迟支付利息的权利

C. 直接将工程折价　　D. 直接将工程拍卖

E. 就工程拍卖价获得优先受偿权

答案：ABE

［解析］发包人未按照规定的程序支付竣工结算款的，承包人可催告发包人支付，并有权获得延迟支付的利息。发包人在竣工结算支付证书签发后或者在收到承包人提交的竣工结算款支付申请规定时间内仍未支付的，除法律另有规定外，承包人可与发包人协商将该工程折价，也可直接向人民法院申请将该工程依法拍卖。承包人就该工程折价或拍卖的价款优先受偿。

3. 发包人收到承包人提交的最终结清申请单，并在规定时间内予以核实后，向承包人签发（　　）。

A. 工程接收证书　　B. 竣工结算支付证书

C. 缺陷责任期终止证书　　D. 最终支付证书

答案：D

［**解析**］发包人收到承包人提交的最终结清申请单后的规定时间内予以核实，向承包人签发最终支付证书。发包人未在约定时间内核实，又未提出具体意见的，视为承包人提交的最终结清申请单已被发包人认可。

4. 发包人对工程质量有异议，竣工结算仍应按合同约定办理的情形有（　　）。

A. 工程已竣工验收的

B. 工程已竣工未验收，但实际投入使用的

C. 工程已竣工未验收，且未实际投入使用的

D. 工程停建，对无质量争议的部分

E. 工程停建，对有质量争议的部分

答案：ABD

［**解析**］①已经竣工验收或已竣工未验收但实际投入使用的工程，其质量争议按该工程保修合同执行，竣工结算按合同约定办理；②已竣工未验收且未实际投入使用的工程以及停工、停建工程的质量争议，双方应就有争议的部分委托有资质的检测鉴定机构进行检测，根据检测结果确定解决方案，或按工程质量监督机构的处理决定执行后办理竣工结算，无争议部分的竣工结算按合同约定办理。

考点九：合同价款纠纷的处理

点评：此考点为对合同价款纠纷处理进行详细和系统的阐述，是本章中比较重要的考点之一，主要内容包括合同纠纷的处理途径、处理原则和工程造价鉴定的有关规定。

知识要点集成

表 5-16　合同价款纠纷的解决途径

解决途径		具体说明
和解	协商和解	合同价款争议发生后，发承包双方任何时候都可以进行协商。协商达成一致的，双方应签订书面和解协议，和解协议对发承包双方均有约束力。如果协商不能达成一致协议，发包人或承包人都可以按合同约定的其他方式解决争议
	监理或造价工程师暂定	发承包双方对暂定结果认可的，应以书面形式予以确认，暂定结果成为最终决定。发承包双方或一方不同意暂定结果的，应以书面形式向总监理工程师或造价工程师提出，说明自己认为正确的结果，同时抄送另一方，此时该暂定结果成为争议。在暂定结果不实质影响发承包双方当事人履约的前提下，发承包双方应实施该结果，直到其按照发承包双方认可的争议解决办法被改变为止

续表 5-16

<table>
<tr><th colspan="2">解决途径</th><th>具体说明</th></tr>
<tr><td rowspan="2">调解</td><td>管理机构的解释或认定</td><td>除工程造价管理机构的上级管理部门做出了不同的解释或认定，或在仲裁裁决或法院判决中不予采信的外，工程造价管理机构做出的书面解释或认定是最终结果，对发承包双方均有约束力</td></tr>
<tr><td>双方约定争议调解人进行调节</td><td>除非并直到调解书在协商和解或仲裁裁决、诉讼判决中做出修改，或合同已经解除，承包人应继续按照合同实施工程</td></tr>
</table>

注：和解和调解不成的，当事人可以根据约定采用仲裁或诉讼等法律途径解决。

表 5-17　合同价款纠纷的处理原则

<table>
<tr><th>纠纷类型</th><th colspan="4">处理原则</th></tr>
<tr><td rowspan="5">施工合同无效的价款纠纷处理</td><td colspan="2">施工合同无效的认定情形</td><td colspan="2">1. 承包人未取得建筑施工企业资质或者超越资质等级的；
2. 没有资质的实际施工人借用有资质的建筑施工企业名义的；
3. 建设工程必须进行招标而未招标或者中标无效的；
4. 发包人未取得建设工程规划许可证等规划审批手续(发包人在起诉前取得的除外)；
5. 承包人非法转包、违法分包建设工程与他人签订的建设工程施工合同</td></tr>
<tr><td colspan="2">不能认定为无效合同的情形</td><td colspan="2">1. 超越资质签订合同，在建设工程竣工前取得相应资质等级；
2. 具有资质的劳务分包合同；
3. 发包人能够办理建设工程规划许可证等规划审批手续而未办理</td></tr>
<tr><td rowspan="3">处理方式</td><td>建设工程经竣工验收合格</td><td colspan="2">参照合同关于工程价款的约定折价补偿承包人</td></tr>
<tr><td rowspan="2">建设工程经竣工验收不合格</td><td>修复后的建设工程经竣工验收合格</td><td>发包人请求承包人承担修复费用的，应予支持</td></tr>
<tr><td>修复后的建设工程经竣工验收不合格</td><td>承包人无权请求参照合同关于工程价款的约定折价补偿</td></tr>
</table>

续表 5-17

<table>
<tr><th>纠纷类型</th><th colspan="3">处理原则</th></tr>
<tr><td rowspan="3">垫资施工合同的价款纠纷处理</td><td>当事人对垫资和垫资利息有约定</td><td colspan="2">承包人请求按照约定返还垫资及其利息的，应予支持，但是约定的利息计算标准高于垫资时的同期贷款市场报价利率的部分除外</td></tr>
<tr><td>当事人对垫资没有约定</td><td colspan="2">按照工程欠款处理</td></tr>
<tr><td>当事人对垫资利息没有约定</td><td colspan="2">承包人请求支付利息，不予支持</td></tr>
<tr><td rowspan="7">工程结算价款纠纷的处理</td><td rowspan="4">合同文件内容不一致时的计算依据</td><td colspan="2">招标人和中标人另行签订的建设工程施工合同约定的工程范围、建设工期、工程质量、工程价款等实质性内容，与中标合同不一致，一方当事人请求按照中标合同确定权利义务的，应予支持</td></tr>
<tr><td colspan="2">建设工程施工合同与招标文件、投标文件、中标通知书载明的工程范围、建设工期、工程质量、工程价款不一致，一方当事人请求将招标文件、投标文件、中标通知书作为结算工程价款的依据的，应予支持</td></tr>
<tr><td colspan="2">不属于必须招标的建设工程进行招标后，与承包人另行订立的建设工程施工合同背离中标合同的实质性内容，当事人请求以中标合同作为结算建设工程价款依据的，应予支持</td></tr>
<tr><td colspan="2">数份建设工程施工合同均无效，但建设工程质量合格，一方当事人请求参照实际履行的合同结算建设工程价款的，应予支持。实际履行的合同难以确定，当事人请求参照最后签订的合同，可参照最后签订的合同关于工程价款的约定折价补偿承包人的，应予支持</td></tr>
<tr><td>当事人对工程量有争议</td><td colspan="2">按照施工过程中形成的签证等书面文件确认</td></tr>
<tr><td rowspan="2">工程欠款的利息支付</td><td rowspan="2">利率标准</td><td>当事人对欠付工程价款利息计付标准有约定的，按照约定处理</td></tr>
<tr><td>没有约定的，按照同期同类贷款利率或者同期贷款市场报价利率计息</td></tr>
</table>

续表 5-17

<table>
<tr><th>纠纷类型</th><th colspan="3">处理原则</th></tr>
<tr><td>工程结算价款纠纷的处理</td><td>工程欠款的利息支付</td><td>计息日（应付工程价款之日）</td><td>1. 建设工程已实际交付的，为交付之日；
2. 建设工程没有交付的，为提交竣工结算文件之日；
3. 建设工程未交付，工程价款也未结算的，为当事人起诉之日</td></tr>
<tr><td rowspan="3">价款纠纷引起的诉讼处理</td><td>诉讼管辖</td><td colspan="2">由不动产所在地人民法院管辖。建设工程已经登记的，以不动产登记簿记载的所在地为不动产所在地；建设工程未登记的，以建设工程实际所在地为不动产所在地</td></tr>
<tr><td rowspan="2">诉讼当事人的确定</td><td>发包人要求增加被告人</td><td>发包人可以以总承包人、分包人和实际施工人为共同被告提起诉讼</td></tr>
<tr><td>实际施工人要求增加被告人</td><td>实际施工人以转包人、违法分包人为被告起诉的，人民法院应当依法受理；
实际施工人以发包人为被告主张权利的，人民法院应当追加转包人或者违法分包人为本案当事人</td></tr>
</table>

注：借用有资质的建筑施工企业名义签订建设工程施工合同，发包人请求出借方与借用方对建设工程质量不合格等因出借资质造成的损失承担连带赔偿责任的，人民法院应予支持。

表 5-18　工程造价鉴定过程

<table>
<tr><th colspan="2">主要知识点</th><th>具体说明</th></tr>
<tr><td rowspan="3">鉴定项目的委托和鉴定组织</td><td>鉴定机构的回避</td><td>1. 担任过鉴定项目咨询人的；
2. 与鉴定项目有利害关系的</td></tr>
<tr><td>鉴定人员的回避</td><td>有下列情形之一的，应自行提出回避：
1. 是鉴定项目当事人、代理人近亲属的；
2. 与鉴定项目有利害关系的；
3. 与鉴定项目当事人、代理人有其他利害关系，可能影响鉴定公正的。
有下列情形之一的，当事人有权向委托人申请其回避：
1. 接受鉴定项目当事人、代理人吃请和礼物的；
2. 索取、借用鉴定项目当事人、代理人款物的</td></tr>
<tr><td>鉴定人的配备</td><td>鉴定人必须具有相应专业的注册造价工程师职业资格。根据鉴定工作需要，鉴定机构可以安排非注册造价工程师的专业人员作为鉴定人的辅助人员，参与鉴定的辅助性工作。鉴定机构对同一鉴定事项，应指定两名及以上鉴定人共同进行鉴定</td></tr>
</table>

续表 5-18

<table>
<tr><th>主要知识点</th><th>具体说明</th></tr>
<tr><td>鉴定期限</td><td>
<table>
<tr><th>争议标的涉及工程造价金额</th><th>期限/工作日</th></tr>
<tr><td>1 000 万元以下（含 1 000 万元）</td><td>40</td></tr>
<tr><td>1 000 万元以上 3 000 万元以下（含 3 000 万元）</td><td>60</td></tr>
<tr><td>3 000 万元以上 1 亿元以下（含 1 亿元）</td><td>80</td></tr>
<tr><td>1 亿元以上（不含 1 亿元）</td><td>100</td></tr>
</table>
完成鉴定的时间可以延长，每次延长时间一般不得超过 30 个工作日。每个鉴定项目延长次数一般不得超过 3 次</td></tr>
</table>

表 5-19 工程造价鉴定的方法和结果

<table>
<tr><th colspan="2">主要知识点</th><th colspan="3">具体说明</th></tr>
<tr><td rowspan="3">鉴定依据</td><td>鉴定人自备的鉴定依据</td><td colspan="3">1. 适用于鉴定项目的法律、法规、规章和规范性文件；
2. 与鉴定项目相关的标准规范（若工程合同约定的标准规范不是国家或行业标准，则由当事人提供）；
3. 与鉴定项目同时期、同地区、相同或类似工程的技术经济指标以及各类生产要素价格</td></tr>
<tr><td>委托人移交的证据材料</td><td colspan="3">1. 起诉状（或仲裁申请书）、反诉状（或仲裁反申请书）及答辩状、代理词；
2. 证据及《送鉴证据材料目录》；
3. 质证记录、庭审记录等卷宗；
4. 鉴定机构认为需要的其他有关资料</td></tr>
<tr><td>当事人提交的证据材料</td><td colspan="3">鉴定人将当事人有争议且未经质证的材料作为鉴定依据的，人民法院应当组织当事人就该部分材料进行质证。经质证认为不能作为鉴定依据的，根据该材料做出的鉴定意见不得作为认定案件事实的依据</td></tr>
<tr><td rowspan="4">争议鉴定方法</td><td rowspan="4">合同争议的鉴定</td><td rowspan="2">合同是否有效</td><td>有效</td><td>根据合同约定进行鉴定</td></tr>
<tr><td>无效</td><td>按照委托人的决定进行鉴定</td></tr>
<tr><td rowspan="2">计价依据、计价方法的约定</td><td>无约定</td><td>鉴定人可向委托人提议“参照同时同地的计价依据、计价方法和签约时的市场价格信息进行鉴定”的建议，并按照委托人的决定进行鉴定</td></tr>
<tr><td>前后矛盾</td><td>鉴定人应提请委托人决定适用条款；委托人暂不明确的，应按不同的约定条款分别做出鉴定意见，供委托人判断使用</td></tr>
</table>

续表 5-19

主要知识点			具体说明
争议鉴定方法	计量争议的鉴定	计量依据有争议	鉴定人应以现行国家相关工程计量规范规定的工程量计算规则计量；无国家标准的，按行业标准或地方标准计量。但当事人在合同中明确约定了计量规则的除外
		计量结果有异议	1. 当事人一方仅提出异议未提供具体证据的，按原计量结果进行鉴定； 2. 当事人一方既提出异议又提出具体证据的，应对原计量结果进行复核，必要时可到现场复核，按复核后的计量结果进行鉴定
	计价争议的鉴定	工程变更导致工程量变化，综合单价争议	1. 有约定的，应按合同约定进行鉴定； 2. 没有约定的，应提请委托人决定并按其决定进行鉴定，或按现行国家标准计价规范的相关规定进行鉴定，供委托人判断使用
		物价波动调整合同价款争议	1. 约定了计价风险范围和幅度的，按合同约定进行鉴定；合同中约定了物价波动可以调整，但没有约定风险范围和幅度的，应提请委托人决定，按现行国家标准计价规范的相关规定进行鉴定； 2. 约定物价波动不予调整的，仍应对实行政府定价或政府指导价的材料按《中华人民共和国民法典》（合同编）的相关规定进行鉴定
		人工费调整文件争议	1. 约定不执行的，应提请委托人决定并按其决定进行鉴定； 2. 没有约定或约定不明的，应提请委托人决定并按其决定进行鉴定，委托人要求鉴定人提出意见的，鉴定人应分析鉴别；判断人工费的形成是否以鉴定项目所在地工程造价管理部门发布的人工费为基础在合同中约定
		材料价格争议	1. 采购前经发包人或其代表签批认可的，按签批的材料价格进行鉴定； 2. 采购前未报发包人或其代表认质认价的，按合同约定的价格进行鉴定； 3. 发包人认为承包人采购的材料不符合质量要求，不予认价的，应按双方约定的价格进行鉴定，质量争议应告知发包人另行申请质量鉴定

续表 5-19

主要知识点		具体说明
争议鉴定方法	工程签证争议	1. 签证明确了人工、材料、机具台班数量及其价格的，按签证的数量和价格计算； 2. 签证只有用工数量没有人工单价的，应按照工作技术要求比照鉴定项目相应工程人工单价适当上浮计算； 3. 签证只有材料机具台班用量没有价格的，其材料和台班价格按照鉴定项目相应工程材料和台班价格计算； 4. 签证只有总价款而无明细表述的，按总价款计算； 5. 签证中的零星工程数量与该工程应予实际完成的数量不一致时，应按实际完成的工程数量计算
鉴定意见书	确定性意见	鉴定项目或鉴定事项内容事实清楚，证据充分
	推断性意见	鉴定项目或鉴定事项内容客观，事实较清楚，但证据不够充分
	供选择性意见	鉴定项目合同约定矛盾或鉴定事项中部分内容证据矛盾，委托人暂不明确要求鉴定人分别鉴定的，可分别按照不同的合同约定或证据，做出选择性意见，由委托人判断使用
	当事人相互协商一致，达成的书面妥协性意见应纳入确定性意见，但应在鉴定意见中予以注明。重新鉴定时，除当事人再次达成一致同意外，不得作为鉴定依据直接使用。鉴定意见书不得载有对案件性质和当事人责任进行认定的内容	

经典考题剖析

一、2023 年考题

1. 根据我国司法解释，关于建设工程施工无效合同的认定和价款处理，下列说法中正确的是（　　）。

A. 承包人超越资质等级签订建设工程施工合同，虽在工程竣工前期取得相应资质等级，仍应按无效合同处理

B. 未经发包人批准，具有劳务作业资质的承包人与分包人签订的劳务分包合同，应按无效合同处理

C. 建设工程施工合同无效，但验收合格的，可以参照合同中关于工程价款的约定，折价补偿承包人

D. 建设工程施工合同无效，且验收不合格的，由承包人承担发包人的一切损失

答案：C

[解析] 根据《最高人民法院关于审理建设工程施工合同纠纷案件适用法律问题的解释（一）》（法释〔2020〕25 号）的规定，建设工程施工合同无效，但建设工程经验收合格的，可以参照合同关于工程价款的约定折价补偿承包人。

2. 根据《建设工程造价鉴定规范》GB/T 51262—2017，关于施工合同争议鉴定，下列说法中正确的是（　　）。

A. 委托人认为鉴定项目合同有效的，鉴定人应按照委托人的决定进行鉴定

B. 委托人认为鉴定项目合同无效的，鉴定人应依据项目所在地同期适用的计价依据进行鉴定

C. 项目合同对计价依据、计价方法没有约定的，由鉴定人自主选择适用的计价依据、计价方法进行鉴定

D. 鉴定项目合同对计价依据、计价方法的约定条款前后矛盾的，鉴定人应提请委托人决定适用条款

答案：D

[解析] 委托人认为鉴定项目合同有效的，鉴定人应根据合同约定进行鉴定。委托人认为鉴定项目合同无效的，鉴定人应按照委托人的决定进行鉴定。鉴定项目合同对计价依据、计价方法没有约定的，鉴定人可向委托人提出“参照鉴定项目所在地同时期适用的计价依据、计价方法和签约时的市场价格信息进行鉴定”的建议，鉴定人应按照委托人的决定进行鉴定。鉴定项目合同对计价依据、计价方法约定条款前后矛盾的，鉴定人应提请委托人决定适用条款；委托人暂不明确的，鉴定人应按不同的约定条款分别做出鉴定意见，供委托人判断使用。

3. 关于和解方式解决建设工程施工合同纠纷，下列说法中正确的有（　　）。

A. 和解是指当事人在自愿互谅的基础上自行解决争议的一种方式

B. 和解方式具有简便易行，能经济、及时解决纠纷的特点

C. 和解解决纠纷应邀请第三方见证，或者在第三方的组织下进行

D. 和解达成一致的应签订和解协议，和解协议对双方均具有约束力

E. 一方拒不履行和解协议的，对方当事人可以请求人民法院执行

答案：ABD

[解析] 和解是指当事人在自愿互谅的基础上，就已经发生的争议进行协商并达成协议，自行解决争议的一种方式。发生合同争议时，当事人应首先考虑通过和解解决争议。合同争议和解解决方式简便易行，能经济、及时地解决纠纷，同时有利于维护合同双方的友好合作关系，使合同能更好地得到履行。协商达成一致的，双方应签订书面和解协议，和解协议对发承包双方均有约束力。如果协商不能达成一致协议，发包人或承包人都可以按合同约定的其他方式解决争议。

二、2022 年考题

1. 关于工程合同价款纠纷的解决，下列说法正确的是（　　）。

A. 发承包双方约定提交总监理工程师或造价工程师解决的，属于调解

B. 发承包双方收到工程造价管理机构的解释或认定后，不得再提起仲裁或诉讼

C. 合同约定了调解人的，发承包双方不得协议调换调解人

D. 发承包双方接受调解人出具的调解书的，经双方签字后作为合同的补充文件

答案：D

[解析] 发承包双方通过监理或造价工程师暂定的方式解决争议，这种方式属于和

解；发承包双方或一方收到工程造价管理机构书面解释或认定后，仍可按照合同约定的争议解决方式提请仲裁或诉讼；合同履行期间，发承包双方可以协议调换或终止任何调解人，但发包人或承包人都不能单独采取行动；发承包双方接受调解人出具的调解书的，经双方签字后作为合同的补充文件。

2. 根据《建设工程造价鉴定规范》GB/T 51262—2017，关于鉴定意见书的鉴定意见，下列说法正确的有（　　）。

A. 鉴定意见可同时包括确定性意见、推断性意见、供选择性意见

B. 当鉴定事项内容事实清楚，证据充分，应做出确定性意见

C. 当鉴定事项内容客观，事实较清楚，但证据不够充分，应做出供选择性意见

D. 当鉴定项目合同约定矛盾，可按不同约定做出供选择性意见

E. 当事人相互协商一致达成的书面妥协性意见，应纳入供选择性意见

答案：ABD

［**解析**］鉴定可同时包括确定性意见、推断性意见或供选择性意见。当鉴定项目或鉴定事项内容事实清楚，证据充分，应做出确定性意见；当鉴定项目或鉴定事项内容客观，事实较清楚，但证据不够充分，应做出推断性意见；当鉴定项目合同约定矛盾或鉴定事项中部分内容证据矛盾，委托人暂不明确要求鉴定人分别鉴定的，可分别按照不同的合同约定或证据，做出选择性意见，由委托人判断使用。在鉴定过程中，对鉴定项目或鉴定项目中部分内容，当事人相互协商一致，达成的书面妥协性意见应纳入确定性意见。

三、2021 年考题

1. 根据《建设工程造价鉴定规范》GB/T 51262—2017，关于合同争议鉴定，下列说法正确的是（　　）。

A. 委托人认为鉴定项目合同有效的，应按照委托人的决定进行鉴定

B. 委托人认为鉴定项目合同无效的，应按双方当事人商定的结果进行鉴定

C. 鉴定项目合同对计价依据和方法的约定条款前后矛盾的，应利用项目所在地同期适用的计价依据和方法进行鉴定

D. 鉴定项目合同对计价依据和方法没有约定的，鉴定人可向委托人提议参照项目所在地同期适用的计价依据和方法进行鉴定

答案：D

［**解析**］委托人认为鉴定项目合同有效的，鉴定人应根据合同约定进行鉴定。委托人认为鉴定项目合同无效的，鉴定人应按照委托人的决定进行鉴定。鉴定项目合同对计价依据、计价方法没有约定的，鉴定人可向委托人提出“参照鉴定项目所在地同时期适用的计价依据、计价方法和签约时的市场价格信息进行鉴定”的建议，鉴定人应按照委托人的决定进行鉴定。

2. 有效的仲裁协议是申请仲裁的前提，仲裁协议达到有效必须同时具备的内容有（　　）。

A. 请求仲裁的意思表示

B. 仲裁事项

C. 仲裁期限

D. 仲裁费用

E. 选定的仲裁委员会

答案：ABE

［**解析**］在民商事仲裁中，有效的仲裁协议是申请仲裁的前提，没有仲裁协议或仲裁协议无效的，有效的仲裁协议的内容应当包括请求仲裁的意思表示；仲裁事项；选定的仲裁委员会。

四、其他年份考题

根据《建设工程造价鉴定规范》GB/T 51262—2017，关于鉴定期限的起算，下列说法正确的是（　　）。

A. 从鉴定机构函回复委托人接受委托之日起算

B. 从鉴定机构函回复委托人接受委托之日的次日起算

C. 从鉴定人接收委托人移交证据材料之日起算

D. 从鉴定人接收委托人移交证据材料之日的次日起算

答案：D

［**解析**］鉴定期限从鉴定人接收委托人按照规定移交证据材料之日起的次日起算。在鉴定过程中，经委托人认可，等待当事人提交、补充或者重新提交证据、勘验现场等所需的时间，不计入鉴定期限。

考点十：工程总承包合同价款的结算

点评：考生应重点掌握工程总承包合同价款的调整、结算与施工合同有何不同。

知识要点集成

表 5-20　工程总承包合同价款的调整

<table>
<tr><th>调整事项</th><th colspan="2">知识点</th><th>具体内容</th></tr>
<tr><td rowspan="4">变更</td><td colspan="2">定义</td><td>根据合同条款的约定，经指示或批准对“发包人要求”或工程所做的改变</td></tr>
<tr><td rowspan="2">发包人指示变更</td><td>变更范围</td><td>变更不应包括准备将任何工作删减并交由他人或发包人自行实施的情况</td></tr>
<tr><td>承包人可向工程师发出通知的情况</td><td>1. 降低工程的安全性、稳定性或适用性；
2. 涉及的工作内容和范围不可预见；
3. 所涉设备难以采购；
4. 对承包人正常雇佣劳动力及工资支付、安全文明施工、职业健康、环境保护等产生实质性影响；
5. 造成工期延误；
6. 与承包人的一般义务相冲突</td></tr>
<tr><td colspan="2">承包人合理化建议</td><td>承包人提出的合理化建议降低了合同价格、缩短了工期或者提高了工程经济效益的，双方可以按照专用合同条件的约定进行利益分享</td></tr>
</table>

续表 5-20

调整事项	知识点	具体内容
暂列金额	支付对象	1. 发包人指示变更，决定对合同价格和付款计划表进行调整的、由承包人实施的工作（包括要提供的工程设备、材料和服务）； 2. 承包人购买的工程设备、材料、工作或服务，应支付包括承包人已付（或应付）的实际金额以及相应的管理费等费用和利润（管理费和利润应以实际金额为基数根据合同约定的费率或百分比计算）
	支付方式	发包人可以要求承包人提交其供应商提供的要实施的工程或拟购买的工程设备、材料、工作或服务的项目报价单。发包人可以发出通知指示承包人接受其中的一个报价或指示撤销支付，发包人在规定期限内未做回应的，承包人应有权自行接受其中任何一个报价
物价波动	价格调整公式	发承包双方可以将部分主要工程材料、工程设备、人工价格及其他双方认为应当根据市场价格调整的费用列入合同附件《价格指数权重表》，并根据价格调整公式计算差额并调整合同价格，未列入《价格指数权重表》的费用不因市场变化而调整
法律变化	基准日期后，法律变化导致承包人在合同履行过程中所需要的费用发生除合同约定因市场价格波动引起的调整以外的增加时，由发包人承担由此增加的费用；减少时，应从合同价格中予以扣减。基准日期后，因法律变化造成工期延误时，工期应予以顺延	

注：在总价合同下，承包人应支付根据法律规定或合同约定应由其支付的各项税费，除由于法律变化引起的调整事件外，合同价格不应因任何这些税费进行调整。

表 5-21　工程总承包合同价款的结算

支付款项	知识点	具体说明
预付款	预付款的支付	预付款应当专用于承包人为合同工程的设计和工程实施购置材料、工程设备、施工设备、修建临时设施以及组织施工队伍进场等合同工作
	预付款担保	预付款担保可采用银行保函、担保公司担保等形式。发包人在工程款中逐期扣回预付款后，预付款担保额度应相应减少，但剩余的预付款担保金额不得低于未被扣回的预付款金额
	预付款扣回	预付款在进度付款中同比例扣回。在颁发工程接收证书前，提前解除合同的，尚未扣完的预付款应与合同价款一并结算

续表 5-21

支付款项	知识点		具体说明
工程进度款的支付	进度款付款申请	人工费的申请	人工费应按月支付，已支付的人工费部分，发包人支付进度款时予以相应扣除
		进度付款申请单	1. 截至本次付款周期内已完成工作对应的金额； 2. 扣除已支付的人工费金额； 3. 根据合同约定应增加和扣减的变更金额； 4. 根据合同约定应支付的预付款和扣减的返还预付款； 5. 根据合同约定应预留的质量保证金金额； 6. 根据合同约定应增加和扣减的索赔金额； 7. 对已签发的进度款支付证书中出现错误的修正，应在本次进度付款中支付或扣除的金额； 8. 根据合同约定应增加和扣减的其他金额
	进度款审核和批复		发包人逾期支付进度款的，按照贷款市场报价利率（LPR）支付利息；逾期支付超过 56 天的，按照贷款市场报价利率（LPR）的两倍支付利息
	进度付款的修正		在对已签发的进度款支付证书进行阶段汇总和复核中发现错误、遗漏或重复的，发包人和承包人均有权提出修正申请。经发包人和承包人同意的修正，应在下期进度付款中支付或扣除
竣工结算	竣工付款		发包人逾期支付的，按照贷款市场报价利率（LPR）支付违约金；逾期支付超过 56 天的，按照贷款市场报价利率（LPR）的两倍支付违约金
质量保证金	方式		原则上采用提交工程质量保证担保的方式，也可采用预留相应比例工程款的方式，但不论承包人以何种方式提供质量保证金，累计金额均不得高于工程价款结算总额的 3%
	预留		当采用预留相应比例工程款的方式时，既可以按合同约定在支付工程进度款时逐次预留，也可以在工程竣工结算时一次性预留质量保证金方式。如承包人规定期限内提交工程质量保证担保，发包人应同时返还预留的作为质量保证金的工程价款。发包人在返还质量保证金的同时，按照中国人民银行同期同类存款基准利率支付利息

注：1. 将人工费的申请和支付作为一个单独的条款进行明确，最大程度保障了工人权利。
2. 承包人完成扫尾工作清单中的内容应取得的费用包含在竣工结算价款中一并结算。

经典考题剖析

一、2023 年考题

根据《建设项目工程总承包合同（示范文本）》（GF－2020－0216）通用合同条件，关于工程总承包合同价款结算，下列说法中正确的有（　　）。

A. 总承包合同为总价合同，除合同对价款调整另有约定外，合同价格不做调整

B. 承包人应按合同约定支付各项税费，并根据税费的变化进行合同价格调整

C. 价格清单中列出的工程量，应视为要求承包人实际实施的工作量

D. 合同中可以约定工程的某些部分按照实际完成的工程量进行计量和支付

E. 采用价格指数法调价时，未列入合同《价格指数权重表》的费用不进行调整

答案：ADE

[**解析**] 根据《建设项目工程总承包合同（示范文本）》（GF－2020－0216）通用合同条件，总承包合同为总价合同，除根据合同相关增减金额的约定进行调整外，合同价格不做调整。合同约定工程的某部分按照实际完成的工程量进行支付的，应按照专用合同条款的约定进行计量和估价，并据此调整合同价格。采用价格调整公式时，发承包双方可以将部分主要工程材料、工程设备、人工价格及其他双方认为应当根据市场价格调整的费用列入合同附件价格指数权重表，并根据价格调整公式计算差额并调整合同价格，未列入价格指数权重表的费用不因市场变化而调整。

二、2022 年考题

根据《建设项目工程总承包合同（示范文本）》（GF－2020－0216），关于工程总承包价款结算中的最终结清支付，下列说法正确的是（　　）。

A. 发包人应在颁发竣工付款证书后 7 天内完成支付

B. 最终结清款不包括质量保证金及缺陷责任期内的增减费用

C. 发包人逾期支付在 56 天内的，不应支付利息

D. 发包人逾期支付超过 56 天的，按照贷款市场报价利率的两倍支付利息

答案：D

[**解析**] 发包人应在签发竣工付款证书后的 14 天内，完成对承包人的竣工付款。发包人逾期支付的，按照贷款市场报价利率（LPR）支付违约金；逾期支付超过 56 天的，按照贷款市场报价利率（LPR）的两倍支付违约金。

三、2021 年考题

某工程总承包合同的专用合同条件约定，其他项目清单中依法必须招标的专业工程暂估价项目由承包人作为招标人发包。关于该专业工程的招标，下列说法正确的是（　　）。

A. 招标文件不需发包人批准

B. 评标方案不需发包人批准，仅将评标结果报发包人备案即可

C. 组织招标的费用由承包人承担

D. 该专业工程中标价格不会影响总承包人的合同价款

答案：C

[**解析**] 对于依法必须招标的暂估价项目，专用合同条件约定由承包人作为招标人的，招标文件、评标方案、评标结果应报送发包人批准，与组织招标工作有关的费用应当被认为已经包括在承包人的签约合同价中。

四、其他年份考题

根据《建设项目工程总承包合同（示范文本）》（GF－2020－0216），工程总承包项目合同中的暂列金额可用于支付签订合同时（　　）。

A. 不可预见的变更设计费用

B. 不可预见的变更施工费用

C. 已知必然发生，但暂时无法确定价格的专业工程费用

D. 已知必然发生，但暂时无法确定价格的工程设备购置费用

E. 以计日工方式的工程变更费用

答案：ABE

［**解析**］暂列金额是指招标文件中给定的，用于在签订协议书时尚未确定或不可预见变更的设计、施工及其所需材料、工程设备、服务等的金额，包括以计日工方式支付的金额，因此选项A、B、E正确。无论是专业工程暂估价还是材料/设备暂估价都单独列项，不包含在暂列金额中，选项C、D错误。

考点十一：国际工程合同价款的结算

点评：考生应重点注意国际工程合同价款的调整与结算与国内情况有何不同。

知识要点集成

表5-22　国际工程合同价款的调整

<table>
<tr><th>调整原因</th><th>知识点</th><th colspan="2">具体说明</th></tr>
<tr><td rowspan="2">工程变更</td><td>工程变更的范围</td><td colspan="2">1. 合同中任何工程的工程量的变化（但此类变化不一定构成变更）；
2. 任何工作的质量或其他特性的改变；
3. 工程任何部分的标高、位置和（或）尺寸的改变；
4. 任何工程的删减，但未经双方同意由他人实施的除外；
5. 永久工程所需的任何附加工作、生产设备、材料或服务，包括任何有关的竣工检验、钻孔和其他试验和勘察工作；
6. 实施工程的顺序或时间安排的改变</td></tr>
<tr><td>承包商建议的变更</td><td>工程师征求建议</td><td>工程师在发布变更指令之前，可以书面通知承包商提交一份建议书，承包商应尽快做出答复。工程师收到承包商的建议书后，应当尽快以书面形式予以答复，说明其是否批准承包商的建议。承包商在等待答复期间，不得延误任何工作。工程师批准建议书的，不论是否提出意见，工程师应当发出变更指令</td></tr>
</table>

续表 5-22

<table>
<tr><th>调整原因</th><th>知识点</th><th colspan="2">具体说明</th></tr>
<tr><td rowspan="4">工程变更</td><td>承包商建议的变更</td><td>价值工程</td><td>承包商向工程师提交书面建议后，在等待答复期间，不得延误任何工作。对承包商基于价值工程提出的变更，工程师在确认签发变更指令时，应在其中说明合同双方对价值工程产生的效益、费用和（或）延误的分享和分担机制。如果包括对部分永久工程的设计的改变，应当由承包商自费完成该部分工程的设计工作并承担相应的义务</td></tr>
<tr><td rowspan="3">变更估价</td><td>变更工程的费率或价格在合同中有规定</td><td>适用合同中规定的费率或价格</td></tr>
<tr><td>变更工程的费率或价格在合同中没有规定</td><td>适用合同中类似工程的费率或价格</td></tr>
<tr><td>变更工程的费率或价格在合同中没有规定，合同中也没有类似工程</td><td>适用新的费率或价格。新的费率或价格应当参考工程量清单或其他报表中的相关费率或价格，并结合变更工作的具体内容做出合理的调整。如果没有可供参考的，则新的费率或价格应根据实施该项工作的合理费用，以及合同专用条款中规定的利润率（如果没有，按5%计取），并考虑任何相关事件后确定</td></tr>
<tr><td rowspan="4">价格调整</td><td>工程量变更</td><td colspan="2">因工程量变更可以调整合同规定费率或价格的条件：
1. 该部分工程实际测量的工程量比工程量表或其他报表中规定的工程量的变动大于10%；
2. 该项部分工程工程量的变更与相对应费率的乘积超过了中标金额的0.01%；
3. 由于工程量的变更直接造成该部分工程每单位工程量费用的变动超过1%；
4. 该部分工程不是合同中规定的“固定费率项目”</td></tr>
<tr><td>基准日后法规变化</td><td colspan="2">在提交投标文件截止日期前的第28天以后，工程所在国的法律变化（包括新法的实施以及旧法的废止或修改），以及有关该法律的司法解释或官方解释的变化，导致施工所需的工程费用发生增减的，合同价格应做出相应调整</td></tr>
<tr><td rowspan="2">物价波动</td><td>调价公式</td><td>$P_n=a+b\times\frac{L_n}{L_0}+c\times\frac{M_n}{M_0}+d\times\frac{E_n}{E_0}+\cdots$
2017年版FIDIC《施工合同条件》将该调价公式从通用条款删除，放入专用条款的“费用指数报表”中，供双方当事人选用</td></tr>
<tr><td>费用指数的确定</td><td>选择适用下列两种指数或价格中对业主有利的指数或价格进行价格调整：
1. 工程竣工时间期满前第49天当天适用的每项指数或价格；
2. 现行指数或价格</td></tr>
</table>

表 5-23　国际工程合同价款的结算

<table>
<tr><th>结算款项</th><th>知识点</th><th colspan="3">具体说明</th></tr>
<tr><td rowspan="4">预付款</td><td>预付款
支付时间</td><td colspan="3">业主应当自收到预付款支付证书后 21 天内（专用条款“合同数据”中另有规定的除外），将预付款支付证书中开具的金额支付给承包商</td></tr>
<tr><td rowspan="3">预付款的偿还</td><td colspan="3">当期中支付证书的累计总额（不包括预付款及保留金的扣减与偿还）超过中标合同价（减去暂定金额）的 10%时开始扣减</td></tr>
<tr><td colspan="3">按期预付款的货币的种类及其比例，分期从每份支付证书中的数额（不包括预付款及保留金的扣减与偿还）中扣除 25%，直至还清全部预付款</td></tr>
<tr><td colspan="3">如果在颁发工程接收证书前，或者因业主提出终止、承包商提出暂停和终止、不可预见事件而导致合同终止之前，预付款仍未全部返还的，承包商应立即将预付款所有剩余部分返还给业主</td></tr>
<tr><td rowspan="5">工程材料和设备款的预支</td><td rowspan="3">预支的条件</td><td>对承包商的要求</td><td colspan="2">承包商已经完整保存了各种记录，包括有关设备和材料的订单、收据、价格及用途等，并且可供随时检查；承包商提交了购买材料和设备并将其运至现场的费用报表，并附相关的证明文件</td></tr>
<tr><td rowspan="2">对材料和设备的要求</td><td>装运后付款的材料和设备</td><td>要求此类材料和设备已经运至工程所在国，并正在运往现场的途中；并且是清洁装船提单或其他装运证明中声明的</td></tr>
<tr><td>运至现场后付款的材料和设备</td><td>要求此类材料和设备已经运至现场并妥善存放，而且承包商已经采取了防护措施</td></tr>
<tr><td>材料和设备款的预支</td><td colspan="3">工程师确认用于永久工程的材料和设备符合预支条件后，应当根据审查承包商提交的相关文件确定此类材料和设备的实际费用（包括运至现场的费用），期中支付证书中应增加的款额为该费用的 80%</td></tr>
<tr><td>预支材料和设备款的扣还</td><td colspan="3">当已预付款项的材料和设备用于永久工程，并且构成永久工程合同价格的一部分后，工程师应当从承包商到期应得款内扣除预支的款项，扣除金额与预支金额的数额相等</td></tr>
<tr><td>期中支付</td><td>业主延误
支付的处理</td><td colspan="3">1. 有权获得融资费用。
2. 有权暂停工作或终止合同。暂停工作或终止合同不妨碍承包商获得延误支付款项的融资费用的权利</td></tr>
</table>

续表 5-23

<table>
<tr><th>结算款项</th><th>知识点</th><th colspan="2">具体说明</th></tr>
<tr><td rowspan="5">保留金</td><td>保留金的扣减</td><td colspan="2">业主一般会在期中支付时按约定的比例扣减一定金额作为保留金（一般为当期期中支付证书的10%），直至保留金扣减累积达到一定的限额（一般为中标合同金额的5%）。保留金计算基数仅应考虑影响合同价格的金额（实施的工程价值、根据合同进行的价格调整和其他金额增减），不影响合同价格的金额（预付款、工程材料、设备预支款）不应考虑</td></tr>
<tr><td rowspan="4">保留金的返还</td><td rowspan="2">工程竣工后返还</td><td>工程师签发工程接收证书后，承包商应将保留金的前一半列入其支付报表中</td></tr>
<tr><td>如果签发的接收证书仅限于分项工程，承包商应将前一半保留金按照相应比例列入支付报表</td></tr>
<tr><td rowspan="2">缺陷通知期满后返还</td><td>如果接收证书仅就某分项工程签发，则在该分项工程的缺陷通知期届满后，承包商应立即将另一半保留金按照相应比例列入支付报表</td></tr>
<tr><td>在最后一个缺陷通知期届满后，承包商应立即将保留金的另一半列入支付报表</td></tr>
</table>

经典考题剖析

一、2023年考题

国际工程管理中，如果承包商认为其建议被业主采纳后能够降低业主实施工程的费用，可随时向工程师提交一份书面建议书，该书面建议书的编制费用应由（　　）承担。

A. 业主　　B. 承包商

C. 设计单位　　D. 工程师

答案：B

［解析］如果承包商认为其建议被业主采纳后能够缩短工程工期，降低业主实施、维护或运营工程的费用，能为业主提高竣工工程的效率、价值或者为业主带来其他利益，则他可以随时向工程师提交一份书面建议。承包商应自费编制此类建议书，其内容与工程师指示变更程序中要求承包商提交的建议书内容一致。

二、2022年考题

1. 根据2017年版FIDIC《施工合同条件》，关于国际工程承包合同中的暂定金额，下列说法正确的是（　　）。

A. 仅用于“暂定金额条款”项下任何部分工程的实施

B. 不包括以计日工方式支付的金额

C. 不能用于支付承包人购买的工程设备和材料

D. 只能按工程师的指示使用，并对合同价格做相应调整

答案：D

［**解析**］暂定金额是指业主在合同中明确规定用于“暂定金额条款”项下任何部分工程的实施或提供永久设备、材料或服务的一笔金额。工程师可以要求承包人提交为其实施全部或部分工作以及永久设备、材料、专业工程、服务采购的供应商和（或）分包商提供的报价单。对于数量较少的、偶然发生的零星工作，工程师可以指示按照计日工方式实施变更。由承包人实施工作（包括提供永久设备、材料或服务），并按照合同规定的变更程序商定或决定合同价格的调整。

2. 根据2017年版FIDIC《施工合同条件》，关于国际工程承包的工程变更，下列说法正确的有（　　）。

A. 可以在颁发工程接收证书前提出变更

B. 工程师有权依照变更程序的规定发出变更指令

C. 工程师必须在业主同意后依照变更程序的规定发出变更指令

D. 承包人可基于价值工程主动建议变更

E. 工程变更范围可以是合同中任何工作工程量的变化

答案：ABD

［**解析**］在颁发工程接收证书前的任何时间，工程师有权依照变更程序的规定发出变更指令。工程变更包括工程师指示的变更和承包人建议的变更，不论何种变更，都必须由工程师发出变更指令。承包人的建议包括两类：一类是工程师征求承包人的建议，另一类是承包人基于价值工程主动提出的建议。

三、2021年考题

1. 根据2017年版FIDIC《施工合同条件》，关于工程变更类合同价款的调整，下列说法正确的是（　　）。

A. 合同中任何工程量的变化都构成变更

B. 合同中任何工作的删减都构成变更

C. 不论何种变更都必须由工程师发出指令

D. 承包人在任何情况下都不应对永久工程做出更改

答案：C

［**解析**］工程变更包括工程师指示的变更和承包商建议的变更，不论何种变更，都必须由工程师发出变更指令。

2. 根据2017年版FIDIC《施工合同条件》，调整工程量清单中某项工作的合同价款调整需满足的条件有（　　）。

A. 工程量变化超过工程量清单工程量的15%以上

B. 工程量变化与工程量清单相对应价格的乘积超过中标合同金额的0.01%

C. 工程量变化直接导致该项工作的单位工程量费用的变动超过10%

D. 不是工程量清单中规定的“固定费用”项目

E. 不是工程量清单中规定的不因工程量变化而调整单价的项目

答案：BDE

［**解析**］当某项工作的工程量变化同时满足下列条件时，对该项工作的估价应当适

用新的费率或价格：

（1）该项工作实际测量的工程量变化超过工程量清单或其他报表中规定工程量的10%以上；

（2）该项工作工程量的变化与工程量清单或其他报表中相对应费率或价格的乘积超过中标合同金额的0.01%；

（3）工程量的变化直接导致该项工作的单位工程量费用的变动超过1%；

（4）该项工作并非工程量清单或其他报表中规定的“固定费率项目”“固定费用”和其他类似涉及单价不因工程量的任何变化而调整的项目。

四、其他年份考题

根据2017年版FIDIC《施工合同条件》，关于物价波动引起的价格调整，下列说法正确的是（　　）。

A. 在通用条款中规定了调价公式

B. 调价公式不适用于基于实际费用或现行价格计算价值的工程

C. 调价公式中所列各项费用要素的权重一经约定，合同实施过程中不得调整

D. 调价公式中的固定系数，在合同实施过程中可视情况调整

答案：B

[**解析**] 业主应支付给承包商的款额应根据劳务、货物以及其他投入费用的涨落进行调整，此调整根据调价公式确定款额的增减。对于合同中没有约定可以调整的部分，其费用的任何涨落均不给予补偿，并被视为已经包含在中标合同金额内。同时规定，此调价公式不适用于基于实际费用或现行价格计算价值的工作。

难 题 解 析

一、单项选择题

1. 工程延误期间，因国家法行政法规发生变化引起工程造价变化的，则（　　）。

A. 承包人导致的工程延误，合同价款均应予调整

B. 发包人导致的工程延误，合同价款均应予调整

C. 不可抗力导致的工程延误，合同价款均应予调整

D. 无论何种情况，合同价款均应予调整

答案：B

[**解题要点**] 若由于发包人原因导致了工程延误，则在延误期间内法律、行政法规发生变化的风险依然由发包人承担，即合同价款应予调整。

2. 独立土方工程，招标文件中估计工程量为100万m^3，合同约定：工程款按月支付并同时在该款项中扣留3%的工程质量保证金；土方工程为全费用单价，12元/m^3，当实际工程量超过估计工程量15%时，超过部分调整单价为10元/m^3。某月施工单位完成土方工程量25万m^3，截至该月累计完成的工程量为120万m^3，则该月应结工程款为（　　）万元。

A. 240　　B. 250

C. 281.3　　D. 300

答案：C

[解题要点] 应按照新单价结算的工程量＝120－100×1.15＝5（万 m^3）；

应结工程款＝［（25－5）×12＋5×10］×（1－3%）＝281.3（万元）。

3. 由于发包人的原因使工程未在约定的时间内竣工的，对原约定竣工日期后继续施工的工程进行价格调整时，涉及原约定竣工日期价格指数与实际竣工日期价格指数，则调整价格差额计算应采用（　　）。

A. 原约定日期的价格指数

B. 实际竣工日期的价格指数

C. 原约定日期的价格指数与实际竣工日期的价格指数的平均值

D. 原约定日期的价格指数与实际竣工日期的价格指数中较高的一个

答案：D

[解题要点] 由于发包人原因导致工期延误的，则对于计划进度日期（或竣工日期）后续施工的工程，在使用价格调整公式时，应采用计划进度日期（或竣工日期）与实际进度日期（或竣工日期）的两个价格指数中较高者作为现行价格指数。

4. 施工合同中约定，承包人承担的钢筋价格风险幅度为±5%，超出部分依据《建设工程工程量清单计价规范》GB 50500—2013 造价信息法调差。已知投标人投标价格、基准期发布价格分别为 3 300元/t、3 500 元/t。2023 年 12 月的造价信息发布价为 4 000 元/t，则该月钢筋的实际结算价格应为（　　）元/t。

A. 3 300　　B. 3 500　　C. 3 825　　D. 3 625

答案：D

[解题要点] 2023 年 12 月信息价上涨，应以较高的基准价格为基础计算合同约定的风险幅度值。

3 500×（1＋5%）＝3 675（元/t）。

因此钢筋每吨应上调价格＝4 000－3 675＝325（元/t）。

2023 年 12 月实际结算价格＝3 300＋325＝3 625（元/t）。

5. 根据《建设工程工程量清单计价规范》GB 50500—2013，当实际增加的工程量超过清单工程量 15%以上，且造成按总价方式计价的措施项目发生变化的，应将（　　）。

A. 综合单价调高，措施项目费调增　　B. 综合单价调高，措施项目费调减

C. 综合单价调低，措施项目费调增　　D. 综合单价调低，措施项目费调减

答案：C

[解题要点] 综合单价的调整原则为：当工程量增加 15%以上时，其增加部分的工程量的综合单价应予调低；当工程量减少 15%以上时，减少后剩余部分的工程量的综合单价应予调高；工程量增加的，措施项目费调增；工程量减少的，措施项目费调减，故选项 C 正确。

6. 采用网络图分析法处理可原谅延期，下列说法中正确的是（　　）。

A. 只有在关键线路上的工作延误，才能索赔工期

B. 非关键线路上的工作延误，不应索赔工期

C. 如延误的工作为关键工作，则延误的时间为工期索赔值

D. 该方法不适用于多种干扰事件共同作用所引起的工期索赔

答案：C

[解题要点] 网络图分析法是利用进度计划的网络图，分析其关键线路。如果延误的工作为关键工作，则延误的时间为索赔的工期。

7. 下列有关签证涉及合同价款支付的表述，正确的是（　　）。

A. 作为增加合同价款，与进度款同期支付

B. 在签证确认后即行支付

C. 在竣工结算时一次性支付

D. 与相应暂估价确认时同期支付

答案：A

[**解题要点**] 承包人应按照现场签证内容计算价款，报送发包人确认后，作为增加合同价款与进度款同期支付。

8. 发包人通知承包人以计日工方式实施的零星工作，承包人应予执行。采用计日工计价的任何一项变更工作，承包人应在该项变更的实施过程中提交报表和有关凭证报送工程师审查，主要内容包括（　　）。

A. 投入该工作的所有人员的姓名、专业、工种、级别、耗用工时及单价

B. 投入该工作的材料类别、数量及单价

C. 投入该工作的施工设备型号、台数和耗用台时及单价

D. 工作名称、内容和数量

答案：D

[**解题要点**] 采用计日工计价的任何一项变更工作，承包人应在该项变更的实施过程中，按合同约定提交以下报表和有关凭证送发包人复核：

(1) 工作名称、内容和数量；

(2) 投入该工作所有人员的姓名、工种、级别和耗用工时；

(3) 投入该工作的材料名称、类别和数量；

(4) 投入该工作的施工设备型号、台数和耗用台时；

(5) 发包人要求提交的其他资料和凭证。

9. 由发包人提供的工程材料、工程设备金额，应在合同价款的期中支付和结算中予以扣除，具体的扣除标准是（　　）。

A. 按签约单价和签约数量

B. 按实际采购单价和实际数量

C. 按签约单价和实际数量

D. 按实际采购单价和签约数量

答案：A

[**解题要点**] 由发包人提供的材料、工程设备金额，应按照发包人签约提供的单价和数量从进度款支付中扣出，列入本周期应扣减的金额中，故选项 A 正确。

10. 有关工程计量方法的选择，下列说法中正确的是（　　）。

A. 单价合同工程必须以清单约定的工程量确定

B. 采用工程量清单方式招标形成的总价合同，总价合同各项目的工程量是承包人用于结算的最终工程量

C. 采用经审定批准的施工图纸及其预算方式发包形成的总价合同，工程变更引起的工程量增减仍需重新计量

D. 总价合同约定的项目工程量应以合同工程经审定批准的工程量清单为依据

答案：C

[**解题要点**] 采用工程量清单方式招标形成的总价合同，工程量应按照与单价合同相同的方式计算。采用经审定批准的施工图纸及其预算方式发包形成的总价合同，除按照工程变更规定引起的工程量增减外，总价合同各项目的工程量是承包人用于结算的最终工程量。总价合同约定的项目计量应以合同工程经审定批准的施工图纸为依据，发承包双方应在合同中约定工程计量的形象目标或时间节点进行计量。

11. 当事人对垫资和垫资利息有约定，承包人请求按照约定返还垫资及其利息的，人民法院应予支持，但是约定的利息计算标准不得高于（　　）。

A. 同期存款市场报价利率

B. 同期贷款市场报价利率

C. 中国人民银行公布的同期同类贷款利率

D. 中国人民银行公布的同期同类存款利率

答案：B

［**解题要点**］根据《最高人民法院关于审理建设工程施工合同纠纷案件适用法律问题的解释（一）》，2021年版教材对此部分内容进行了修改。当事人对垫资和垫资利息有约定，承包人请求按照约定返还垫资及其利息的，人民法院应予支持，但是约定的利息计算标准高于垫资时的同期贷款市场报价利率的部分除外。

12. 根据《建设项目工程总承包合同（示范文本）》（GF－2020－0216）通用合同条件，将人工费的申请和支付作为一个单独的条款进行明确，其目的是（　　）。

A. 人工费结算复杂，不单独列出易造成工程进度付款申请内容混乱

B. 人工费应早于其他工程款预先支付

C. 最大程度保障工人权利

D. 人工费支付不涉及LPR问题

答案：C

［**解题要点**］此题考核点为2023年版教材新修订内容。工程进度付款申请主要包括：人工费的申请和提交进度付款申请单。将人工费的申请和支付作为一个单独的条款进行明确，最大程度保障了工人权利。

13. 根据2017年版FIDIC《施工合同条件》的规定，进行变更估价时，若工程量清单或其他报表中没有明确规定，也没有类似工作，且没有可供参考的相关费率或价格，则新的费率或价格应根据实施该项工作的合理费用，利润率当专用条款没有约定时，通常按照（　　）取定。

A. 2％

B. 3％

C. 5％

D. 10％

答案：C

［**解题要点**］根据2017年版FIDIC《施工合同条件》的规定，若工程量清单或其他报表中没有明确规定，也没有类似工作，则适用重新确定的费率或价格。每项新的费率或价格应当参考工程量清单或其他报表中的相关费率或价格，并结合变更工作的具体内容做出合理的调整。如果没有可供参考的相关费率或价格，则新的费率或价格应根据实施该项工作的合理费用，以及合同专用条款中规定的利润率（如果没有，按5％计取），并考虑任何相关事件后确定。

14. 在工程造价鉴定过程中，以下鉴定依据中属于“委托人移交的证据材料”的是（　　）。

A. 质证记录

B. 适用于鉴定项目的法律、法规、规章和规范性文件

C. 与鉴定项目相关的标准规范

D. 与鉴定项目同时期、同地区、相同或类似工程的技术经济指标

答案：A

［**解题要点**］委托人移交的证据材料宜包含但不限于下列内容：

（1）起诉状（或仲裁申请书）、反诉状（或仲裁反申请书）及答辩状、代理词；

（2）证据及《送鉴证据材料目录》；

（3）质证记录、庭审记录等卷宗；

（4）鉴定机构认为需要的其他有关资料。

15. 当压缩的工期天数超过定额工期的20％时，应在招标文件中明示赶工费用，下列各项中不属于赶工费用中材料费的是（　　）。

A. 不经济使用材料而损耗过大

B. 材料提前交货可能增加的费用

C. 材料运输费的增加

D. 材料保管费的增加

答案：D

［**解题要点**］发包人应当依据相关工程的工期定额合理计算工期，压缩的工期天数不得超过定额

工期的 20%，超过的，应在招标文件中明示增加赶工费用。赶工费用的主要内容包括：

(1) 人工费的增加，如新增加投入人工的报酬，不经济使用人工的补贴等；

(2) 材料费的增加，如可能造成不经济使用材料而损耗过大，材料提前交货可能增加的费用、材料运输费的增加等；

(3) 施工机具使用费的增加，如可能增加机械设备投入，不经济的使用机械等。

16. 某工程施工过程中发生如下事件：①因异常恶劣气候条件导致工程停工 2 天，人员窝工 20 个工日；②遇到不利地质条件导致工程停工 1 天，人员窝工 10 个工日，处理不利地质条件用工 15 个工日。若人工工资为 200 元/工日，窝工补贴为 100 元/工日，不考虑其他因素。根据《标准施工招标文件》(2007 年版) 通用合同条件，施工企业可向业主索赔的工期和费用分别是（　　）。

A. 3 天，6 000 元　　B. 1 天，3 000 元

C. 3 天，4 000 元　　D. 1 天，4 000 元

答案：C

[解题要点] ①不利的地质条件施工企业可以索赔工期和费用；②异常恶劣气候条件导致工程停工 2 天，工期可以索赔，但是窝工费用不索赔。

所以工期为 1+2=3（天）。费用 10×100+15×200=4 000（元）。

17. 当发现已签发的任何支付证书有错、漏或重复的数额，正确的处理方式是（　　）。

A. 经发包人修正或承包人提出修正申请，应在本次到期的进度款中支付或扣除

B. 经发包人修正或承包人提出修正申请，应在竣工结算款中支付或扣除

C. 经发承包双方复核同意修正的，应在竣工结算款中支付或扣除

D. 经发承包双方复核同意修正的，应在本次到期的进度款中支付或扣除

答案：D

[解题要点] 发现已签发的任何支付证书有错、漏或重复的数额，发包人有权予以修正，承包人也有权提出修正申请。经发承包双方复核同意修正的，应在本次到期的工程进度款中支付或扣除。

18. 某房屋基坑开挖后，发现局部有软弱下卧层。甲方代表指示乙方配合进行地质复查，共用工 10 个工日。地质复查和处理费用为 4 万元，同时工期延长 3 天，人员窝工 15 工日。若用工按 100 元/工日、窝工按 50 元/工日计算，则乙方可就该事件索赔的费用是（　　）元。

A. 41 250　　B. 41 750　　C. 42 500　　D. 45 250

答案：B

[解题要点] 可索赔费用=40 000+10×100+15×50=41 750（元）。

19. 根据《建设项目工程总承包合同（示范文本）》(GF-2020-0216) 的规定，下列关于进度款审核和支付的表述，说法正确的是（　　）。

A. 工程师应在收到承包人进度付款申请单以及相关资料完成审查并签发进度款支付证书

B. 发包人签发进度款支付证书，表明发包人已同意、批准或接受了承包人完成的相应部分的工作

C. 发包人逾期未完成审批且未提出异议的，视为已签发进度款支付证书

D. 已签发的进度款支付证书承包人不可以再提出修正申请

答案：C

[解题要点] 此题考核点为 2023 年版教材新修订内容。工程师应在收到承包人进度付款申请单以及相关资料完成审查并报送发包人，发包人应在收到后完成审批并向承包人签发进度款支付证书。发包人逾期未完成审批且未提出异议的，视为已签发进度款支付证书。

20. 下列各项事件中，不属于人工费索赔内容的是（　　）。

A. 高温、高寒地区施工增加的人工费

B. 法定人工费增长

C. 非应承包人原因导致工程停工的人员窝工费和工资上涨费

D. 超过法定工作时间加班劳动

答案：A

[**解题要点**] 人工费的索赔包括：由于完成合同之外的额外工作所花费的人工费用；超过法定工作时间加班劳动；法定人工费增长；因非承包人原因导致工效降低所增加的人工费用；因非承包人原因导致工程停工的人员窝工费和工资上涨费等。在计算停工损失中人工费时，通常采取人工单价乘以折算系数计算。

21. 某工程施工合同约定采用价格指数法调整合同价款，各项费用权重及价格如下表所示。已知该工程 9 月份完成的工程合同价款为 3 000 万元，则 9 月份合同价款调整金额为（　　）万元。

权重系数	人工	钢材	定值
	0.25	0.15	0.6
基准日价格	100 元/工日	4 000 元/t	—
9 月份价格	110 元/工日	4 200 元/t	—

A. 22.5　　B. 61.46　　C. 75　　D. 97.5

答案：D

[**解题要点**] 合同价款调整额＝3 000×（0.25×110/100＋0.15×4 200/4 000＋0.6－1）＝97.5（万元）。

22. 承包人向发包人提交的竣工结算款支付申请中，包括的内容有（　　）。

A. 应扣回的工程预付款　　B. 应扣回的甲供材料金额

C. 应扣回的安全文明施工费预付款　　D. 应扣留的质量保证金

答案：D

[**解题要点**] 承包人应根据办理的竣工结算文件，向发包人提交竣工结算款支付申请。该申请应包括下列内容：

（1）竣工结算合同价款总额；

（2）累计已实际支付的合同价款；

（3）应扣留的质量保证金（已缴纳履约保证金的或者提供其他工程质量担保方式的除外）；

（4）实际应支付的竣工结算款金额。

23. 根据《建设项目工程总承包合同（示范文本）》（GF－2020－0216）通用合同条件，承包人合理化建议经发包人批准的，工程师应及时发出变更指示，由此引起的合同价格调整按照（　　）执行。

A. 利益分享原则

B. 当事人双方友好协商的原则

C. 由工程师进行合理暂定的原则

D. 合同中约定的变更估价原则

答案：D

[**解题要点**] 承包人提出合理化建议的，应向发包人提交合理化建议说明，说明建议的内容、理由以及实施该建议对合同价格和工期的影响。合理化建议经发包人批准的，工程师应及时发出变更指示，由此引起的合同价格调整按照合同中约定的变更估价原则执行。承包人提出的合理化建议降低了合同价格、缩短了工期或者提高了工程经济效益的，双方可以按照专用合同条件的约定进行利益分享。

24. 有关计价争议的鉴定，下列说法中正确的是（　　）。

A. 合同中约定不执行人工费调整文件的，应按合同约定进行鉴定

B. 合同中约定了物价波动可以调整，但没有约定风险范围和幅度的，按照价格指数法进行鉴定

C. 合同中约定物价波动不予调整的，仍应对实行政府定价或政府指导价的材料按《中华人民共和国民法典》的相关规定进行鉴定

D. 当事人因工程变更导致工程数量变化，要求调整综合单价争议的，应按合同约定进行鉴定

答案：C

［**解题要点**］当事人因物价波动要求调整合同价款发生争议的，应按以下规定进行鉴定：

（1）合同中约定了计价风险范围和幅度的，按合同约定进行鉴定；合同中约定了物价波动可以调整，但没有约定风险范围和幅度的，应提请委托人决定，按现行国家标准计价规范的相关规定进行鉴定；但已经采用价格指数法进行了调整的除外；

（2）合同中约定物价波动不予调整的，仍应对实行政府定价或政府指导价的材料按《中华人民共和国民法典》的相关规定进行鉴定。

25. 建设工程已实际交付，但施工合同没有约定付款时间，则拖欠工程款利息的起算日期为（　　）。

A. 提交竣工结算文件之日　　B. 确认竣工结算文件之日

C. 竣工验收合格之日　　D. 工程实际交付之日

答案：D

［**解题要点**］利息从应付工程价款之日计付。当事人对付款时间没有约定或者约定不明的，下列时间视为应付款时间：①建设工程已实际交付的，为交付之日；②建设工程没有交付的，为提交竣工结算文件之日；③建设工程未交付，工程价款也未结算的，为当事人起诉之日，由此可知选项D正确。

26. 根据2017年版FIDIC《施工合同条件》的规定，如果业主未能在合同约定的时间内向承包商支付，下列关于承包商获取权利表述正确的是（　　）。

A. 暂停工作或终止合同不妨碍承包商获得延误支付款项的融资费用的权利

B. 承包商获得的融资费用应按单利计算

C. 业主未根据合同提供资金证明时，承包商可以选择暂停工作或终止合同

D. 融资费用从合同规定的应支付截止日期21天后开始计算

答案：A

［**解题要点**］若承包商未能按期收到相应款项，承包商有权获得延误支付期间未支付金额的融资费用，该融资费用按月复利计算，延误支付期间以合同规定的应支付截止日期开始计算。暂停工作或终止合同不妨碍承包商获得延误支付款项的融资费用的权利。若业主未提供资金安排的证明，承包商向业主发出暂停工作通知后42天内仍未收到业主关于资金安排的合理证据时，承包商可向业主表明终止合同的意向，因此答案C不正确。

27. 关于工程造价鉴定的规定中，若委托鉴定的项目工程造价金额为4 000万元，通常鉴定期限应不超过（　　）天。

A. 40　　B. 60　　C. 80　　D. 100

答案：C

［**解题要点**］

工程造价鉴定期限表

争议标的涉及工程造价金额	期限/工作日
1 000万元以下（含1 000万元）	40
1 000万元以上3 000万元以下（含3 000万元）	60
3 000万元以上1亿元以下（含1亿元）	80
1亿元以上（不含1亿元）	100

28. 在施工过程结算中，政府机关、事业单位、国有企业建设工程进度款支付的额度为（　　）。

A. 不低于已完成工程价款的 80%；同时确保不超出工程总概算

B. 不低于已完成工程价款的 85%；同时确保不超出工程总概算

C. 不低于已完成工程价款的 85%；同时确保不超出工程总预算

D. 不低于已完成工程价款的 90%；同时确保不超出工程总预算

答案：A

［解题要点］ 政府机关、事业单位、国有企业建设工程进度款支付应不低于已完成工程价款的 80%；同时，在确保不超出工程总概（预）算以及工程决（结）算工作顺利开展的前提下，除按合同约定保留不超过工程价款总额 3%的质量保证金外，进度款支付比例可由发承包双方根据项目实际情况自行确定。

29. 施工合同价款纠纷处理中，一方当事人拒不履行，另一方当事人可以请求人民法院执行的文书是（　　）。

A. 和解协议书　　B. 造价认定书

C. 行政调解书　　D. 仲裁调解书

答案：D

［解题要点］ 当事人应当履行发生法律效力的法院判决或裁定、仲裁裁决、法院或仲裁调解书，拒不履行的，对方当事人可以请求人民法院执行。

二、多项选择题

1. 下列各项中，属于工程竣工结算文件编制主要依据的是（　　）。

A. 与工程结算有关的法律法规和标准　　B. 发承包双方已确认的过程结算资料

C. 竣工图　　D. 招标文件

E. 发承包双方未确认应调整款项的资料

答案：ABE

［解题要点］ 工程竣工结算文件编制的主要依据包括：①与工程结算有关的法律法规和标准；②工程合同；③发承包双方已确认的过程结算资料；④发承包双方未确认应调整款项的资料；⑤建设工程设计文件及相关资料；⑥投标文件；⑦其他依据。

2. 某施工合同约定，现场主导施工机械一台，由承包人租得，台班单价为 200 元/台班，租赁费 100 元/天，人工工资为 50 元/工日，窝工补贴 20 元/工日，以人工费和机械费为基数的综合费率为 30%。在施工过程中，发生了如下事件：①遇异常恶劣天气导致停工 2 天，人员窝工 30 工日，机械窝工 2 天；②发包人增加合同工作，用工 20 工日，使用机械 1 台班；③场外大范围停电致停工 1 天，人员窝工 20 工日，机械窝工 1 天。据此，下列选项正确的有（　　）。

A. 因异常恶劣天气停工可得的费用索赔额为 800 元

B. 因异常恶劣天气停工可得的费用索赔额为 1 040 元

C. 因发包人增加合同工作，承包人可得的费用索赔额为 1 560 元

D. 因停电所致停工，承包人可得的费用索赔额为 500 元

E. 承包人可得的总索赔费用为 2 500 元

答案：CD

［解题要点］

事件①不能获得费用索赔，

事件②索赔额＝（20×50＋1×200）×（1＋30%）＝1 560（元），

事件③索赔额＝20×20＋1×100＝500（元），

索赔额合计＝2 060（元）。

3. 关于工程变更价款的调整方法，下列说法中正确的有（　　）。

A. 已标价工程量清单中有适用于变更工程项目的，且工程变更导致的该清单项目的工程数量变化不足10%时，采用该项目的单价

B. 采用单价计算的措施项目费，按照实际发生变化的措施项目按分部分项工程费的调整方法确定单价

C. 若因非承包人原因删减了合同中的某项原定工作或工程，则承包人有可能获得合理费用及利润补偿

D. 按总价计算的措施项目费，按照实际发生变化的措施项目调整，但应考虑承包人报价浮动因素

E. 当无适用及类似于变更项目、信息价格缺价时，应根据变更工程资料、计量规则和计价办法、市场价格和承包人报价浮动率确认变更项目的单价或总价

答案：BC

［**解题要点**］措施项目费应按照下列规定调整：

(1) 安全文明施工费，按照实际发生变化的措施项目调整，不得浮动。

(2) 采用单价计算的措施项目费，按照实际发生变化的措施项目按前述分部分项工程费的调整方法确定单价。

(3) 按总价（或系数）计算的措施项目费，除安全文明施工费外，按照实际发生变化的措施项目调整，但应考虑承包人报价浮动因素。

4. 根据《建设工程造价鉴定规范》，下列关于争议鉴定方法的表述，正确的是（　　）。

A. 新增工程项目组价发生争议，合同中有约定的，按合同约定进行鉴定

B. 合同中约定了计价风险范围和幅度的，按合同约定进行鉴定

C. 合同中约定政府定价或政府指导价的材料物价波动不予调整的，按合同约定进行鉴定

D. 合同中约定不执行人工费调整文件，按合同约定进行鉴定

E. 委托人认为鉴定项目合同有效的，鉴定人应根据合同约定进行鉴定

答案：ABE

［**解题要点**］合同中约定物价波动不予调整的，仍应对实行政府定价或政府指导价的材料按《中华人民共和国民法典》的相关规定进行鉴定；如合同中约定不执行人工费调整文件的，鉴定人应提请委托人决定并按其决定进行鉴定。

5. 根据2017年版FIDIC《施工合同条件》的规定，下列各项中属于期中支付申请但不属于“直至支付周期末承包商已完成的工程以及提供的文件的估价”内容的是（　　）。

A. 因法律变化和物价变化应进行的调整金额

B. 应拨付和/或扣还的预付款

C. 应返还的保留金

D. 因承包商使用业主提供的临时设施而扣减的金额

E. 变更工作金额

答案：ABCD

［**解题要点**］承包商应于合同约定的每一个支付周期的期末之后，向工程师提交期中支付报表。支付报表应当包括以下各项内容并按顺序列明：①直至支付周期末承包商已完成的工程以及提供的文件的估价（包括变更工作，但不包括以下第②～⑩项），一般应列明前期累计金额、当期金额和截至目前累计金额；②因法律变化和物价变化应进行的调整金额；③根据约定的比例应扣留的保留金，直至保留金到达限额；④应拨付和/或扣还的预付款；⑤工程材料、设备预支款的支付和/或返还；⑥根据合同应增加或扣减的其他金额（包括工程师做出的商定或决定）；⑦属于暂定金额而增加的金额；⑧应返还的保留金；⑨因承包商使用业主提供的临时设施而扣减的金额；⑩所有前期支付证书被证明

应扣减的金额。

6. 根据《标准施工招标文件》(2007 年版) 的规定，下列各项事件中承包人可以同时获得工期、费用、利润补偿的事件是（　　）。

A. 延迟提供图纸

B. 因发包人原因造成工期延误

C. 因发包人的原因导致工程试运行失败

D. 工程移交后因发包人原因出现新的缺陷或损坏的修复

E. 工程暂停后因发包人原因无法按时复工

答案：ABE

[解题要点] 选项中各事件的索赔处理方式如下表所示：

序号	条款号	索赔事件	可补偿内容		
			工期	费用	利润
1	1.6.1	延迟提供图纸	√	√	√
9	11.3	因发包人原因造成工期延误	√	√	√
13	12.4.2	工程暂停后因发包人原因无法按时复工	√	√	√
20	18.6.2	因发包人的原因导致工程试运行失败		√	√
21	19.2.3	工程移交后因发包人原因出现新的缺陷或损坏的修复		√	√

7. 承包人提交的已完工程进度款支付申请中，应计入本周期完成合同价款中的有（　　）。

A. 本周期已完成单价项目的金额

B. 本周期应支付的总价项目的金额

C. 本周期应扣回的预付款

D. 本周期应支付的安全文明施工费

E. 本周期完成的计日工价款

答案：ABDE

[解题要点] 本周期合计完成的合同价款，其中包括：①本周期已完成单价项目的金额；②本周期应支付的总价项目的金额；③本周期已完成的计日工价款；④本周期应支付的安全文明施工费；⑤本周期应增加的金额。

8. 在物价波动合同价款调整事项中，价格指数调整价格差额的方法主要适用于（　　）。

A. 房屋建筑工程

B. 材料品种少，但每种材料使用量较大的土木工程，如公路、水坝

C. 装饰工程

D. 公路工程

E. 水坝工程

答案：BDE

[解题要点] 采用价格指数调整价格差额的方法，主要适用于施工中所用的材料品种较少，但每种材料使用量较大的土木工程，如公路、水坝等。

9. 根据《建设工程工程量清单计价规范》GB 50500—2013，关于单价合同措施项目费的调整，下列说法中正确的有（　　）。

A. 设计变更引起措施项目发生变化的，可以调整措施项目费

B. 招标工程量清单分部分项工程漏项引起的措施项目发生变化的，可以调整措施项目费

C. 招标工程量清单措施项目缺项的，不应调整措施项目费

D. 承包人提出调整措施项目费的，应事先将实施方案报发包人批准

E. 措施项目费的调整方法与分部分项工程费的调整方法相同

答案：ABDE

［**解题要点**］由于招标工程量清单中分部分项工程出现缺项漏项，引起措施项目发生变化的，应当按照工程变更事件中关于措施项目费的调整方法，故选项C错误。

10. 在确定工程预付款额度时，下列选项中属于确定额度时应考虑的因素有（　　）。

A. 建安工程量　　B. 起扣点

C. 施工工期　　D. 质量保证金

E. 材料储备周期

答案：ACE

［**解题要点**］工程预付款额度，各地区、各部门的规定不完全相同，主要是保证施工所需材料和构件的正常储备。工程预付款额度一般是根据施工工期、建安工程量、主要材料和构件费用占建安工程费的比例以及材料储备周期等因素经测算来确定的。

11. 根据《建设项目工程总承包合同（示范文本）》（GF－2020－0216）通用合同条件，发包人指示的变更造成下列（　　）影响时，承包人应向工程师发出通知。

A. 降低工程的安全性、稳定性或适用性

B. 所涉及设备难以采购

C. 改变了招标文件中的发包人要求

D. 造成工期延误

E. 涉及明显的物价波动

答案：ABD

［**解题要点**］变更指示应当经发包人同意，除合同另有约定外，变更不应包括准备将任何工作删减并交由他人或发包人自行实施的情况。承包人收到变更指示后，方可实施变更。未经许可，承包人不得擅自对工程的任何部分进行变更。变更指示造成下列影响的，承包人应向工程师发出通知：

（1）降低工程的安全性、稳定性或适用性；

（2）涉及的工作内容和范围不可预见；

（3）所涉及设备难以采购；

（4）对承包人正常雇佣劳动力及工资支付、安全文明施工、职业健康、环境保护等产生实质性影响；

（5）造成工期延误；

（6）与承包人的一般义务相冲突。

第六章　建设项目竣工决算和新增资产价值的确定

考 纲 要 求

1. 竣工决算的内容和编制；
2. 新增资产价值的确定。

本章知识架构

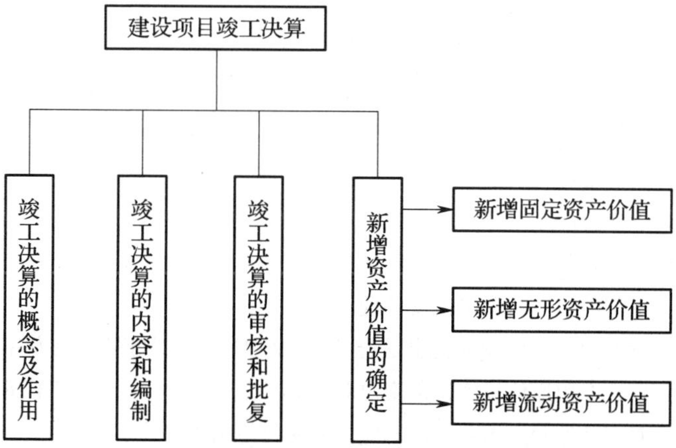

图 6-1　建设项目竣工决算的编制和新增资产价值的确定知识框架

考点与题型详解

考点一：竣工决算的编制

点评：在本章中，竣工决算的内容、编制和审查是重要的考点。

知识要点集成

- 竣工决算的内容
  - 竣工财务决算说明书
  - 竣工财务决算报表
    - 基本建设项目概况表
    - 基本建设项目竣工财务决策表：体现资金来源等于资金运用这一基本会计等式
    - 基本建设项目资金情况明细表
    - 基本建设项目交付使用资产总表
    - 基本建设项目交付使用资产明细表
    - 待摊投资支出明细表
    - 转出投资明细表
  - 建设工程竣工图：无论在何种情况下，均由承包人负责加盖“竣工图”标志
  - 工程造价比较分析：主要分析主要实物工程量、材料消耗量、取费标准，以及主要工程子目的单价和变动情况

图 6-2　竣工决算的内容

注：1. 竣工财务决算说明书和竣工财务决算报表两部分又称建设项目竣工财务决算，是竣工决算的核心内容。

2. 基建支出的核定需要注意几点：

（1）建筑安装工程投资支出、设备工器具投资支出、待摊投资支出和其他投资支出构成建设项目的建设成本。

（2）待核销基建支出包括以下内容：非经营性项目发生的江河清障、航道清淤、飞播造林、补助群众造林、退耕还林（草）、封山（沙）育林（草）、水土保持、城市绿化、毁损道路修复、护坡及清理等不能形成资产的支出，以及项目未被批准、项目取消和项目报废前已发生的支出；非经营性项目发生的农村沼气工程、农村安全饮水工程、农村危房改造工程、游牧民定居工程、渔民上岸工程等涉及家庭或者个人的支出，形成资产产权归属家庭或者个人的，也作为待核销基建支出处理。上述待核销基建支出，若形成资产产权归属本单位的，计入交付使用资产价值；形成产权不归属本单位的，作为转出投资处理。

（3）非经营性项目转出投资支出是指非经营性项目为项目配套的专用设施投资，包括专用道路、专用通信设施、送变电站、地下管道等，且其产权不属于本单位的投资支出。对于产权归属本单位的，应计入交付使用资产价值。

3. 建设工程竣工图应分不同情况区别对待：

（1）凡按图竣工没有变动的，由承包人（包括总包和分包承包人，下同）在原施工图上加盖“竣工图”标志后，即作为竣工图。

（2）凡在施工过程中，虽有一般性设计变更，可不重新绘制，由承包人负责在原施工图（必须是新蓝图）上注明修改的部分，并附以设计变更通知单和施工说明，加盖“竣工图”标志后，作为竣工图。

（3）凡重大改变，应重新绘制改变后的竣工图。由原设计原因造成的，由设计单位负责重新绘制；由施工原因造成的，由承包人负责重新绘图；由其他原因造成的，由建设单位自行绘制或委托设计单位绘制。承包人负责在新图上加盖“竣工图”标志，并附以有关记录和说明，作为竣工图。

- 竣工决算的编制、审核与批复
  - 竣工决算的编制
    - 编制时间——3个月内编报竣工财务决算，确需延长的，中小型项目不得超过2个月，大型项目不得超过6个月
    - 编制程序——前期准备、实施、完成和资料归档四个阶段
  - 竣工决算的审核
    - 审核程序
      - 条件和权限审核
      - 资料完整性审核
    - 审核方式
      - 政策性审核
      - 技术性审核
      - 评审结论审核
      - 意见分歧审核及处理
    - 审核内容
      - 工程价款结算审核
      - 项目核算管理情况审核
      - 项目资金管理情况审核
      - 项目基本建设程序执行及建设管理情况审核
      - 概（预）算执行情况审核
      - 交付使用资产情况审核
  - 竣工决算的批复
    - 批复权限
      - 财政部直接批复
        - 主管部门本级的投资额在3 000万元（不含3 000万元）以上的项目决算
        - 不向财政部报送年度部门决算的中央单位项目决算
      - 主管部门批复
        - 主管部门二级及以下单位的项目决算
        - 主管部门本级投资额在3 000万元（含3 000万元）以下的项目决算
    - 批复内容
      - 投资完成情况
      - 表格编制情况
      - 资金结余、审减情况
      - 资金上缴情况
      - 资产移交情况
      - 整改要求情况
      - 交回财政资金情况

图 6-3　竣工决算的编制、批复与审核

注：1. 项目一般不得预留尾工工程，确需预留尾工工程的，尾工工程投资不得超过批准的项目概（预）算总投资的5%。

2. 采用“先审核后批复”的原则，一般先由财政部委托财政投资评审机构或有资质的中介机构评审，根据评审结论，财政部审核后批复项目决算。

经典考题剖析

一、2023 年考题

1. 编制建设项目竣工决算文件时，下列建设项目投资支出，应计入待核销基建支出的是（　　）。

A. 报废工程净损失、设备盘亏及损毁支出

B. 办公生活用家具、器具购置支出

C. 软件研发不能计入设备投资的软件购置支出

D. 不能形成资产的城市绿化、水土保持支出

答案：D

[解析] 待核销基建支出包括以下内容：非经营性项目发生的江河清障、航道清淤、飞播造林、补助群众造林、退耕还林（草）、封山（沙）育林（草）、水土保持、城市绿化、毁损道路修复、护坡及清理等不能形成资产的支出，以及项目未被批准、项目取消和项目报废前已发生的支出；非经营性项目发生的农村沼气工程、农村安全饮水工程、农村危房改造工程、游牧民定居工程、渔民上岸工程等涉及家庭或者个人的支出，形成资产产权归属家庭或者个人的，也作为待核销基建支出处理。

2. 下列建设项目竣工决算文件中，能够反映基本建设项目的全部资金来源和资金占用情况的是（　　）。

A. 基本建设项目概况表

B. 基本建设项目交付使用资产明细表

C. 基本建设项目交付使用资产总表

D. 基本建设项目竣工财务决算表

答案：D

[解析] 竣工财务决算表是竣工财务决算报表的一种，建设项目竣工财务决算表是用来反映建设项目的全部资金来源和资金占用情况，是考核和分析投资效果的依据。该表反映竣工的建设项目从开工到竣工全部资金来源和资金运用的情况。

3. 下列竣工决算的审核内容，属于项目核算管理情况审核的有（　　）。

A. 单位、单项工程造价是否在合理范围内

B. 建设成本核算是否准确

C. 转出投资是否已落实接收单位

D. 项目资金使用情况

E. 决算内容和格式是否符合国家有关规定

答案：BCE

[解析] 项目核算管理情况审核，具体包括：

（1）建设成本核算是否准确。对于超过批准建设内容发生的支出、不符合合同协议的支出、非法收费和摊派，以及无发票或者发票项目不全、无审批手续、无责任人员签字的支出和因设计单位、施工单位、供货单位等原因，造成的工程报废损失等不属于本项目应当负担的支出，是否按规定予以审减。

（2）待摊费用支出及其分摊是否合理合规。

（3）待核销基建支出有无依据、是否合理合规。

（4）转出投资有无依据、是否已落实接收单位。

（5）决算报表所填列的数据是否完整，表内和表间勾稽关系是否清晰、正确。

（6）决算的内容和格式是否符合国家有关规定。

（7）决算资料报送是否完整、决算数据之间是否存在错误。

（8）与财务管理和会计核算有关的其他事项。

二、2022 年考题

关于建设项目竣工决算编制中的工程造价对比分析，下列说法正确的是（　　）。

A. 应对工程建设其他费用逐一对比

B. 应对所有实物工程量进行对比

C. 应对新增固定资产价值进行对比

D. 应对所有工程单价进行对比

答案：A

[**解析**] 在工程造价对比分析时，可先对比整个项目的总概算，然后将建筑安装工程费用、设备及工器具购置费和其他工程费用逐一与竣工决算表中所提供的实际数据和相关资料及批准的概算、预算指标、实际的工程造价进行对比分析，以确定竣工项目总造价是节约还是超支，并在对比的基础上，总结先进经验，找出节约和超支的内容和原因，提出改进措施。

三、2021 年考题

竣工决算中，用来反映建设项目的全部资金来源和资金占用情况、作为考核和分析投资效果的文件是（　　）。

A. 基本建设项目概况表

B. 建设项目竣工财务决算表

C. 基本建设项目交付使用资产总表

D. 建设项目交付使用资产明细表

答案：B

[**解析**] 竣工财务决算表是竣工财务决算报表的一种，建设项目竣工财务决算表是用来反映建设项目的全部资金来源和资金占用情况，是考核和分析投资效果的依据。该表反映竣工的建设项目从开工到竣工为止全部资金来源和资金运用的情况。

四、其他年份考题

根据《基本建设项目建设成本管理规定》，建设项目的建设成本包括（　　）。

A. 为项目配套的专用送变电站投资

B. 非经营性项目转出投资支出

C. 非经营性的农村饮水工程

D. 项目建设管理费

答案：D

[**解析**] 建筑安装工程投资支出、设备工器具投资支出、待摊投资支出和其他投资支出构成建设项目的建设成本。为项目配套的专用送变电站投资属于非经营性项目转出投资支出和，非经营性的农村饮水工程属于待核销基建支出。

考点二：新增资产价值的确定

点评：本章主要考核点之一，主要内容是新增固定资产价值的确定。考生应掌握共同费用的分摊方法。此外，考生还应掌握流动资产和无形资产的基本构成和计价原则。

知识要点集成

表 6-1 新增资产价值的确定

资产类型	包括内容	计算方法
固定资产	附属辅助工程	建成正式验收交付使用后就要计入新增固定资产价值
	独立发挥效益的非生产性项目	建成并交付使用后，应计算新增固定资产价值
	达到固定资产标准不需安装的设备及工器具	在交付使用后计入新增固定资产价值
	待摊投资	随同受益工程交付使用的同时一并计入
无形资产	专利权	自创专利权的价值为开发过程中的实际支出
	专有技术	自创的专有技术，一般不作为无形资产入账，外购专有技术由法定评估机构确认后再进行估价
	商标权	自创商标权一般不作为无形资产入账，购入或转让商标根据被许可方新增的收益确定
	土地使用权	当建设单位向土地管理部门申请土地使用权并为之支付一笔出让金时，土地使用权作为无形资产核算；当建设单位获得土地使用权是通过行政划拨的，这时土地使用权就不能作为无形资产核算；在将土地使用权有偿转让、出租、抵押、作价入股和投资，按规定补交土地出让价款时，才作为无形资产核算
流动资产	货币性资金	现金、各种银行存款及其他货币资金，根据实际入账价值核定
	应收及预付款项	包括应收票据、应收款项、其他应收款、预付货款和待摊费用，按企业销售商品、产品或提供劳务时的实际成交金额入账核算
	短期投资	股票、债券、基金，根据是否可以上市流通分别采用市场法和收益法确定其价值
	存货	企业的库存材料、在产品、产成品等。各种存货应当按照取得时的实际成本计价

注：1. 新增固定资产价值的计算是以独立发挥生产能力的单项工程为对象的。

2. 用地与工程准备费、工程勘察和建筑设计费等按建筑工程造价比例分摊，生产工艺流程设计费按生产设备（包括需安装设备和不需安装设备）购置费比例分摊，项目建设管理费、联合试运转费、工程保险费和建设期利息等按建筑工程、安装工程、需安装设备价值总额比例分摊。

经典考题剖析

一、2023 年考题

某工业建设项目及其甲车间的竣工决算资料如下表所示。甲车间应分摊的项目建设管理费为（ ）万元。

项目名称	建筑工程费/万元	安装工程费/万元	需安装设备费/万元	不需安装设备费/万元	项目建设管理费/万元
建设项目竣工决算	6 000	1 000	2 000	500	120
甲车间竣工决算	1 000	300	600	300	

A. 20.00　　B. 22.29

C. 25.33　　D. 27.79

答案：C

［解析］分摊的项目建设管理费$=\frac{1\ 000+300+600}{6\ 000+1\ 000+2\ 000}\times 120=25.33$（万元）。

二、2022 年考题

关于建设项目形成无形资产计价原则，下列说法正确的有（ ）。

A. 投资者按无形资产作为资本金投入的，按评估确认的金额计价

B. 购入的无形资产，按采购合同签约价款计价

C. 企业自创并依法申请取得的，按批准的开发计划金额计价

D. 接受捐赠的无形资产，按照发票账单所载金额或者同类无形资产市场价计价

E. 无形资产入账后，应在其有效使用期内分期摊销

答案：ACDE

［解析］无形资产的计价原则：①投资者按无形资产作为资本金或者合作条件投入时，按评估确认或合同协议约定的金额计价；②购入的无形资产，按照实际支付的价款计价；③企业自创并依法申请取得的，按开发过程中的实际支出计价；④企业接受捐赠的无形资产，按照发票账单所载金额或者同类无形资产市场价计价；⑤无形资产计价入账后，应在其有效期内分期摊销。

三、2021 年考题

关于新增固定资产价值的确定，下列说法正确的有（ ）。

A. 以单项工程为核算对象

B. 单项工程建成经有关部门验收合格，即应计算新增固定资产价值

C. 单项工程中不构成生产系统的生活服务网点，在建成并交付后，也要计算新增

固定资产价值

D. 随设备一起采购的但未达到固定资产标准的工器具，应随设备一起计算新增固定资产价值

E. 不需要安装的运输设备，一般仅计采购成本，不计分摊费用

答案：ACE

［解析］新增固定资产价值的计算是以独立发挥生产能力的单项工程为对象的；对于单项工程中不构成生产系统，但能独立发挥效益的非生产性项目，如住宅、食堂、医务所、托儿所、生活服务网点等，在建成并交付使用后，也要计算新增固定资产价值；运输设备及其他不需要安装的设备、工具、器具、家具等固定资产一般仅计算采购成本，不计分摊。

四、其他年份考题

一般不作为无形资产入账，但当涉及转让事项时才作为无形资产核算的有（　　）。

A. 自创专利权　　B. 自创专有技术

C. 自创商标权　　D. 出让方式取得土地使用权

E. 划拨方式取得土地使用权

答案：BCE

［解析］如果专有技术是自创的，一般不作为无形资产入账，自创过程中发生的费用，按当期费用处理。对于外购专有技术，应由法定评估机构确认后再进行估价，其方法往往通过能产生的收益采用收益法进行估价；如果商标权是自创的，一般不作为无形资产入账，而将商标设计、制作、注册、广告宣传等发生的费用直接作为销售费用计入当期损益。只有当企业购入或转让商标时，才需要对商标权计价；当建设单位获得土地使用权是通过行政划拨的，这时土地使用权就不能作为无形资产核算；在将土地使用权有偿转让、出租、抵押、作价入股和投资，按规定补交土地出让价款时，才作为无形资产核算。

难 题 解 析

一、单项选择题

1. 竣工财务决算说明书主要反映竣工工程建设成果和经验，是对竣工财务决算报表进行分析和补充说明的文件，下列内容中不包括在竣工财务决算说明书中的是（　　）。

A. 项目概（预）算执行情况及分析

B. 尾工工程情况

C. 工程竣工造价对比分析

D. 预备费动用情况

答案：C

［解题要点］工程竣工造价对比分析属于竣工决算中的一项独立内容，与竣工财务决算说明书是并列关系。

2. 根据《基本建设项目竣工财务决算管理暂行办法》（财建〔2016〕503 号）的规定，基本建设

项目完工可投入使用或者试运行合格后，建设单位应在（　　）内完成竣工财务决算编制工作。

A. 2 个月　　B. 3 个月　　C. 75 天　　D. 100 天

答案：B

［解题要点］ 根据《基本建设项目竣工财务决算管理暂行办法》（财建〔2016〕503 号）的规定，基本建设项目完工可投入使用或者试运行合格后，应当在 3 个月内编报竣工财务决算，特殊情况确需延长的，中小型项目不得超过 2 个月，大型项目不得超过 6 个月。

3. 竣工财务决算的基本建设项目概况表中，应列入非经营性项目转出投资支出的项目是（　　）。

A. 产权属于本单位的城市绿化　　B. 不能形成资产的城市绿化

C. 产权属于本单位的专用道路　　D. 产权不属于本单位的专用道路

答案：D

［解题要点］ 非经营性项目转出投资支出是指非经营项目为项目配套的专用设施投资，包括专用道路、专用通信设施、送变电站、地下管道等，其产权不属于本单位的投资支出，故选项 D 正确。

4. 由原设计原因造成结构形式等重大改变的，应由设计单位负责重新绘制竣工图，然后由（　　）负责在新图上加盖"竣工图"标志。

A. 承包人　　B. 发包人

C. 监理人　　D. 设计单位

答案：A

［解题要点］ 凡结构形式改变、施工工艺改变、平面布置改变、项目改变以及有其他重大改变，不宜再在原施工图上修改、补充时，应重新绘制改变后的竣工图。由原设计原因造成的，由设计单位负责重新绘制，由施工原因造成的，由承包人负责重新绘图；由其他原因造成的，由建设单位自行绘制或委托设计单位绘制。承包人负责在新图上加盖"竣工图"标志，并附以有关记录和说明，作为竣工图。

5. 某工业建设项目及其总装车间的建筑工程费、安装工程费、需安装设备费、不需安装设备费以及应摊入费用如下表所示，则总装车间新增固定资产价值为（　　）万元。

单位：万元

项目名称	建筑工程费	安装工程费	需安装设备费	不需安装设备费	项目建设管理费	用地与工程准备费	建筑设计费	生产工艺流程设计费
建设项目竣工决算	5 000	800	1 200	100	80	90	50	30
总装车间竣工决算	800	500	600	30	—	—	—	—

A. 1 930.00　　B. 1 900.00

C. 1 988.65　　D. 1 989.11

答案：C

［解题要点］ 此题考核点为 2023 年版教材新修订内容。

应分摊的项目建设管理费$=\frac{800+500+600}{5\ 000+800+1\ 200}\times 80=21.714$（万元）

应分摊的用地与工程准备费和建筑设计费$=\frac{800}{5\ 000}\times(90+50)=22.4$（万元）

应分摊的生产工艺流程设计费$=\frac{600+30}{1\ 200+100}\times 30=14.538$（万元）

总装车间新增固定资产价值＝800＋500＋600＋30＋21.714＋22.4＋14.538＝1 988.65（万元）

6. 根据《中央基本建设项目竣工财务决算审核批复操作规程》（财建〔2018〕2 号）主管部门、财政部收到项目竣工财务决算后，所完成的技术性审核主要包括的工作是（　　）。

A. 待核销基建支出和转出投资的合规性

B. 待摊投资支出分摊计入交付使用资产情况

C. 重点审核评审机构与项目建设单位就评审结论存在的意见分歧

D. 重点审核评审结论中投资审减（增）金额和理由

答案：B

［解题要点］ 审核工作主要是对项目建设单位提供的决算报告及评审机构提供的评审报告、社会中介机构审计报告进行分析、判断，与审计署审计意见进行比对，并形成批复意见。其中技术性审核重点审核决算报表数据和表间钩稽关系、待摊投资支出情况、建筑安装工程和设备投资支出情况、待摊投资支出分摊计入交付使用资产情况以及项目造价控制情况等。

7. 在进行无形资产计价时，自创专利权的价值为开发过程中的实际支出，主要包括（　　）。

A. 研制成本和交易成本　　B. 直接成本和交易成本

C. 设计成本和研制成本　　D. 直接成本和间接成本

答案：A

［解题要点］ 自创专利权的价值为开发过程中的实际支出，主要包括专利的研制成本和交易成本。研制成本包括直接成本和间接成本。交易成本是指在交易过程中的费用支出。

8. 在进行无形资产计价时，自创专利权的价值为开发过程中的实际支出，主要包括（　　）。

A. 研制成本和交易成本　　B. 直接成本和交易成本

C. 设计成本和研制成本　　D. 直接成本和间接成本

答案：A

［解题要点］ 自创专利权的价值为开发过程中的实际支出，主要包括专利的研制成本和交易成本。研制成本包括直接成本和间接成本。

二、多项选择题

1. 关于新增固定资产价值的计算，下列表述中正确的是（　　）。

A. 属于新增固定资产价值的待摊投资，应随同受益工程交付使用的同时一并计入

B. 附属辅助工程在全部建成后，验收交付使用前就要计入新增固定资产价值

C. 分期分批交付使用的工程，应一次计算新增固定资产价值

D. 生产设备（包括需安装设备和不需安装设备）都需要分摊生产工艺流程设计费

E. 购置达到固定资产标准不需安装的设备及工器具，应在交付使用后计入新增固定资产价值

答案：ADE

［解题要点］ 此题考核点为 2023 年版教材新修订内容。最为关键的需要掌握当进行待摊费用进行分摊时，生产工艺流程设计费按生产设备（包括需安装设备和不需安装设备）购置费比例分摊。

2. 在竣工决算的审核内容中，下列各项中属于项目核算管理情况审核的是（　　）。

A. 项目资金使用情况

B. 待核销基建支出有无依据、是否合理合规

C. 项目建设管理情况

D. 概（预）算执行情况

E. 决算的内容和格式是否符合国家有关规定

答案：BE

［解题要点］ 项目核算管理情况审核具体包括：

（1）建设成本核算是否准确。

（2）待摊费用支出及其分摊是否合理合规。

（3）待核销基建支出有无依据、是否合理合规。

（4）转出投资有无依据、是否已落实接收单位。

（5）决算报表所填列的数据是否完整，表内和表间勾稽关系是否清晰、正确。

（6）决算的内容和格式是否符合国家有关规定。

（7）决算资料报送是否完整、决算数据之间是否存在错误。

（8）与财务管理和会计核算有关的其他事项。

3. 土地使用权的取得方式影响竣工决算新增资产的核定，下列土地使用权的作价应作为无形资产核算的有（　　）。

A. 通过支付土地出让金取得的土地使用权

B. 通过行政划拨取得的土地使用权

C. 通过有偿转让取得的出让土地使用权

D. 已补交土地出让价款，作价入股的土地使用权

E. 租借房屋的土地使用权

答案：ACD

［**解题要点**］根据取得土地使用权的方式不同，土地使用权可有以下几种计价方式：当建设单位向土地管理部门申请土地使用权并为之支付一笔出让金时，土地使用权作为无形资产核算；当建设单位获得土地使用权是通过行政划拨的，这时土地使用权就不能作为无形资产核算；在将土地使用权有偿转让、出租、抵押、作价入股和投资，按规定补交土地出让价款时，才作为无形资产核算。

模拟自测题一

一、单项选择题（共 60 题，每题 1 分。每题的备选项中，只有一个最符合题意）

1. 非生产性建设项目总投资应包括（　　）。

A. 建设投资　　B. 建设投资和建设期利息

C. 建设投资、建设期利息和流动资金　　D. 建设投资、建设期利息和铺底流动资金

2. 进口一台生产用车床，下列各项中属于进口从属费的是（　　）。

A. 运输保险费　　B. 增值税

C. 消费税　　D. 进口车辆购置税

3. 在进口设备购置费中，下列各项中与装运港船上交货价含义相同的是（　　）。

A. 到岸价　　B. 关税完税价格

C. 离岸价　　D. 成本加保险费、运费

4. 根据《企业安全生产费用提取和使用管理办法》的规定，对于水利水电工程，安全施工费的提取标准为（　　）。

A. 分部分项工程费的 3%　　B. 建筑安装工程费的 3%

C. 分部分项工程费的 2.5%　　D. 建筑安装工程费的 2.5%

5. 下列各项安全文明施工费内容中，属于文明施工费的是（　　）。

A. 建筑弃渣外运车辆防护措施费用

B. 现场工人的电风扇、空调等设备及用电费用

C. 建筑工地起重机械的检验检测费用

D. 施工现场规定范围内临时简易道路铺设费用

6. 下列各项中属于拆迁补偿费的是（　　）。

A. 生态补偿费　　B. 迁移补偿费

C. 安置补助费　　D. 地上附着物补偿费

7. 已知某建设项目设备、工器具购置费为 5 000 万元，建筑安装工程费为 3 000 万元，土地使用权出让金为 8 000 万元，征地补偿费为 2 500 万元，项目建设管理费费率为 3%，则项目建设管理费为（　　）万元。

A. 240　　B. 150

C. 480　　D. 555

8. 关于基本预备费的概念，下列说法中正确的是（　　）。

A. 基本预备费是指投资估算、工程概算、工程预算阶段预留的费用

B. 实行工程保险的工程项目，基本预备费可适当降低

C. 包括超规超限设备、材料、构件运输增加的费用

D. 工程变更和洽商不得从基本预备费中列支

9. 某建设项目，建设期为 3 年，分年均衡进行贷款，第一年贷款 500 万元，第二年贷款 1 000 万元，第三年贷款 300 万元，年利率为 10%，建设期内利息只计息不支付，则该项目建设期利息为（　　）万元。

A. 25　　B. 102.5

C. 177.75　　D. 305.25

10. 定额计价与工程量清单计价的最根本区别是（　　）。

A. 适配的合同文本不同　　B. 风险分担方式不同

C. 计价目的不同　　D. 造价形成机制不同

11. 当采用类比估算法进行投资匡算时，应尤其注意（　　）对造价的影响。

A. 规模　　B. 建筑面积

C. 公路长度　　D. 工厂生产能力

12. 下列关于模拟工程量清单的说法，正确的是（　　）。

A. 是在工程设计图完备情况下工程量清单的替代方式

B. 是建立多层级工程量清单的发展结果

C. 与现行国标工程量清单的最大不同点是编制基础不同

D. 模拟工程量清单的编制是基于施工图设计等相关成果文件

13. 当编制其他项目清单与计价汇总表时，对材料（工程设备）暂估单价描述正确的是（　　）。

A. 材料（工程设备）暂估单价应汇总计入其他项目清单与计价汇总表

B. 材料（工程设备）暂估单价应计入清单项目综合单价

C. 材料（工程设备）暂估单价应由投标人确定，并计入清单项目综合单价

D. 材料（工程设备）暂估单价应由投标人确定，并计入其他项目清单与计价汇总表

14. 选择分部分项工程的计量单位时，以“kg”为单位的项目，有效位数选择的原则为（　　）。

A. 保留三位有效数字　　B. 保留两位有效数字

C. 保留一位有效数字　　D. 应取整数

15. 已知每平方米墙面所需的勾缝时间为8min，同时通过计时观察资料得知：人工砌墙辅助工作时间占工序作业时间的5%，准备与结束时间、不可避免的中断时间、休息时间分别占工作日的4%、3%、15%，则一砖半墙勾缝的产量定额为（　　）m^3/工日。

A. 10.662　　B. 16.226

C. 15.985　　D. 10.504

16. 在对工作时间进行测定时，计时观察法的主要技术手段是（　　）。

A. 测时法　　B. 写实记录法

C. 工作日写实法　　D. 现场观察

17. 下列各项中属于实验室试验法主要缺点的是（　　）。

A. 无法估计到施工现场某些因素对材料消耗量的影响

B. 不能确定必须消耗的材料和损失量

C. 准确程度受到统计资料和实际使用材料的影响

D. 不能测定容易产生损耗的材料

18. 某建设项目从两个不同的地点采购材料（适用13%增值税税率），其供应量及有关费用如下表所示（表中原价、运杂费均为含税价格，且地点一供料采用“一票制”支付方式，地点二供料采用“两票制”支付方式），则该材料的单价为（　　）元/t。

供应点	采购量/t	原价/（元/t）	运杂费/（元/t）	运输损耗率/%	采购及保管费费率/%
地点一	300	240	20	0.5	3.5%
地点二	200	250	15	0.4	

A. 241.08　　B. 272.42

C. 241.28　　D. 241.68

19. 对于下列不同的施工机械，其安拆费及场外运费应单独计算的是（　　）。

A. 安拆简单、移动不需要起重及运输机械的轻型施工机械

B. 安拆简单、移动需要起重及运输机械的轻型施工机械

C. 安拆复杂、移动不需要起重及运输机械的重型施工机械

D. 安拆复杂、移动需要起重及运输机械的重型施工机械

20. 在预算定额人工工日消耗量计算时，按劳动定额规定应增（减）计算的用工量属于（　　）。

A. 超运距用工　　B. 基本用工

C. 辅助用工　　D. 人工幅度差

21. 当构建工程造价指标体系时，下列说法中正确的是（　　）。

A. 先按照工程造价指标的层级进行划分，再按照工程类别划分

B. 先按照工程类别进行划分，再按照工程造价指标的层级划分

C. 在按照工程类别的划分过程中包含了按照工程造价指标的层级划分

D. 在按照工程造价指标的层级划分过程中包含了按照工程类别的划分

22. 大数据技术对工程造价管理有很深远的影响，下列各项中属于为智能决策提供支持的是（　　）。

A. 提高项目各阶段协同工作的效率

B. 对主管部门规范工程发承包市场提供依据

C. 可用于识别并治理围标串标等违法行为

D. 有利于施工成本管理

23. 在决策阶段影响工程造价的主要因素中，决定项目建设规模的环境因素包括（　　）。

A. 燃料动力供应　　B. 原材料供应

C. 资金供应　　D. 劳动力供应

24. 某地 2023 年拟建一年产 10 万吨的清洁氢能源的制氢项目，设备购置费估算为 2.5 亿元。该地 2020 年已建 5 万吨相同产品项目的建筑安装工程费为 1.5 亿元。该地 2020 年至 2023 年设备购置费、建筑安装工程费年均分别递增 4%、5%。若生产能力指数为 0.8，则该拟建项目的工程费用估算为（　　）亿元。

A. 8.06　　B. 7.10

C. 5.44　　D. 5.52

25. 在进行动态部分投资估算时，通常选择的计算基础是（　　）。

A. 基准年动态投资的资金使用计划　　B. 基准年静态投资的资金使用计划

C. 编制年静态投资的资金使用计划　　D. 编制年静态投资的资金使用计划

26. 已知某项目投资估算有关数据如下：应收账款 150 万元，应付账款 80 万元，预收账款 50 万元，预付账款 30 万元，存货 200 万元，库存现金 60 万元。则该项目流动资金为（　　）万元。

A. 310　　B. 410

C. 350　　D. 210

27. 下列关于设计概算的批复和调整的说法，正确的是（　　）。

A. 投资概算超过经批准的可行性研究报告提出的投资估算 10%的，原则上先商请审计机关进行审计，并依据审计结论进行概算调整

B. 政府投资项目建设投资原则上不得超过经核定的投资概算

C. 概算调增幅度超过原批复概算 10%的，项目单位应当向投资主管部门或者其他有关部门报告

D. 因重大变更确需调整概算的，项目单位应按照规定的程序报原初步设计审批部门或者投资概算核定部门核定

28. 对于价格波动不大的定型产品和通用设备产品，适合采用的安装工程概算编制方法是（　　）。

A. 预算单价法　　B. 设备价值百分比法

C. 扩大单价法　　D. 综合吨位指标法

29. 采用概算定额法编制建筑工程概算通常包括以下步骤：①确定各分部分项工程费；②编写概算编制说明；③按照概算定额子目，列出单位工程中分部分项工程项目名称并计算工程量；④计算措施项目费。则正确的排列顺序为（　　）。

A. ①②③④　　B. ③①④②

C. ①③②④　　D. ③①②④

30. 下列各项工程概算编制方法中，同时适用于建筑工程概算和设备及安装工程概算的是（　　）。

A. 预算单价法　　B. 扩大单价法

C. 概算指标法　　D. 综合吨位指标法

31. 与实物量法相比，工料单价法在工作步骤和工作内容上完全相同的是（　　）。

A. 准备工作　　B. 列项并计算工程量

C. 套用定额单价，计算直接费　　D. 编制工料分析表

32. 随着工程造价改革的市场化越来越深入，施工图预算在造价管理中的重要性有可能逐渐降低，成为（　　）的主要依据。

A. 最高投标限价编制　　B. 设计阶段投资管控

C. 签订合同价　　D. 承包人进行施工成本管理

33. 在招标文件的各项内容中，下列各项中属于投标邀请书的是（　　）。

A. 投标文件格式　　B. 投标文件的递交

C. 投标准备时间　　D. 是否允许提交备选投标方案

34. 在招标工程量清单编制的准备工作中，下列各项中属于“初步研究”工作的是（　　）。

A. 现场踏勘　　B. 估算整体工程量

C. 拟订常规施工组织设计　　D. 确定工程量清单的编审范围

35. 根据最高投标限价的市场化发展趋势，采用参考类似工程、市场询价方式确定价格的，最终选定价格数据应保证数据来源通常不应少于（　　）个。

A. 5　　B. 4　　C. 3　　D. 2

36. 编制最高投标限价时，综合单价中应包括招标人要求（　　）承担的风险内容及其范围（幅度）产生的风险费用。

A. 招标人　　B. 招标人和投标人合理分配

C. 承包人　　D. 投标人

37. 工程量的大小是投标报价最直接的依据，复核工程量的准确程度，对承包商经营行为的主要影响是（　　）。

A. 对工程量清单进行修改　　B. 准确地确定订货及采购物资的数量

C. 向招标人提出工程量清单存在的错误　　D. 决定投标报价中应考虑的风险范围

38. 在投标报价前期工作中需要研究招标文件，其中在合同分析中属于合同条款分析的内容是（　　）。

A. 合同监理方式　　B. 合同承包方式

C. 合同计价方式　　D. 合同付款方式

39. “投标保证金应当从投标人基本账户转出”的规定适合于下列何种情况（　　）。

A. 境外投标单位以现金形式提交的投标保证金

B. 境内投标单位以支票形式提交的投标保证金

C. 境内投标单位以银行保函形式提交的投标保证金

D. 境内投标单位以银行汇票形式提交的投标保证金

40. 某项目招标采用经评审的最低投标价法评标，共有甲、乙、丙三位投标人，招标文件中规定了工期提前效益对报价的修正（工期每提前 1 个月有 10 万元评标优惠）。已知三名投标人的投标报价、工期以及基准工期如下表所示。则推荐的中标候选人排序为（　　）。

投标人	投标报价/万元	工期/月	基准工期/月
甲	1 000	18	20
乙	990	19	
丙	1 030	15	

A. 甲、乙、丙　　B. 乙、甲、丙
C. 丙、乙、甲　　D. 三者并列

41. 下列关于中标候选人公示的说法，正确的是（　　）。
A. 采用招标方式选定中标候选人的项目均属于需公示的范围
B. 公示内容中应包括评标的方法、标准和各中标候选人的评分情况
C. 招标人应当自收到评标报告之日起 3 日内公示中标候选人
D. 中标候选人应在招标人或招标代理人指定的场所公布

42. 工程总承包投标报价的组成通常是（　　）。
A. 成本、利润和风险费　　B. 成本和标高金
C. 施工费用和管理费　　D. 工程费用、工程总承包其他费用和预备费

43. 根据《建设项目工程总承包计价规范》T/CCEAS 001－2022 的规定，下列发包时点同时适合采用 EPC 模式或 DB 模式的是（　　）。
A. 可行性研究报告批准后发包　　B. 方案设计批准后发包
C. 初步设计批准后发包　　D. 施工图设计批准后发包

44. 在国际竞争性招标中，若采用两个信封制度，如果采购合同简单，则下列说法正确的是（　　）。
A. 技术标和商务标在一次开标会议上先后开启
B. 技术标和商务标在两次开标会议上分别开启
C. 商务标和技术标在一次开标会议上先后开启
D. 技术标和商务标在一次开标会议上同时开启

45. 在建设项目施工过程中，若出现招标工程量清单中措施项目缺失，则正确的处理方式是（　　）。
A. 由于承包人未能在投标时对措施项目清单进行合理增补，责任由承包人承担
B. 按照工程变更事件中关于分部分项工程费的调整方法，调整合同价款
C. 视为招标工程量清单不完整，责任由发包人和承包人共同承担
D. 承包人应将新增措施项目实施方案提交发包人批准后，按工程变更的原则调整合同价款

46. 如果发包人提出的工程变更，因非承包人原因删减了合同中的某项原定工作或工程，致使承包人发生的费用或（和）得到的收益不能被包括在其他已支付或应支付的项目中，也未被包含在任何替代的工作或工程中，则承包人有权提出的补偿要求是（　　）。
A. 工期和费用　　B. 工期、费用和利润
C. 费用　　D. 费用和利润

47. 已知某建设项目采用招标方式选择承包人，已知该项目最高投标限价为 6 000 万元，承包人中标价为 5 700 万元，在最高投标限价和中标价中同时包括安全文明施工费 100 万元，暂列金额 300 万元，暂估价 500 万元。则该项目承包人报价浮动率为（　　）。
A. 5.08%　　B. 5.00%　　C. 5.36%　　D. 5.45%

48. 某土建工程，合同规定结算款为200万元，合同原始投标截止日期为2018年3月15日，工程于2019年2月建成交付使用，竣工结算支付证书的签发日为3月20日。根据下表中所列工程人工费、材料费构成比例以及有关价格指数，则需调整的价格差额是（　　）万元。

项目	人工费	钢材	水泥	集料	一级红砖	砂	木材	不调值费用
比例%	45	11	11	5	6	3	4	15
2018年2月指数	100	100.8	102.0	93.6	100.2	95.4	93.4	—
2018年3月指数	105.2	101.9	103.0	95.8	100.2	94.6	95.6	—
2019年2月指数	110.1	98.0	112.9	95.9	98.9	91.1	117.9	—
2019年3月指数	115.2	99.5	110.4	98.6	100.6	95.4	115.8	—

A. 12.75　　B. 30.74
C. 49.27　　D. 170.18

49. 下列关于工程变更指令发出后承包人如何执行的说法，正确的是（　　）。
A. 发承包双方就变更估价达成一致后，承包人应落实变更指令
B. 承包人应就拟变更部分提交变更实施方案，发包人确认后执行
C. 承包人应全面落实变更指令
D. 承包人对于发包人批准发出的工程变更指令拥有否决权

50. 下列各项事件中，不属于人工费索赔内容的是（　　）。
A. 高温、高寒地区施工增加的人工费
B. 法定人工费增长
C. 非因承包人原因导致工程停工的人员窝工费和工资上涨费
D. 超过法定工作时间加班劳动

51. 关于工程计量的原则、范围与依据，下列说法中正确的是（　　）。
A. 工程质量验收资料齐全、手续完备是工程计量的前提
B. 工程计量的范围中不包括违约金
C. 工程计量的方法、范围、内容和单位受国家标准的约束
D. 工程计量的依据中包括工程变更令及索赔通知

52. 关于承包人提交的预付款保函的担保金额，下列说法中正确的是（　　）。
A. 预付款保函的金额保持不变，在预付款全部扣回前一直保持有效
B. 预付款保函的金额保持不变，在工程竣工前一直保持有效
C. 根据预付款扣回的数额相应递减，在预付款全部扣回前一直保持有效
D. 根据预付款扣回的数额相应递减，在工程竣工前一直保持有效

53. 根据施工过程结算的要求，经过程结算确认支付的金额不应超过（　　）。
A. 已完工部分对应的批复概（预）算
B. 已批复项目总的概（预）算
C. 已完工部分对应的批复概（预）算的80%
D. 已批复项目总的概（预）算的80%

54. 下列关于缺陷责任期期限的说法，正确的是（　　）。
A. 缺陷责任期从工程通过竣工验收之日起计算
B. 缺陷责任期从接收证书中确定的竣工日期起计算
C. 由于发包人原因导致工程无法按规定期限进行竣工验收的，在承包人提交竣工验收报告90天内，工程自动进入缺陷责任期

D. 由于客观原因导致工程无法按规定期限进行竣工验收的，在承包人提交竣工验收报告 90 天后，工程自动进入缺陷责任期

55. 根据最高人民法院《关于审理建设工程施工合同纠纷案件适用法律问题的解释（一）》（法释〔2020〕25 号），招标人和中标人另行签订合同约定的实质性内容与中标合同不一致，可能导致另行签订的合同无效，下列各项中属于实质性内容的是（　　）。

A. 工程范围、建设工期、工程质量、施工方案等

B. 工程范围、建设工期、工程质量、工程价款等

C. 施工方案、建设工期、工程质量、工程价款等

D. 工程范围、施工方案、工程质量、工程价款等

56. 关于计价争议的鉴定，下列说法中正确的是（　　）。

A. 合同中约定不执行人工费调整文件的，应按合同约定进行鉴定

B. 合同中约定了物价波动可以调整，但没有约定风险范围和幅度的，按照价格指数法进行鉴定

C. 合同中约定物价波动不予调整的，仍应对实行政府定价或政府指导价的材料按《民法典》的相关规定进行鉴定

D. 当事人因工程变更导致工程数量变化，要求调整综合单价争议的，应提请委托人决定

57. 根据《建设项目工程总承包合同（示范文本）》（GF-2020-0216）通用合同条件，将人工费的申请和支付作为一个单独的条款进行明确，其目的是（　　）。

A. 人工费结算复杂，不单独列出易造成工程进度付款申请内容混乱

B. 人工费应早于其他工程款预先支付

C. 最大程度保障工人权利

D. 人工费支付不涉及 LPR 问题

58. 根据 2017 年版 FIDIC《施工合同条件》的规定，如果业主未能在合同约定的时间内向承包商支付，承包商有权获得融资费用，下列关于融资费用的说法正确的是（　　）。

A. 承包商有权请求业主支付融资费用，但需提供报表

B. 承包商有权请求业主支付融资费用，但需发正式通知

C. 承包商有权请求业主支付融资费用，但需提供证明

D. 最常用方法是按照银行对优质借款人的短期借款平均利率的平均值加 3%的年利率计算

59. 在竣工决算时，产权不归属本单位的待核销基建支出，应作为（　　）处理。

A. 转出投资　　　　B. 建设成本

C. 其他投资　　　　D. 待摊投资

60. 某工业建设项目及其总装车间的建筑工程费、安装工程费，需安装设备，不需安装设备费以及应摊入费用如下表所示，则总装车间新增固定资产价值为（　　）万元。

单位：万元

项目名称	建筑工程	安装工程	需安装设备	不需安装设备	建设单位管理费	用地与工程准备费	建筑设计费	生产工艺流程设计费
建设项目竣工决算	5 000	800	1 200	100	80	90	50	30
总装车间竣工决算	800	500	600	30	—	—	—	—

A. 1 930　　　　B. 1 900

C. 1 988.65　　　　D. 1 989.11

二、多项选择题（共 20 题，每题 2 分。每题的备选项中，有 2 个或 2 个以上符合题意，至少有 1 个错项。错选，本题不得分；少选，所选的每个选项得 0.5 分）

61. 在计算国产非标准设备原价时，废品损失费的计算基数通常包括（　　）。

A. 材料费　　B. 加工费
C. 外购配套件费　　D. 专用工具费
E. 包装费

62. 下列关于建筑安装工程费中税金的说法，正确的有（　　）。

A. 建筑安装工程费中的税金就是增值税应纳税额，按税前造价乘以增值税税率确定
B. 对于承包人来说，建筑安装工程费按照含税价格计算更能直观体现承包人的生产成果
C. 对于承包人来说，建筑安装工程费按照不含税价格计算更能直观体现承包人的生产成果
D. 对于发包人来说，建筑安装工程费按照不含税价格计算更加准确反映出发包人的投资支出总额
E. 对于发包人来说，建筑安装工程费按照含税价格计算更加准确反映出发包人的投资支出总额

63. 在工程建设其他费用中，下列内容中属于建设期计列的生产经营费的有（　　）。

A. 对系统设备进行系统联动无负荷试运转工作的调试费
B. 一次性支付的特许经营权费
C. 人员培训及提前进厂费
D. 专有技术使用费
E. 技术经济标准使用费

64. 下列关于工程定额作用及改革的说法，正确的有（　　）。

A. 工程定额包括工程消耗量定额、工程计价定额和工期定额
B. 庞大的工程计价定额体系更新困难，已不适应我国工程管理发展趋势的需要
C. 我国工程计价定额体系基本满足了各类建设工程计价的需要
D. 完善工程计价依据发布机制的重要任务是逐步停止发布预算定额
E. 大数据的应用不仅可以节省定额测定方面的人力、物力、财力，而且提高了工作效率

65. 在编制总价措施项目清单与计价表时，下列各项可能成为计算基础的有（　　）。

A. 定额分部分项工程费　　B. 定额人工费
C. 定额直接费　　D. 定额人工费＋定额施工机具使用费
E. 定额基价

66. 下列对工人工作时间中基本工作时间的理解，正确的有（　　）。

A. 基本工作时间与辅助工作时间之和构成了有效工作时间
B. 基本工作时间的长短和工作量大小成正比
C. 基本工作时间是在正常额定负荷状态下的工作时间
D. 基本工作时间可以改变产品的外形、结构或性质等
E. 基本工作时间中包括由于施工工艺特点引起的工作中断所必需的时间

67. 在施工机械台班单价和施工仪器仪表台班单价中均包含的内容包括（　　）。

A. 台班折旧费　　B. 台班维护费
C. 台班检修费　　D. 台班校验费
E. 台班燃料动力费

68. 预算定额基价就是预算定额分项工程或结构构件的单价，现行各地区预算定额基价的表达内容不尽统一，下列各项中可以作为预算定额基价表现形式的有（　　）。

A. 成本单价　　B. 工料单价
C. 除税单价　　D. 清单综合单价
E. 完全综合单价

69. 下列各项中属于 BIM 在设计阶段应用内容的有（　　）。

A. 通过 BIM 技术对设计方案优选

B. 设计模型的多专业一致性检查

C. 建设方案可以根据某个参数变化快速更新，及时体现项目的投资收益

D. 增强投标人技术方案的可视性

E. 进行限额设计

70. 项目可行性研究阶段投资估算的主要作用是（　　）。

A. 项目投资决策的重要依据　　B. 审批项目建议书的依据

C. 计算项目投资经济效果的重要条件　　D. 编制项目规划的参考依据

E. 确定建设规模的参考依据

71. 设计概算的编制内容包括静态投资和动态投资两个层次，下列关于动态投资作用的说法，正确的有（　　）。

A. 考核工程设计的依据　　B. 筹措资金的限额

C. 考核施工图预算的依据　　D. 供应资金的限额

E. 控制资金的限额

72. 关于施工招标文件包括的内容，下列说法中正确的有（　　）。

A. 评标办法可选择经评审的最低投标价法和综合评估法

B. 当未进行资格预审时，招标文件中应包括招标公告

C. 技术标准和要求不得要求某一特定的专利、商标、规格或名称

D. 如按照规定应编制最高投标限价的项目，最高投标限价应在评标时一并公布

E. 投标人须知中应规定重新招标和不再招标的条件

73. 投标有效期从投标截止时间起开始计算，主要用作组织评标委员会评标、招标人定标、发出中标通知书以及签订合同等工作，一般考虑的因素包括（　　）。

A. 招标准备需要的时间　　B. 组织评标委员会完成评标需要的时间

C. 选定中标人后谈判需要的时间　　D. 确定中标人需要的时间

E. 签订合同需要的时间

74. 在“评定分离”方法推行过程中，下列关于定标委员会组建和工作职责的说法，正确的有（　　）。

A. 定标委员会成员为 5 人以上单数，其中本单位在编人员不得超过成员总数的三分之二

B. 定标委员会的组成、名单、定标方法应当中招标文件中明确

C. 定标委员会不得改变评标委员会已确定的评标结果

D. 定标委员会应按照招标文件中规定的定标程序和规则择优确定中标人

E. 评标委员会负责对投标文件进行评审，推荐经排序的中标候选人

75. 当已标价工程量清单中没有适用也没有类似于变更工程项目，且工程造价管理机构发布的信息价格缺失的，承包人提出变更工程项目单价的依据包括（　　）。

A. 报价浮动率　　B. 变更工程资料

C. 现场签证报告　　D. 计量规则

E. 通过市场调查等取得的有合法依据的市场价格

76. 关于索赔的依据，下列说法中正确的有（　　）。

A. 国家法律、行政法规、地方性法规，都是工程索赔的法律依据

B. 国家、部门和地方有关规范，是工程索赔的依据

C. 工程建设的强制性标准，必须在合同中有明确规定的情况下，才能作为索赔的依据

D. 工程施工合同是工程索赔中最关键和最主要的依据

E. 发承包双方关于工程的洽商、变更等书面协议或文件，也是索赔的重要依据

77. 当计算工程预付款额度时，材料储备定额天数通常包括（　　）。

A. 在途天数　　B. 年度施工天数

C. 整理天数　　D. 工期天数

E. 保险天数

78. 在承包人提交的进度款支付申请中，本周期合计完成的合同价款中包括（　　）。

A. 本周期已完成单价项目的金额　　B. 本周期应支付的总价项目金额

C. 本周期应支付的安全文明施工费　　D. 本周期应扣回的预付款

E. 本周期应增加的金额

79. 根据《建设项目工程总承包合同（示范文本）》（GF-2020-0216）通用合同条件，发包人逾期支付进度款，下列各项中可能作为支付利息采用利率的有（　　）。

A. 贷款市场报价利率（LPR）　　B. 贷款市场报价利率（LPR）的2倍

C. 贷款市场报价利率（LPR）的4倍　　D. 贷款市场报价利率（LPR）的6倍

E. 贷款市场报价利率（LPR）的8倍

80. 关于无形资产的计价原则，下列说法中正确的有（　　）。

A. 投资者按无形资产作为资本金投入时，按评估确认或合同协议约定的金额计价

B. 购入的无形资产，按照重置价格法重新估价后计价

C. 企业自创并依法申请取得的，按开发过程中的实际支出计价

D. 企业接受捐赠的无形资产，按照发票账单所载金额或者同类无形资产市场价作价

E. 无形资产计价入账后，应与固定资产提取折旧相一致的方法分期摊销

答案：

一、单项选择题

1. B	2. B	3. C	4. D	5. B	6. B	7. A	8. B	9. D	10. D
11. A	12. C	13. B	14. B	15. B	16. D	17. A	18. C	19. D	20. B
21. B	22. A	23. A	24. D	25. B	26. A	27. B	28. B	29. B	30. B
31. B	32. D	33. B	34. D	35. C	36. D	37. B	38. D	39. B	40. B
41. C	42. D	43. B	44. A	45. D	46. D	47. B	48. A	49. C	50. A
51. A	52. C	53. A	54. A	55. B	56. C	57. C	58. D	59. A	60. C

二、多项选择题

61. ABD	62. CE	63. BCD	64. ACDE	65. BDE	66. BD	67. AB
68. BDE	69. ABE	70. AC	71. BDE	72. ABE	73. BDE	74. CD
75. BDE	76. DE	77. ACE	78. ABCE	79. AB	80. ACDE	

模拟自测题二

一、单项选择题（共60题，每题1分。每题的备选项中，只有一个最符合题意）

1. 根据2017年发布的《国际建设项目计量标准》，下列各项中同时包括在项目基本建设成本和项目相关建设成本中的是（　　）。

A. 附属工程　　B. 税金

C. 风险准备金　　D. 场地购置费

2. 在计算设备购置费时，对备品备件费的处理正确的是（　　）。

A. 计入设备运杂费

B. 计入设备原价

C. 国产设备的备品备件费计入设备原价，进口设备的备品备件费计入设备运杂费

D. 进口设备的备品备件费计入设备原价，国产设备的备品备件费计入设备运杂费

3. 已知某进口设备FOB价为500万元人民币，银行财务费费率为0.2%，外贸手续费费率为1.5%，关税税率为10%，增值税税率为13%，若该进口设备抵岸价为692.9万元人民币，则该进口设备到岸价为（　　）万元人民币。

A. 500　　B. 557

C. 550　　D. 692.9

4. 假设某项目一般纳税人含税的合同总金额为8 000万元，工程分包的合同金额为1 500万元，在不考虑各项附加税的条件下，若预判的可抵扣进项税额为500万元，则从承包人的角度出发，适合选择的计税方法是（　　）。

A. 一般计税方法

B. 简易计税方法

C. 分包合同采用简易计税方法，总包合同采用一般计税方法

D. 总包合同采用简易计税方法，分包合同采用一般计税方法

5. 在国外建筑安装工程费用中，通常以分摊进单价形式体现在承包商投标报价中的是（　　）。

A. 开办费　　B. 税金

C. 人工费　　D. 机械费

6. 因地形限制无法修建防空地下室，按照规定标准向人民防空主管部门缴纳的人民防空工程易地建设费属于（　　）。

A. 城市基础设施配套费　　B. 场地准备及临时设施费

C. 配套设施费　　D. 建设期计列的生产经营费

7. 在下列各费用项目中，应列入工程建设其他费用中工程保险费的是（　　）。

A. 工程质量潜在缺陷险　　B. 劳动保险费

C. 社会保险费　　D. 危险作业工人意外伤害保险

8. 已知某建设项目设备购置费为5 000万元，建筑安装工程费为3 000万元，工程建设其他费用为1 000万元，已知基本预备费费率为10%，项目建设前期年限为2年，建设期为4年，各年投资计划额为：第一年完成投资20%，第二年完成30%，第三年完成35%，第四年完成15%。已知年均投资价格上涨率为5%，则该建设项目建设期第三年的价差预备费为（　　）万元。

A. 256.86　　B. 457.08

C. 553.05　　D. 850.74

9. 关于建设期利息的计算，下列说法中正确的是（　　）。

A. 当年借款按半年计息，上年借款按半年计息

B. 当年借款按全年计息，上年借款按半年计息

C. 当年借款按半年计息，上年借款按全年计息

D. 当年借款按全年计息，上年借款按全年计息

10. 下列关于大数据技术对工程定额编制影响的说法，不正确的是（　　）。

A. 定额计价依据的统一化　　B. 企业定额测算和管理的高效化

C. 工程定额编制和管理的动态化　　D. 工程定额编制和管理的市场化

11. 在工程计价依据体系中，下列各项属于工程造价管理标准中基础标准的是（　　）。

A. 建设工程造价咨询成果文件质量标准　　B. 工程造价术语标准

C. 建设工程人工材料设备机械数据标准　　D. 建设工程造价指标指数分类与测算标准

12. 下列关于工程量清单计价原理的说法，正确的是（　　）。

A. 工程量清单的项目设置规则应具有唯一性

B. 我国目前实施的建设工程工程量清单计价规范适合不同交易时点对工程量清单的实际需要

C. 招标工程量清单应作为招标文件组成部分，其准确性和完整性由编制人负责

D. 标准规范不同，工程量清单可以有不同的项目名称设置要求、项目特征描述方式、计量单位的选择和工程数量的计算规则

13. 根据《建设工程工程量清单计价规范》GB 50500—2013 的规定，在编制分部分项工程和单价措施项目清单与计价表时，应由投标人在编制投标报价时填列的是（　　）。

A. 项目特征描述　　B. 金额中的暂估价

C. 计量单位　　D. 工程量

14. 当编制分部分项工程和单价措施项目清单与计价表时，为了计取规费等的需要，可在表中增设的项目是（　　）。

A. 定额直接费　　B. 定额人工费

C. 暂估价　　D. 定额人工费与施工机具使用费之和

15. 在机器施工过程中，筑路机在工作区末端掉头所消耗的时间应属于（　　）。

A. 有效工作时间　　B. 不可避免的中断时间

C. 必须消耗的时间　　D. 多余工作时间

16. 已知一砖墙的砂浆损耗率为 5%，则每立方米砖墙砂浆的消耗量定额为（　　）m^3。

A. 0.226　　B. 0.238

C. 0.235　　D. 0.237

17. 在机器工作时间的分类中，混凝土搅拌机搅拌混凝土时超过规定搅拌时间，属于（　　）。

A. 机械进行任务内和工艺过程内未包括的工作而延续的时间

B. 低负荷下工作时间

C. 机械在负荷下所做的多余工作时间

D. 与机器有关的不可避免中断时间

18. 已知某施工机械耐用总台班为 2 500 台班，检修间隔台班为 500 台班，一次检修费为 10 000 元，若自行检修比例为 60%，则该施工机械台班检修费为（　　）元/台班。

A. 20.00　　B. 15.26

C. 19.08　　D. 16.00

19. 根据人工日工资单价的组成，下列各项中属于津贴补贴的是（　　）。

A. 增收节支支付给个人的劳动报酬

B. 定期休假时按计时工资标准的一定比例支付的工资

C. 保证职工工资水平不受物价影响支付给个人的物价补贴

D. 执行国家或社会义务按计件工资标准的一定比例支付的工资

20. 在概算指标的列表形式中，对电气照明工程列出配线方式和灯具名称属于（　　）部分的内容。

A. 工程特征　　B. 示意图

C. 经济指标　　D. 构造内容及工程量指标

21. 当进行工程造价指标测算时，需根据工程特征进行测算。就房屋建筑工程而言，下列各项中属于必须描述基本信息的是（　　）。

A. 绿化率　　B. 工程承包模式

C. 建筑安装造价是否含税　　D. 建筑面积

22. 在工程造价指标的使用中，属于“作为反映同类工程造价变化规律的资料”的是（　　）。

A. 用作编制各类定额的基础资料　　B. 用作编制初步设计概算的重要依据

C. 用作编制施工图预算的重要依据　　D. 影响因素和风险分析

23. 在投资估算分析内容中，下列各项中属于费用构成占比分析的是（　　）。

A. 消防工程占项目总投资的比例　　B. 室外管线工程占项目总投资的比例

C. 电气工程占项目总投资的比例　　D. 建筑工程费占项目总投资的比例

24. 某地 2020 年拟建一座年产 15 万辆的某品牌的汽车厂。根据调查，该地 2017 年已建年产 10 万辆类似品牌的项目的建筑工程费为 2.5 亿元，安装工程费为 2 亿元，设备购置费为 5 亿元。已知按 2020 年该地价格计算的拟建项目设备购置费为 7.5 亿元，征地拆迁等其他费用为 1 亿元，且该地 2017 年至 2020 年建筑安装工程费平均每年递增 5%，则该拟建项目的静态投资估算为（　　）亿元。

A. 14.314　　B. 13.314

C. 15.314　　D. 16.314

25. 在编制工艺非标准件、金属结构和管道安装费估算时，通常采用的工程量单位是（　　）。

A. 重量总量　　B. 设备原价

C. 平方米　　D. 桥架重量

26. 采用形成资产法编制建设投资估算时，下列各项中属于形成固定资产费用的是（　　）。

A. 工程费用　　B. 专利权

C. 商标权　　D. 生产准备费

27. 在影响工业建设项目工程造价的主要因素中，下列各项中属于总平面设计的是（　　）。

A. 层数　　B. 设备选用

C. 建筑物的体积和面积　　D. 占地面积

28. 根据“建筑工程设计文件编制深度”，工业厂房、民用建筑、仓库及配套工程的新建、改建、扩建工程设计，必须包括的阶段是（　　）。

A. 方案设计、初步设计和施工图设计

B. 方案设计、初步设计、技术设计和施工图设计

C. 方案设计和施工图设计

D. 施工图设计

29. 当采用概算指标法编制建筑工程概算时，当拟建工程结构特征与概算指标有局部差异时需要调整，调整的方法包括（　　）。

A. 调整概算指标中的每平方米（或每立方米）单价或调整概算指标中的人、材、机数量

B. 调整概算指标中的每平方米（或每立方米）单价或调整概算指标中的计量单位

C. 调整概算指标中的计量单位或调整概算指标中的人、材、机数量

D. 调整概算指标中的每平方米（或每立方米）单价或调整概算指标中取费费率

30. 已知某进口设备，原价为 100 万美元（汇率为 1∶6.5），同类设备安装费费率为 5%。该设备吨重 30 吨，每吨设备安装费指标为 1.2 万元/吨，则该进口设备的安装费为（　　）万元。

A. 36　　B. 32.5

C. 34.3　　D. 34.5

31. 在用工料单价法编制施工图预算时，计算主材费并调整直接费时，主材费的计算依据是（　　）。

A. 材料预算价格　　B. 材料信息价格

C. 当时当地的市场价格　　D. 造价管理机构公布的材料价格

32. 在进行三级预算编制时，单项工程综合预算书中包含的内容有（　　）。

A. 综合预算表　　B. 工程建设其他费

C. 流动资金　　D. 预备费

33. 在招标工程量清单编制的准备工作中，需要拟订常规施工组织设计，当拟订施工总方案时通常不需考虑的是（　　）。

A. 关键工艺的原则性规定　　B. 施工步骤

C. 施工机械设备的选择　　D. 现场的平面布置

34. 下列关于编制招标工程量清单的说法，正确的是（　　）。

A. 编制计日工表格时，若资料信息不够充分，也可不给出暂定数量

B. 确定需要设定的暂估价应是初步研究阶段的工作内容

C. 拟订常规施工组织设计时需要估算所有清单项目的工程量

D. 专业工程暂估价应是综合暂估价，应当包括管理费、利润、规费、税金在内

35. 下列关于最高投标限价编制注意事项的说法，正确的是（　　）。

A. 施工机械设备选型应根据工程项目特点和施工条件，按经济适用、先进高效的原则确定

B. 采用的市场价格则应通过调查、分析确定，有可靠的信息来源

C. 规费、税金在编制最高投标限价可纳入竞争性部分

D. 对于竞争性的措施费用的确定，招标人应先征询潜在投标人的施工组织设计或施工方案

36. 当招标人仅要求对分包的专业工程进行总承包管理和协调，最高投标限价中的总承包服务费应按分包的专业工程估算造价的（　　）计算。

A. 1.5%　　B. 3%～5%

C. 1%　　D. 7%～9%

37. 已知某建设项目施工招标，招标文件中公布的最高投标限价为 4 500 万元，某投标人的投标报价为 3 800 万元，则投标保证金的数额最高不超过（　　）万元。

A. 90　　B. 80

C. 76　　D. 50

38. 下列行为中，应属于（而非视为）投标人相互串通投标的是（　　）。

A. 不同投标人的投标文件相互混装

B. 投标人之间协商投标报价等投标文件的实质性内容

C. 某投标人的项目管理成员曾在另一投标人单位任职的

D. 不同投标人委托同一单位或者个人办理投标事宜

39. 投标报价的编制过程，投标人应根据招标人提供的工程量清单编制分部分项工程和措施项目清单与计价表，其他项目清单与计价表，规费、税金项目计价表，分别编制完成后可以得到（　　）。

A. 投标总价　　B. 建设项目投标报价汇总表

C. 单项工程投标报价汇总表　　D. 单位工程投标报价汇总表

40. 某项目招标采用经评审的最低投标价法评标，招标文件规定对同时投多个标段的评标修正率

为 5%，同时规定 2# 标段基准工期为 30 个月，投标文件中每提前工期 1 个月有 50 万元的评标优惠。现有投标人甲、乙都同时对 1# 、2# 标段投标，投标人甲的报价依次为 6 000 万元、5 000 万元，2# 标段工期为 28 个月。投标人乙的报价依次为 5 800 万元、5 500 万元，2# 标段工期为 27 个月。若乙在 1# 标段已被确定为中标，则甲、乙在 2# 标段的评标价应分别为（　　）。

A. 4 900 万元，5 075 万元　　B. 4 750 万元，5 225 万元

C. 4 650 万元，5 350 万元　　D. 4 900 万元，5 082.5 万元

41. 对于报价有算术错误的修正，应由（　　）按照有关原则对投标报价进行修正。

A. 招标人　　B. 评标委员会

C. 投标人　　D. 清标小组

42. 在工程总承包评标时，以下各项属于经评审的最低投标价法下初步评审标准而不属于综合评估法下初步评审标准的是（　　）。

A. 承包人建议书评审标准　　B. 形式评审标准

C. 资格评审标准　　D. 响应性评审标准

43. 工程总承包中最基本、最常用的合同价格形式是（　　）。

A. 发包人要求下的单价合同　　B. 模拟工程量清单下的总价合同

C. 发包人要求下的总价合同　　D. 模拟工程量清单下的单价合同

44. 在国际工程投标报价中，下列各项中属于其他费用的是（　　）。

A. 利润　　B. 开办费

C. 风险费　　D. 贷款利息

45. 由于发包人的原因使工程未在约定的时间内竣工的，对计划进度日期后继续施工的工程进行价格调整时，涉及计划进度日期价格指数与实际进度日期价格指数，则调整价格差额计算应采用（　　）。

A. 计划进度日期的价格指数

B. 计划进度日期的价格指数与实际进度日期的价格指数中较低的一个

C. 计划进度日期的价格指数与实际进度日期的价格指数的平均值

D. 计划进度日期的价格指数与实际进度日期的价格指数中较高的一个

46. 某分项工程招标工程量清单数量为 2 000m^3，施工中由于设计变更调增为 2 600m^3，该分项工程最高投标限价综合单价为 420 元，投标报价为 498 元。若该项目承包人报价浮动率为 10%，则该分项工程最终结算价格为（　　）元。

A. 1 294 800　　B. 1 275 810

C. 1 271 400　　D. 1 290 300

47. 施工合同中约定，承包人承担的钢筋价格风险幅度为±5%，超出部分依据《建设工程工程量清单计价规范》GB 50500—2013 造价信息法调差。已知投标人投标价格、基准期发布价格分别为 3 300 元/t、3 500 元/t。2017 年 12 月的造价信息发布价为 4 000 元/t，则该月钢筋的实际结算价格应为（　　）元/t。

A. 3 300　　B. 3 500

C. 3 825　　D. 3 625

48. 采用价格指数调整价格差额时，定值权重应在（　　）中约定。

A. 招标文件　　B. 通用条款

C. 专用条款　　D. 投标函附录

49. 根据《标准施工招标文件》（2007 年版）的规定，下列各项事件中，承包人可以获得费用补偿的是（　　）。

A. 异常恶劣气候条件导致的延误　　B. 因不可抗力造成工期延误

C. 基准日后法律的变化　　D. 承包人采购的材料未能及时到货

50. 已知某机械台班单价为350元/台班，具体组成：台班折旧费为120元，台班检修费为30元，台班维护费为20元，台班安拆及场外运费为60元，台班人工费为100元，台班燃料动力费为15元。若该机械为承包人自有施工机械，则台班停滞费为（　　）元/台班。

A. 100　　B. 220

C. 350　　D. 225

51. 已知某工程项目承包工程合同总额为1 000万元，工程预付款为合同金额的20%，合同总额中主要材料及构件所占比重为50%，则起扣点为（　　）万元。

A. 300　　B. 400

C. 500　　D. 600

52. 下列关于施工过程结算的说法，正确的是（　　）。

A. 施工过程结算是对周期内已完成且无争议的工程量（不含变更、索赔等）进行工程进度款计算、确认和支付

B. 施工过程结算主要针对当年开工、当年竣工的新开工项目

C. 经双方确认的过程结算文件竣工后需经当事人双方重新审核、认定

D. 施工过程结算本质上与各合同范本中约定的期中结算主要目的是一致的

53. 下列关于竣工结算文件编制的说法，正确的是（　　）。

A. 计日工应按承包人提交的计日工报表计算

B. 总承包服务费应依据合同约定金额计算，不可以调整

C. 发承包双方未确认应调整款项可纳入承包人提交的竣工结算文件

D. 暂列金额应减去工程价款调整金额计算，如有余额归承包人所有

54. 对于质量有争议工程的竣工结算，下列说法中正确的是（　　）

A. 已竣工未验收且未实际投入使用的工程，其质量争议按工程保修合同执行，竣工结算按合同约定办理

B. 已竣工未验收但实际投入使用的工程，其质量争议按工程保修合同执行，竣工结算按合同约定办理

C. 已竣工未验收且未实际投入使用的工程，双方应就全部工程委托有资质的检测鉴定机构进行检测，根据检测结果确定解决方案

D. 已竣工未验收但实际投入使用的工程，双方应就全部工程委托有资质的检测鉴定机构进行检测，根据检测结果确定解决方案

55. 根据最高人民法院《关于审理建设工程施工合同纠纷案件适用法律问题的解释（一）》（法释〔2020〕25号）的规定，对于工程欠款的利息支付，若建设工程未交付，同时工程价款也未结算，则利息从（　　）起计付。

A. 当事人起诉之日　　B. 法院作出判决之日

C. 仲裁机构作出裁决之日　　D. 欠款义务产生之日

56. 鉴定项目合同对计价依据、计价方法约定条款前后矛盾的，鉴定人应提请委托人决定适用条款，委托人暂不明确的，鉴定人应（　　）。

A. 按不同的约定条款分别作出鉴定意见，共委托人判断使用

B. 按照约定时间在前的条款作出鉴定意见

C. 按照约定时间在后的条款作出鉴定意见

D. 按照当事人实际履行的约定条款作出鉴定意见

57. 根据《建设项目工程总承包合同（示范文本）》（GF-2020-0216）通用合同条件的规定，经双方协商，部分工作在工程竣工验收后进行的，承包人应当编制扫尾工作清单，承包人完成扫尾工作清单中的内容应取得的费用采取的结算方式是（　　）。

A. 在扫尾工作完成并经验收合格后结算

B. 在最终结清时一并结算

C. 在质量保证金返还时结算

D. 包含在竣工结算价款中一并结算

58. 根据2017年版FIDIC《施工合同条件》的规定，针对工程材料和设备款的预支，对于装运后付款的材料和设备，需要达到的预支条件是（　　）。

A. 已在材料、设备供应国装船

B. 已在材料、设备供应国装船，并正在运往工程所在国途中

C. 运至工程所在国，并正在运往现场的途中

D. 已经运至现场并妥善存放，而且承包商已经采取了防护措施

59. 关于中央项目竣工财务决算，不向财政部报送年度部门决算的中央单位的项目竣工财务决算，应由（　　）批复。

A. 中央项目主管部门　　B. 财政部

C. 同级财政部门　　D. 发展和改革部门

60. 在计算新增固定资产价值时，通常是以独立发挥生产能力的（　　）为对象。

A. 分部分项工程　　B. 单位工程

C. 单项工程　　D. 建设项目

二、多项选择题（共20题，每题2分。每题的备选项中，有2个或2个以上符合题意，至少有1个错项。错选，本题不得分；少选，所选的每个选项得0.5分）

61. 当计算进口设备从属费时，下列各组费用计算基数相同的有（　　）。

A. 银行财务费和外贸手续费　　B. 外贸手续费和关税

C. 关税和消费税　　D. 消费税和增值税

E. 增值税和车辆购置税

62. 根据《房屋建筑与装饰工程工程量计算规范》GB 50854—2013，对应予计量的措施项目进行计算，下列说法中正确的有（　　）。

A. 混凝土模板及支架费通常是按照模板面积以“m^2”计算

B. 脚手架可以按照垂直投影面积按“m^2”计算

C. 施工排水、降水费用通常按照排、降水日历天数按天计算

D. 超高施工增加费通常按照建筑物的建筑面积以“m^2”为单位计算

E. 垂直运输费可以按照建筑面积以“m^2”为单位计算

63. 在有偿出让和转让土地时，下列原则表述正确的有（　　）。

A. 土地转让者每年应按规定的标准缴纳土地使用费

B. 有偿出让和转让使用权，要向土地受让者征收契税

C. 有偿出让和转让使用权，要向土地转让者征收契税

D. 转让土地如有增值，要向转让者征收土地增值税

E. 转让土地如有增值，要向受让者征收土地增值税

64. 下列各项属于工程量清单计价活动范围的有（　　）。

A. 设计概算　　B. 施工图预算

C. 确定合同价　　D. 工程计量与价款支付

E. 竣工决算

65. 在编制专业工程暂估价及结算价表时，下列各项中属于暂估金额的有（　　）。

A. 材料费　　B. 规费

C. 管理费　　D. 施工机具使用费

E. 利润

66. 施工过程的影响因素包括技术因素、组织因素和自然因素，下列因素中属于组织因素的有（　　）。

A. 构配件的类别　　B. 所用工具的型号

C. 施工方法　　D. 工资分配方式

E. 工人技术水平

67. 影响人工日工资单价的因素主要包括（　　）。

A. 劳动力市场的供需变化　　B. 流通环节的多少

C. 政府推行的社会保障政策　　D. 国际市场行情

E. 消费价格指数

68. 概算定额与预算定额相比，相同之处主要在于（　　）。

A. 项目划分　　B. 表达的主要内容

C. 表达的主要方式　　D. 综合扩大程度

E. 基本使用方法

69. 当用数据统计法编制工程造价指标时，需要从样本序列两端各去掉5%的边缘项目后进行加权平均计算的有（　　）。

A. 工程经济指标　　B. 工料价格指标

C. 工程量指标　　D. 单项工程造价指标

E. 消耗量指标

70. 下列关于生能力指数取值范围的说法，正确的有（　　）。

A. 若拟建项目规模与已建类似项目规模的比值为0.02～50，且拟建项目生产规模的改变仅靠改变设备规模来达到时，则 x 的取值为0.8～0.9

B. 若拟建项目规模和已建类似项目规模的比值为0.5～2时，x 的取值近似为1

C. 若拟建项目规模与已建类似项目规模的比值为0.02～50，且拟建项目生产规模的改变仅靠改变设备规模来达到时，则 x 的取值为0.6～0.7

D. 若拟建项目规模与已建类似项目规模的比值为0.02～50，且拟建项目生产规模的改变靠改变相同规格设备的数量达到时，x 的取值为0.8～0.9

E. 若拟建项目规模与已建类似项目规模的比值为0.02～50，且拟建项目生产规模的改变靠改变相同规格设备的数量达到时，x 的取值为0.6～0.7

71. 概算编制的市场化改革应包括三方面的内容，下列说法中属于其中“充分利用市场化的造价数据”内容的有（　　）。

A. 利用不同分类不同层级的工程造价指标

B. 根据设计深度的不同合理选择概算编制方法

C. 充分进行市场化的询价

D. 通过构建初步设计的BIM模型，直接完成工程计量

E. 将BIM模型分解为不同细度的BIM模型组件

72. 关于最高投标限价的市场化发展趋势，下列说法中正确的有（　　）。

A. 统一定额已经不是编制最高投标限价的法定依据

B. 措施费应以费率形式计取

C. 人、材、机价格根据地方发布的人工定额价、材料信息价和机械台班价取定

D. 在编制方法和编制依据两个方面进行改革

E. 以指标和指数体系作为最高投标限价的编制、复核和合同价款调整的参考

73. 关于联合体投标的限制性规定，下列说法中正确的有（　　）。

A. 联合体各方应按招标文件提供的格式签订联合体协议书

B. 联合体各方在同一招标项目中以自己名义单独投标或者参加其他联合体投标的，相关投标均无效

C. 资格预审后联合体增减、更换成员的，应征得招标人同意

D. 由同一专业的单位组成的联合体，按照资质等级较低的单位确定资质等级

E. 联合体投标的，应当以牵头人的名义提交投标保证金

74. 在实施“评定分离”方法时，下列方法中属于价格竞争定标法的有（　　）。

A. 最低投标价法　　B. 第 N 低价法

C. 平均值法　　D. 票选定标法

E. 集体议事法

75. 在下列选项中，根据《建设工程施工合同（示范文本）》（GF-2017-0201）和《标准施工招标文件》（2007 年版）均被视为变更的是（　　）。

A. 取消合同中任何一项工作，被取消的工作由发包人自己实施

B. 追加额外工作

C. 改变已批准的施工工艺

D. 改变工程的基线、标高、位置和尺寸

E. 增加或减少合同中任何工作

76. 发承包双方按照合同约定调整合同价款的若干事项可以分为五大类，其中属于工程变更类的有（　　）。

A. 项目特征不符　　B. 暂估价

C. 提前竣工　　D. 工程量偏差

E. 计日工

77. 采用造价信息调整价格差额，主要适用于下列哪类工程项目（　　）。

A. 公路工程　　B. 房屋建筑工程

C. 水坝工程　　D. 装饰工程

E. 铁路工程

78. 有关工程造价鉴定的委托及终止，下列说法中正确的有（　　）。

A. 鉴定机构组织的鉴定工作小组成员必须是依法注册于该鉴定机构的执业造价工程师

B. 当委托事项超出本机构专业能力和技术条件的，鉴定机构应不予接受委托

C. 鉴定人及其辅助人员与鉴定项目有利害关系的，应当自行提出回避

D. 对争议标的较大或涉及工程专业较多的鉴定项目，应成立由 3 名及以上鉴定人组成的鉴定项目组

E. 会见本纠纷项目的当事人、代理人的，应当回避

79. 根据 2017 年版 FIDIC《施工合同条件》的规定，承包商应于合同约定的每一个支付周期的期末之后，向工程师提交期中支付报表，其中包括在“直至支付周期末承包商已完成的工程以及提供的文件的估价”项中的有（　　）。

A. 应拨付和/或扣还的预付款

B. 因法律变化和物价变化应进行的调整金额

C. 应返还的保留金

D. 变更工作

E. 截至目前累计金额

80. 计算新增固定资产价值时需要进行待摊费用的分摊，一般情况下，建设期利息的分摊基数应

为（　　）之和。

A. 建筑工程费　　B. 工程建设其他费

C. 安装工程费　　D. 不需安装设备价值

E. 需安装设备价值

答案：

一、单项选择题

1. C	2. B	3. C	4. A	5. B	6. C	7. A	8. D	9. C	10. A
11. B	12. D	13. B	14. B	15. C	16. D	17. C	18. B	19. C	20. A
21. C	22. A	23. D	24. D	25. A	26. A	27. D	28. C	29. A	30. A
31. C	32. A	33. B	34. B	35. B	36. A	37. A	38. B	39. D	40. A
41. B	42. A	43. C	44. B	45. D	46. D	47. D	48. D	49. C	50. D
51. D	52. D	53. C	54. B	55. A	56. A	57. D	58. C	59. B	60. C

二、多项选择题

61. BDE	62. BE	63. BD	64. CD	65. ACDE	66. CDE	67. ACE
68. BCE	69. ACE	70. BCD	71. AC	72. ADE	73. ABD	74. ABC
75. BD	76. ADE	77. BD	78. BCD	79. DE	80. ACE	

模拟自测题三

一、单项选择题（共 60 题，每题 1 分。每题的备选项中，只有一个最符合题意）

1. 关于流动资金的概念，下列说法中正确的是（　　）。

A. 在项目报批总投资中应计算全部流动资金

B. 非生产性建设项目总投资中应包括流动资金

C. 铺底流动资金是在项目资本金中筹措的自有流动资金

D. 流动资金是为购买原材料、燃料、支付工资等所需的一次性资金

2. 下列各项属于计算国产非标准设备原价方法的是（　　）。

A. 分部组合估价法　　B. 扩大指标估价法

C. 综合吨位指标法　　D. 类似工程预算法

3. 已知某进口设备装运港船上交货价为 500 万美元，国际运费按离岸价计算，运费率为 5%，海上运输保险费费率为 3‰，银行财务费费率为 5‰，外贸手续费费率为 1.5%，关税税率为 20%，增值税税率为 13%，银行外汇牌价为 1 美元=7.3 元人民币，则该设备应缴纳的关税为（　　）万元人民币。

A. 730.00　　B. 768.81

C. 772.46　　D. 783.99

4. 当采用一般计税方法时，检验试验费中增值税进项税额的扣减税率为（　　）。

A. 13%　　B. 9%

C. 6%　　D. 3%

5. 假设某项目一般纳税人不含税的合同总额为 5 000 万元，预判的可抵扣进项税额为 320 万元，工程分包的含税合同金额为 1 500 万元，在不考虑各项附加税的条件下，应选择的计税方法为（　　）。

A. 一般计税方法　　B. 简易计税方法

C. 小规模计税方法　　D. 不确定

6. 下列各项中属于项目建设管理费的是（　　）。

A. 水土保持评价费　　B. 人防易地建设费

C. 设备监造费　　D. 施工项目管理费

7. 下列工程建设其他费用中，以设计定员为基数进行计算的是（　　）。

A. 生产准备费　　B. 专利和专有技术使用费

C. 招标代理费　　D. 联合试运转费

8. 计算价差预备费时，通常应选择的基数为（　　）。

A. 以概算年份价格水平计算的工程费用、工程建设其他费用之和

B. 以概算年份价格水平计算的工程费用、工程建设其他费用及基本预备费之和

C. 以估算年份价格水平计算的工程费用、工程建设其他费用之和

D. 以估算年份价格水平计算的工程费用、工程建设其他费用及基本预备费之和

9. 某建设项目，建设期为 3 年，分年均衡进行贷款，第一年贷款 500 万元，第二年贷款 1 000 万元，第三年贷款 300 万元，年利率为 10%，建设期内利息只计息不支付，则该项目第三年建设期利息为（　　）万元。

A. 25　　B. 102.5

C. 177.75　　D. 305.25

10. 关于定额计价与工程量清单计价的区别，下列说法正确的是（　　）。

A. 工程造价可以表示为工程量与单价乘积后的汇总

B. 定额计价与工程量清单计价的最根本区别是造价形成机制不同

C. 定额计价与工程量清单计价的最根本区别是风险分担方式不同

D. 定额计价与工程量清单计价的最根本区别是计价的目的不同

11. 在工程造价管理标准中，下列各项属于基础标准的是（　　）。

A. 建设工程人工材料设备机械数据标准

B. 建设工程造价指标指数分类与测算标准

C. 建设工程计价设备材料划分标准

D. 建设工程造价咨询成果文件质量标准

12. 编制总价措施项目清单与计价表时，投标报价必须填列的项是（　　）。

A. 计算基础　　B. 费率

C. 金额　　D. 备注

13. 下列各项中由招标人提供金额，投标人报价时直接计入其他项目清单与计价汇总表的是（　　）。

A. 材料（工程设备）暂估价　　B. 专业工程暂估价

C. 计日工　　D. 总承包服务费

14. 已知某清单项目的编码为030204005003，则其分部工程项目名称顺序码为（　　）。

A. 02　　B. 04

C. 005　　D. 003

15. 在下列各项停工时间中，可以在编制定额时给予合理考虑的是（　　）。

A. 停电造成的停工时间

B. 材料供应不及时造成的停工时间

C. 工作地点组织不良造成的停工时间

D. 工作面准备工作做得不好造成的停工时间

16. 用规格为290×240×115的烧结空心砌块砌筑365mm厚墙体，灰缝宽度为10mm，砌块损耗率为1.5%，则每10m^3该种砌体空心砌块的消耗量为（　　）m^3。

A. 9.030　　B. 9.023

C. 8.915　　D. 8.903

17. 确定施工机械台班定额消耗量时，需要确定机械1小时纯工作正常生产率，所谓纯工作时间是指（　　）。

A. 机械正常负荷下的工作时间　　B. 机械有效工作时间

C. 机械必需消耗的时间　　D. 机械工作时间

18. 下列各项属于人工日工资单价中奖金的是（　　）。

A. 特殊地区施工奖金　　B. 高空作业奖金

C. 流动施工奖金　　D. 劳动竞赛奖金

19. 已知某施工机械需要2人共同操作，年制度工作日为250工日，年工作台班为230台班，该级别人工日工资单价为220元，则施工机械台班人工费为（　　）元。

A. 239.13　　B. 478.26

C. 440.00　　D. 220.00

20. 实际工程现场运距超过预算定额取定运距时，超出取定运距的用工应计入（　　）。

A. 超运距用工　　B. 基本用工

C. 辅助用工　　D. 现场二次搬运用工

21. 在编制工程造价指标时，按照工程造价指标层级的不同，通常将建设工程造价指标分为（　　）。

A. 建设项目总投资指标和建设项目投资明细指标

B. 民用建筑指标、工业建筑指标和构筑物指标

C. 工程经济指标、工程量指标、工料价格指标和消耗量指标

D. 建设项目造价指标、单项工程造价指标和单位工程造价指标

22. 大数据技术对工程造价管理有很深远的影响，下列各项中属于为规范工程发承包行为提供有效数据支持的是（　　）。

A. 提高项目各阶段协同工作的效率

B. 辅助工程建设各阶段的有效策划

C. 可用于识别并治理围标串标等违法行为

D. 有利于施工成本管理

23. 在决策阶段影响工程造价的主要因素中，工程方案选择的基础是（　　）。

A. 建设规模、地区选择和技术方案

B. 建设规模、技术方案和设备方案

C. 建设规模、地区选择和设备方案

D. 建设规模、技术方案和环境保护措施

24. 某地2023年拟建一年产10万吨的清洁氢能源的制氢项目，设备购置费估算为2.5亿元。该地2020年已建5万吨相同产品项目的设备购置费为1.8亿元、建筑安装工程费为1.5亿元。该地2020年至2023年设备购置费、建筑安装工程费年均分别递增4%、5%。若生产能力指数为0.8，则该拟建项目的工程费用估算为（　　）亿元。

A. 7.92　　　　B. 6.55

C. 4.92　　　　D. 5.52

25. 当采用比例估算法进行静态投资估算时，采用的比例应是（　　）。

A. 已建项目主要设备购置费占已建项目静态投资的比例

B. 已建项目主要设备购置投资占已建项目静态投资的比例

C. 拟建项目主要设备购置费占拟建项目静态投资的比例

D. 拟建项目主要设备购置投资占拟建项目静态投资的比例

26. 当用形成资产法编制建设投资估算表时，下列关于预备费的处理方法正确的是（　　）。

A. 列入固定资产费用　　　　B. 列入无形资产费用

C. 列入其他资产费用　　　　D. 单独列项

27. 在民用建设项目工程造价的主要因素中，下列关于层数对民用住宅建筑设计的影响表述正确的是（　　）。

A. 随着住宅层数增加（不超过7层），单方造价系数在逐渐增高，边际造价系数逐渐增大

B. 随着住宅层数增加（不超过7层），单方造价系数在逐渐增高，边际造价系数逐渐减小

C. 随着住宅层数增加（不超过7层），单方造价系数在逐渐降低，边际造价系数逐渐减小

D. 随着住宅层数增加（不超过7层），单方造价系数在逐渐降低，边际造价系数逐渐增大

28. 采用概算定额法编制建筑工程概算通常包括以下步骤：①确定各分部分项工程费；②计算汇总单位工程概算造价；③收集基础资料、熟悉设计图纸和了解有关施工条件和施工方法；④编写概算编制说明；⑤按照概算定额子目，列出单位工程中分部分项工程项目名称并计算工程量；⑥计算措施项目费。则正确的排列顺序为（　　）。

A. ③⑤①②⑥④　　　　B. ③⑤①⑥②④

C. ③⑤⑥①②④　　　　D. ③⑤②①⑥④

29. 编制某价格波动不大的定型设备的安装工程概算，已知设备原价为500万元，安装费费率为8%，设备吨重为100吨，该类设备每吨设备安装费指标为3 000元/吨，则该设备的安装工程概算为

（　　）万元。

A. 40　　B. 30　　C. 15　　D. 80

30. 根据概算编制的市场化发展趋势，下列各项中属于“充分利用市场化造价数据”的是（　　）。

A. 根据设计深度的不同选择合理的概算编制方法

B. 利用不同分类、不同层级的工程造价指标

C. 充分利用数智化技术

D. 不按照统一定额进行编制

31. 与实物量法相比，工料单价法在工作步骤和工作内容上完全相同的是（　　）。

A. 准备工作　　B. 按计价程序计取其他费用，并汇总造价

C. 计算主材费并调整直接费　　D. 编制工料分析表

32. 在实物量法编制施工图预算的程序中，下列各项中不属于“准备资料、熟悉施工图纸”工作内容的是（　　）。

A. 收集编制施工图预算的编制依据　　B. 熟悉施工图等基础资料

C. 了解施工组织设计和施工现场情况　　D. 列项并计算工程量

33. 关于招标文件的编制、澄清和修改，下列说法中正确的是（　　）。

A. 投标准备时间自招标文件发售完毕之日起计算，最短不得少于 20 天

B. 应编制最高投标限价的项目，最高投标限价应在开标时一并公布

C. 投标人前附表不得与投标人须知正文内容相抵触

D. 招标文件的澄清应在投标截止时间 15 天前以书面形式发给提出疑问的投标人

34. 关于招标工程量清单的编制，下列说法中正确的是（　　）。

A. 分部分项工程项目名称应按工程量计算规范附录的项目名称结合拟建工程实际确定

B. 若采用施工图纸能够全部满足项目特征描述的要求，仍应用文字描述

C. 措施项目清单的编制通常不需要考虑气象条件的影响

D. 当不具备条件时，可无须编制计日工表

35. 在招投标过程中，招标人具有完全自主决定权的是（　　）。

A. 是否设最高投标限价　　B. 是否编制标底

C. 是否设最低投标限价　　D. 从中标候选人中选定中标人

36. 根据最高投标限价的市场化发展趋势，下列各项中可参考类似项目的专业承包市场价格确定综合单价的是（　　）。

A. 钻孔灌注桩工程　　B. 楼地面工程

C. 屋面工程　　D. 幕墙工程

37. 在投标报价前期工作中需要研究招标文件，其中在合同分析中属于合同形式分析内容的是（　　）。

A. 合同监理方式　　B. 合同资金来源方式

C. 合同计价方式　　D. 合同付款方式

38. 当分部分项工程内容比较简单，由单一计价子目计价，且建设工程工程量计算规范中的工程量计算规则与企业定额中的工程量计算规则相同时，此时投标报价中的综合单价确定过程中必须完成的步骤是（　　）。

A. 分析每一清单项目的工程内容

B. 计算工程内容的工程数量和清单单位含量

C. 分部分项工程人工、材料、施工机具使用费的计算

D. 计算管理费、利润，并考虑相应的风险费用

39. 投标有效期的期限根据项目特点确定，一般项目投标有效期为（　　）天。

A. 30～45　　B. 45～60
C. 60～90　　D. 90～120

40. 某世界银行贷款项目招标采用经评审的最低投标价法评标，共有甲、乙、丙三位投标人，招标文件中规定了工期提前效益对报价的修正（工期每提前 1 个月有 10 万元评标优惠）。同时，由于甲、乙均为借款国国内投标人，享有 7.5%的评标优惠。已知三名投标人的投标报价、工期以及基准工期如下表所示。则推荐的中标候选人排序为（　　）。

投标人	投标报价/万元	工期/月	基准工期/月
甲	1 000	18	20
乙	990	19	
丙	930	15	

A. 甲、乙、丙　　B. 乙、甲、丙
C. 丙、乙、甲　　D. 丙、甲、乙

41. 关于“评定分离”方法的推行，下列说法中正确的是（　　）。
A. 定标方法既可以选择最低投标价中标，也可以选择第三低投标价中标
B. 实施“评定分离”时，评标委员会应推荐经排序的中标候选人
C. 定标委员会可以改变评标委员会的评标结果
D. 定标委员会的名单、定标地点、定标方法和标准等内容应当在招标文件中明确

42. 根据《建设项目工程总承包计价规范》T/CCEAS 001—2022 的规定，下列情况下适合采用设计采购施工总承包（EPC）模式的是（　　）。
A. 可行性研究报告批准后发包，且投标人没有足够的时间进行风险评估
B. 方案设计批准后发包，且发包人同意大部分施工图纸审查由承包人完成
C. 初步设计批准后发包
D. 可行性研究报告批准后发包，且施工涉及实质性地下工程

43. 工程总承包中最基本、最常用的合同价格形式为（　　）。
A. 发包人要求下的总价合同　　B. 模拟工程量清单下的单价合同
C. 限额总价合同　　D. 费率下浮合同

44. 在国际工程投标报价中，施工机械台班单价中不需计算的费用是（　　）。
A. 折旧费　　B. 维护费
C. 检修费　　D. 燃料动力费

45. 关于合同价款调整事项的分类，下列说法中正确的是（　　）。
A. 计日工属于工程索赔类事件
B. 暂估价属于物价波动类事件
C. 现场签证有的可归于工程变更类，有的可归于工程索赔类
D. 经发承包双方确认调整的合同价款，应在竣工结算时一并支付

46. 在工程变更的价款调整方法中，采用类似的项目单价的前提是（　　）。
A. 采用的材料、人工、机具基本相似，允许改变关键线路上的工程的施工时间
B. 采用的材料、人工、机具基本相似，不增加关键线路上的工程的施工时间
C. 采用的材料、施工工艺和方法基本相似，允许改变关键线路上的工程的施工时间
D. 采用的材料、施工工艺和方法基本相似，不增加关键线路上的工程的施工时间

47. 某工程项目招标工程量清单中工程量为 1 500m^3，施工中由于设计变更改变为 1 800m^3，该项目最高投标限价综合单价为 300 元，投标报价为 400 元，承包人报价浮动率为 5%，则该工程项目

结算金额为（　　）元。

A. 717 168.75　　B. 715 875

C. 708 675　　D. 703 500

48. 某土建工程，按照合同约定的清单子目价款，竣工结算款为 200 万元，合同原始投标截止日期为 2022 年 3 月 15 日，工程于 2023 年 2 月建成交付使用，竣工结算支付证书的签发日为 3 月 20 日，约定竣工结算支付证书签发后 28 天为付款周期。同时竣工时双方确认了调价后的变更金额 15 万元。根据下表中所列工程人工费、材料费构成比例以及有关价格指数，则需调整的价格差额是（　　）万元。

项目	人工费	钢材	水泥	集料	砂	不调值费用
比例/%	45	11	11	5	3	25
2022 年 2 月指数	100	100.8	102.0	93.6	95.4	—
2022 年 3 月指数	105.2	101.9	103.0	95.8	94.6	—
2023 年 2 月指数	110.1	98.0	112.9	95.9	91.1	—
2023 年 3 月指数	115.2	99.5	110.4	98.6	95.4	—

A. 15.74　　B. 16.92　　C. 10.81　　D. 11.62

49. 施工合同中约定，承包人承担±10%的钢筋价格风险，超出部分按照造价信息法调整价格差额。已知投标人投标价格、基准期发布价格分别为 5 500 元/t、4 800 元/t，2023 年 9 月的造价信息发布价格为 4 000 元/t，则该月钢筋的实际结算价格为（　　）元。

A. 4 240　　B. 4 480　　C. 4 940　　D. 5 180

50. 下列各项中，在无合同特殊约定的情况下可以直接作为索赔依据的是（　　）。

A.《住房和城乡建设部关于进一步加强房屋建筑和市政基础设施工程招标投标监管的指导意见》

B. 省级造价管理部门颁发的人工费调价文件

C.《建设工程工程量清单计价规范》GB 50500—2013

D.《建设工程施工合同（示范文本）》(GF - 2017 - 0201)

51. 下列各项中应纳入工程计量范围的是（　　）。

A. 因承包人原因造成的超出合同工程范围施工或返工的工程量

B. 价格调整和违约金

C. 工程质量验收资料不全的已完工程

D. 采用经审定批准的施工图纸及其预算方式发包形成的总价合同约定工作范围内的部分

52. 已知年度承包工程合同总额为 500 万元，其中材料比例为 60%，当地材料供应的在途天数为 10 天，加工天数为 15 天，整理天数为 5 天，供应间隔天数为 10 天，保险天数为 5 天。则起扣点为（　　）万元。

A. 438　　B. 300　　C. 257　　D. 62

53. 根据施工过程结算的要求，经过程结算确认支付的金额应不低于（　　）。

A. 已完工部分对应的批复概算的 80%

B. 已完工部分对应的批复预算的 80%

C. 已完成工程价款的 80%

D. 已批复项目总的概（预）算的 80%

54. 关于质量保证金的预留方式和比例，下列说法中正确的是（　　）。

A. 质量保证只能采用预留工程款的方式，比例不得高于工程价款结算总额的 3%

B. 承包人可以采用银行保函预留质量保证金，但不能采用工程质量保证担保方式

C. 在工程项目竣工前，已经缴纳履约保证金的，发包人不得同时预留工程质量保证金

D. 质量保证金在竣工结算时应返还给承包人

55. 根据《最高人民法院关于审理建设工程施工合同纠纷案件适用法律问题的解释（一）》（法释〔2020〕25号），当事人就同一建设工程订立的数份建设工程施工合同均无效，但建设工程质量合格，且实际履行的合同难以确定，此时折价补偿承包人应参照的合同是（　　）。

A. 法庭或仲裁庭裁定的合同　　B. 最早签订的合同

C. 招标文件、投标文件和中标通知书　　D. 最后签订的合同

56. 根据《建设工程造价鉴定规范》GB/T 51262—2017的规定，当鉴定项目合同对计价依据、计价方法约定条款前后矛盾，且委托人暂不明确适用条款的，鉴定人正确的处理方法是（　　）。

A. 按不同的约定条款分别做出鉴定意见，供委托人判断使用

B. 提请委托人决定，并按照委托人的决定进行鉴定

C. 向委托人提出"参照同类项目适用的方法和信息价进行鉴定"的建议，并按照委托人的决定进行鉴定

D. 向委托人提出"参照鉴定项目所在地同时期适用的方法和信息价进行鉴定"的建议，并按照委托人的决定进行鉴定

57. 根据《建设项目工程总承包合同（示范文本）》（GF-2020-0216）通用合同条件，发包人指示的变更造成下列何种影响的，承包人应向工程师发出通知（　　）。

A. 改变了合同价款的　　B. 造成工期延误的

C. 改变了发包人要求的　　D. 提升了工程质量标准的

58. 根据2017年版FIDIC《施工合同条件》的规定，如果业主未能在合同约定的时间内向承包商支付，承包商有权获得融资费用，最常用的融资费用计算方式是（　　）。

A. 按照工程所在地的银行对优质借款人的短期借款平均利率的平均值计算

B. 按照工程所在地的银行对优质借款人的短期借款平均利率的平均值加3%计算

C. 按照支付币种所在地的银行对优质借款人的短期借款平均利率的平均值计算

D. 按照支付币种所在地的银行对优质借款人的短期借款平均利率的平均值加3%计算

59. 根据《基本建设财务规则》和《基本建设项目建设成本管理规定》，建设项目的建设成本构成正确的是（　　）。

A. 建筑安装工程投资支出、设备及工器具投资支出和待摊投资支出

B. 建筑安装工程投资支出、设备及工器具投资支出、待摊投资支出和其他投资支出

C. 建筑安装工程投资支出、设备及工器具投资支出、待摊投资支出、其他投资支出和待核销基建支出

D. 建筑安装工程投资支出、设备及工器具投资支出、待摊投资支出、其他投资支出、待核销基建支出和转出投资

60. 某工业建设项目及其总装车间的建筑工程费、安装工程费、需安装设备费、不需安装设备费以及应摊入费用如下表所示，则总装车间新增固定资产价值为（　　）万元。

单位：万元

项目名称	建筑工程	安装工程	需安装设备	不需安装设备	项目建设管理费	用地与工程准备费	生产工艺流程设计费
建设项目竣工决算	4 000	1 000	1 500	200	100	2 000	50
总装车间竣工决算	800	500	600	50	—	—	—

A. 1 950　　B. 1 900

C. 2 398.35　　D. 2 399.23

二、多项选择题（共 20 题，每题 2 分。每题的备选项中，有 2 个或 2 个以上符合题意，至少有 1 个错项。错选，本题不得分；少选，所选的每个选项得 0.5 分）

61. 在下列各项中，构成进口设备消费税计税基数的有（　　）。

A. 到岸价　　B. 外贸手续费

C. 关税　　D. 消费税

E. 增值税

62. 下列各项中可以作为可抵扣进项税额有效凭证的有（　　）。

A. 简易计税方法的供应商从税务机关代开的增值税专用发票

B. 劳务分包公司根据合同额开出的增值税专用发票

C. 海关进口增值税缴款书

D. 自购施工机械企业计提的设备折旧

E. 农产品收购发票

63. 下列各项属于用地与工程准备费中征地补偿费的有（　　）。

A. 拆迁补偿费　　B. 生态补偿费

C. 迁移补偿费　　D. 土地补偿费

E. 地上附着物补偿费

64. 关于大数据技术对工程定额编制的影响，下列说法中正确的有（　　）。

A. 企业定额测算和管理的高效化　　B. 工程造价数据积累的自动化

C. 工程定额编制和管理的动态化　　D. 工程定额编制和管理的市场化

E. 工程计价依据的完善化

65. 编制分部分项工程和单价措施项目清单与计价表时，计量单位应保留两位小数的有（　　）。

A. t　　B. m^3

C. m^2　　D. kg

E. 樘

66. 下列各项中属于施工过程影响因素中组织因素的有（　　）。

A. 构配件的类别　　B. 操作方法和劳动态度

C. 工具和机械设备的类别　　D. 工人技术水平

E. 工资分配方式

67. 下列各种情况中不需计算场外运费的有（　　）。

A. 不需相关机械辅助设施的自行移动机械

B. 固定在车间的施工机械

C. 不需安拆的施工机械

D. 安拆复杂、移动需要起重及运输机械的重型施工机械

E. 自升式塔式起重机、施工电梯

68. 概算定额与预算定额相比，主要的相同之处有（　　）。

A. 项目划分　　B. 综合扩大程度

C. 主要内容　　D. 表达的主要方式

E. 基本使用方法

69. 工程造价指标需要通过工程特征进行测算，下列各项中属于单项工程通用特征信息的有（　　）。

A. 建筑面积　　B. 绿化率

C. 项目所在地　　　　　　　　　　D. 高度类型

E. 结构类型

70. 在可行性研究阶段投资估算编制方法中，下列各专业工程可以采用“m^2”作为实物工程量计算单位进行投资估算编制的有（　　）。

A. 工业与民用建筑物　　　　　　　　B. 道路及场地铺砌

C. 坝体堆砌　　　　　　　　　　　　D. 铁路、公路

E. 工业炉窑砌筑和保温工程

71. 关于设计概算的编制和调整，下列说法中正确的有（　　）。

A. 设计概算的内容包括静态投资和动态投资两个部分

B. 设计概算超过投资估算 10%的，项目单位应当向投资主管部门或其他有关部门报告

C. 政府投资项目建设投资原则上不得超过投资概算

D. 概算调增幅度超过批复概算 5%的，概算核定部门应先商请审计机关进行审计

E. 一个工程只允许调整一次概算

72. 关于最高投标限价中其他项目费的编制，下列说法中正确的有（　　）。

A. 计日工单价应根据工程造价管理机构公布的单价计算

B. 暂估价中的专业工程暂估价应分不同专业，按有关计价规定估算

C. 暂列金额一般以分部分项工程费和措施项目费的 10%～15%为参考

D. 招标人要求对分包的专业工程进行管理和协调时，按分包专业工程估算造价的 1.5%计算总承包服务费

E. 招标人自行供应材料的，按招标人供应材料价值的 1.5%计算总承包服务费

73. 下列各项中属于投标报价编制依据的有（　　）。

A. 企业定额

B. 国家或省级、行业建设主管部门颁发的计价依据、标准和办法

C. 招标文件、工程量清单及其补充通知、答疑纪要

D. 建设工程设计文件及相关资料

E. 施工现场情况、工程特点及常规施工方案

74. 下列各项中属于初步评审中形式评审标准的有（　　）。

A. 应具备有效的营业执照

B. 投标文件格式符合要求

C. 资质等级符合规定

D. 报价唯一，即只能有一个有效报价

E. 投标函上有法定代表人或其委托代理人签字并加盖单位章

75. 当发生了以计日工方式实施的零星工作时，承包人应提交发包人复核的报表及有关凭证包括（　　）。

A. 工作名称、内容和数量

B. 投入该工作所有人员的姓名、工种、级别、耗用工时和单价

C. 投入该工作的材料名称、类别、数量和单价

D. 投入该工作的施工机具型号、台数、耗用台时和单价

E. 发包人要求提交的其他资料和凭证

76. 根据《标准施工招标文件》（2007 年版）的通用合同条件约定，下列事件中承包人可同时获得工期、费用、利润补偿的有（　　）。

A. 延迟提供图纸

B. 承包人提前竣工

C. 监理人对已经覆盖的隐蔽工程要求重新检查且检查结果合格

D. 基准日后的法律变化

E. 发包人在工程竣工前提前占用工程

77. 下列各项中属于工程计量依据的有（　　）。

A. 工程量清单及说明　　B. 工程变更令及其修订的工程量清单

C. 有关计量的补充协议　　D. 质量合格证书

E. 建设工程价款结算暂行办法

78. 下列各项中属于工程竣工结算文件编制依据的有（　　）。

A. 工程竣工图　　B. 工程合同

C. 发承包双方已确认的过程结算资料　　D. 发承包双方未确认应调整款项的资料

E. 投标文件

79. "发包人应在签发证书后 14 天内完成支付，发包人逾期支付的，按照 LPR 支付利息，逾期支付超过 56 天的，按照 LPR 的两倍支付利息"，根据《建设项目工程总承包合同（示范文本）》（GF-2020-0216）通用合同条件，上述条款适用于（　　）。

A. 预付款　　B. 进度付款

C. 竣工结算　　D. 质量保证金

E. 最终结清

80. 关于无形资产的计价方法，下列说法中正确的有（　　）。

A. 自创和外购的专利权均应计入无形资产价值

B. 自创和外购的非专利技术均应计入无形资产价值

C. 自创和外购的商标权均应计入无形资产价值

D. 划拨和出让方式取得的土地使用权均应计入无形资产价值

E. 无形资产的计价通常都采用收益法进行估价

答案：

一、单项选择题

1. C	2. A	3. B	4. C	5. B	6. D	7. A	8. D	9. C	10. B
11. C	12. C	13. B	14. B	15. A	16. D	17. C	18. D	19. B	20. D
21. A	22. C	23. B	24. D	25. A	26. D	27. C	28. B	29. A	30. B
31. B	32. D	33. C	34. A	35. B	36. D	37. C	38. D	39. C	40. D
41. A	42. B	43. A	44. C	45. C	46. D	47. B	48. A	49. D	50. C
51. B	52. A	53. C	54. C	55. D	56. A	57. B	58. D	59. B	60. C

二、多项选择题

61. ACD	62. ABCE	63. BDE	64. ACD	65. BCD	66. BDE	67. AB
68. CDE	69. AE	70. ABE	71. BCE	72. BD	73. ABCD	74. BDE
75. AE	76. ACE	77. ABCD	78. BCDE	79. BC	80. AE	